How-nual　Shuwasystem Industry Trend Guide Book

図解入門
業界研究

最新 通信業界の動向とカラクリがよくわかる本

業界人、就職、転職に役立つ情報満載

［第5版］

中野 明 著

秀和システム

はじめに

『通信業界の動向とカラクリがよくわかる本［第五版］』をお届けいたします。

第一版が世に出たのは二〇〇八年二月のことです。当時の通信業界では、次世代ネットワーク「NGN」の推進が叫ばれ、携帯電話番号ポータビリティ（MNP）が話題となり、大容量の移動通信ではWiMaxが注目されていました。当時のケータイは3Gでガラケーが全盛の時代でした。そこへ同年七月、iPhone 3Gが日本市場に登場し、「ケータイ／ガラケー」の世界は、スマホの世界へと劇的に進展します。それから十数年経ったいま、通信業界は大きく様変わりしました。いまや移動通信の主役は4Gから5Gへ移行しようとしています。5Gをターゲットにしたキラー・コンテツも不在の現在、誰がこの市場での勝者になるのか、現状では皆目見当がつきません。

また、iPhoneから始まったスマホブームも成熟感が漂います。とはいえ、次のデバイスと考えられていたVRやMR端末もいま一つ伸び悩んでいるのが現状です。ここでも次のデバイスが不在の状況です。さらに今後5Gが普及することで、アクセス回線の無線化が現実のものになるかもしれません。そうなると、アクセス回線で確固たるポジションを築いてきたFTTHには大打撃となるでしょうが、これも予想の域を出ません。

このように先行きが不透明で激動しているのが通信業界の現在です。

本書では、このようにダイナミックに変化する通信業界のいまについて、旧版と同様、多様なキーワードを取り上げながら解説したいと思います。また、通信業界の最新トレンドのみならず、業界の基本事項についても適切に目配りしました。さらに、1テーマ見開き2ページを基本に、豊富な図解で、要所を迅速に把握できるようにしているのも従来同様です。

情報通信業界に勤めていらっしゃる方や通信業界でのビジネスを考えていらっしゃる方、あるいは通信業界への就職を希望されている方など、幅広い方々に本書を活用していただけると自負しております。

この本が読者の皆様の一助になれば筆者として望外の喜びです。

二〇二一年二月　筆者記す

How-nual
図解入門
業界研究

最新通信業界の動向とカラクリがよくわかる本［第5版］

●目次

第3章 5Gに見る移動通信業界の最新動向

第4章 移動通信事業者の戦略とマーケティング動向

第5章 固定通信業界の現状と最新動向

第1章

通信業界の最新トレンドを理解する

通信業界の時間はドッグ・イヤーのごとく進み、新たなトレンドが生まれては消えていきます。第一章では、そのような最新トレンドの中から、今後の通信業界に大きな影響を与えると思えるトピックを10本取り上げました。これらのトピックで通信業界の最新の動きをチェックしてください。

How-nual
図解入門
業界研究

満を持してスタートした5G

1

二〇二〇年三月二五日、NTTドコモが次世代移動通信サービス「5G」の提供を開始しました。5Gのスタートにより、移動体通信サービスは従来の4Gから新たなステージに突入しました。

5Gがもつ三つの特長

5G＊は第五世代移動体通信を意味し、現在普及している**4G（LTEアドバンスド）**の後継規格になります。

5Gには**①超高速通信**＊、**②超低遅延通信**＊、**③多数同時接続**＊という三つの特長があります。

まず高速通信ですが、従来の4Gでは通信速度が下りで最大一Gbps、上りで最大数百Mbps程度でした。これが5Gでは**下りで最大二〇Gbps**、**上りで最大一〇Gbps**となっています。つまり5Gは4Gよりも一〇倍～二〇倍の速度に達するわけです。また、上りの速度が格段向上した点も、5Gの特長の一つになっています。

次に超低遅延通信ですが、こちらは通信の遅延が極端に小さく、高い信頼性のある通信が行えることを意味しています。4Gにおける遅延は一〇ミリ秒程度＊でしたが、5Gでは**一ミリ秒**を実現し、従来の一〇分の一になります。これにより、遅延の許されない自動運転などの通信技術として、5Gに大きな期待が寄せられています。

最後の多数同時接続とは、一つの基地局に同時接続できるデバイスの数が大幅に増えることを意味します。4Gでは一km^2あたり一〇万台程度だったのが、5Gではその一〇倍の**一〇〇万台**に増えます。

このように5Gは、高速通信以外にも魅力的な特長を備えており、全産業分野におけるDX＊のキー・テクノロジーとして期待されています。

用語解説

＊**5G**　5 Generationの略。第5世代移動体通を意味する。
＊**超高速通信**　Enhanced mobile broadband。略称eMBB。
＊**超低遅延通信**　Ultra reliable and low latency communications。略称URLLC。
＊**多数同時接続**　Massive Machine Type Communications。略称mMTC。

5Gの要求条件（図1.1.1）

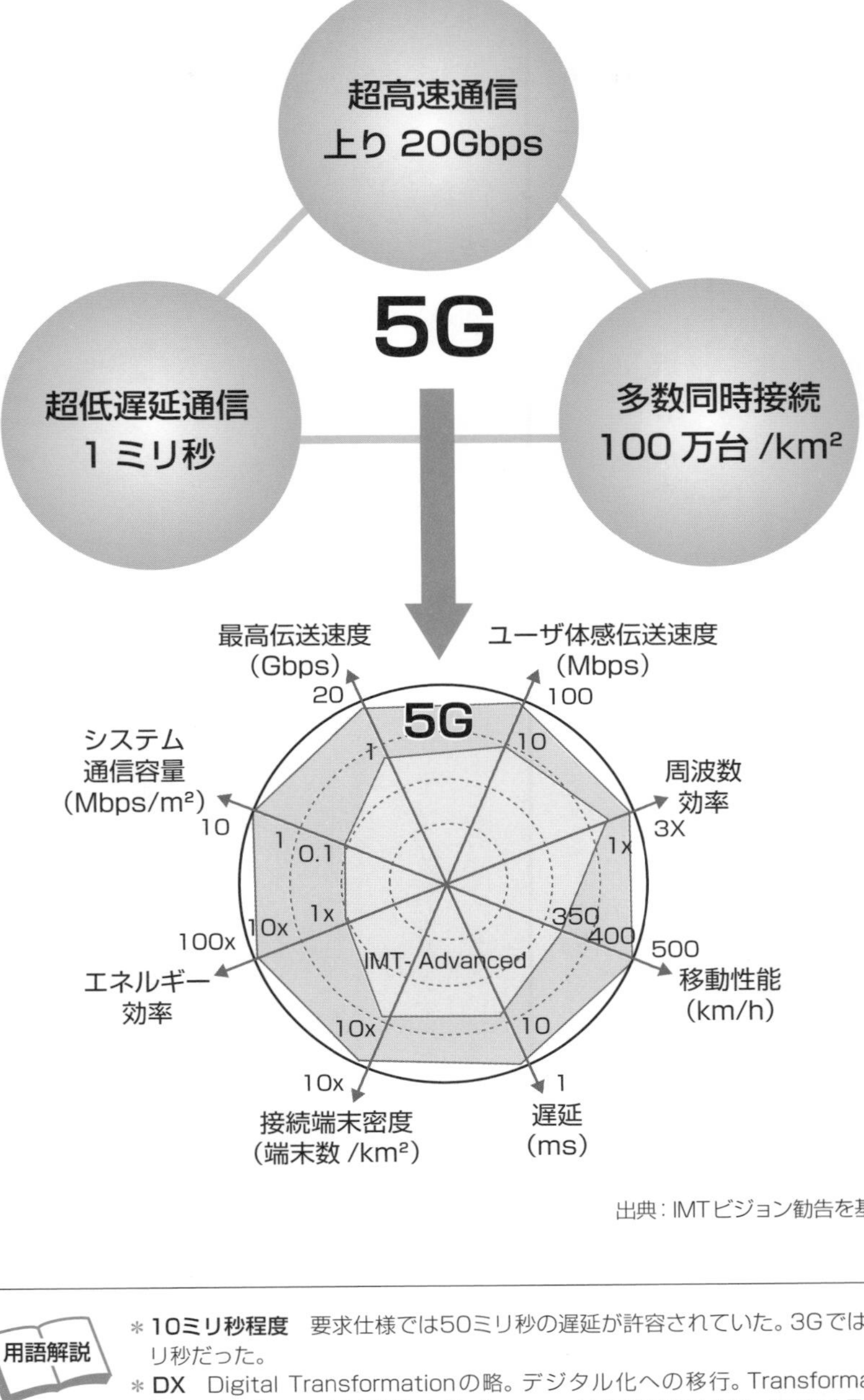

出典：IMTビジョン勧告を基に作成

用語解説

＊**10ミリ秒程度**　要求仕様では50ミリ秒の遅延が許容されていた。3Gでは100ミリ秒だった。

＊**DX**　Digital Transformationの略。デジタル化への移行。Transformationの「trans」は「cross」と同義になる。「cross＝X」であることから、Digital Transformationを「DX」と略称する。

2 5Gを支えるテクノロジー

5Gは高周波数帯を使用する無線通信です。高周波数帯は電波の直進性が強く、電波が届く距離も短くなります。そのため、このような電波の特徴に対応した最新の技術が必要になります。

高周波数帯への対応

電波を用いた通信は波形がもつ一サイクルで情報を表現します。そのため周波数が高くなるほど、一秒間におけるサイクル数が増え、一定の時間により多くの情報を送れることになります。高速大容量の通信に高周波数帯は欠かせません。

しかしその反面、周波数が高くなるほど電波の直進性が強まります。直進性が強まると、障害物があった場合、電波の回り込みがきにくくなり受信しにくくなります。また、周波数が高いほど電波の届く距離も短くなるというデメリットもあります。

5Gでは三・七GHz帯、四・五GHz帯、さらに二八GHz帯という、従来の移動通信では使用されてこなかった高周波数帯を使用します。そのため高素子のアンテナを利用して、端末を狙い撃ちして電波を発信します。

また、アンテナは周波数が高くなるほど小型化できるというメリットがあります。5Gではこの利点を活かし、より小型化した素子を数十から数百単位で並べたアンテナを利用します。これを**マッシブMIMO**＊（マイモ）といいます。

また、個々の素子からの電波を細かく調整して鋭い指向性を持たせ、対象となる端末を狙い撃ちします。これを**ビームフォーミング**と呼んでいます。

これら以外にも5Gでは多様な先端技術が利用されています。5Gの詳細については第3章で詳しくふれたいと思います。

用語解説

＊**マッシブMIMO**　4GでもMIMOは利用されていたが、素子数は4素子程度だった。これがマッシブMIMOでは、32～256素子程度になる。

マッシブMIMOとビームフォーミング（図1.2.1）

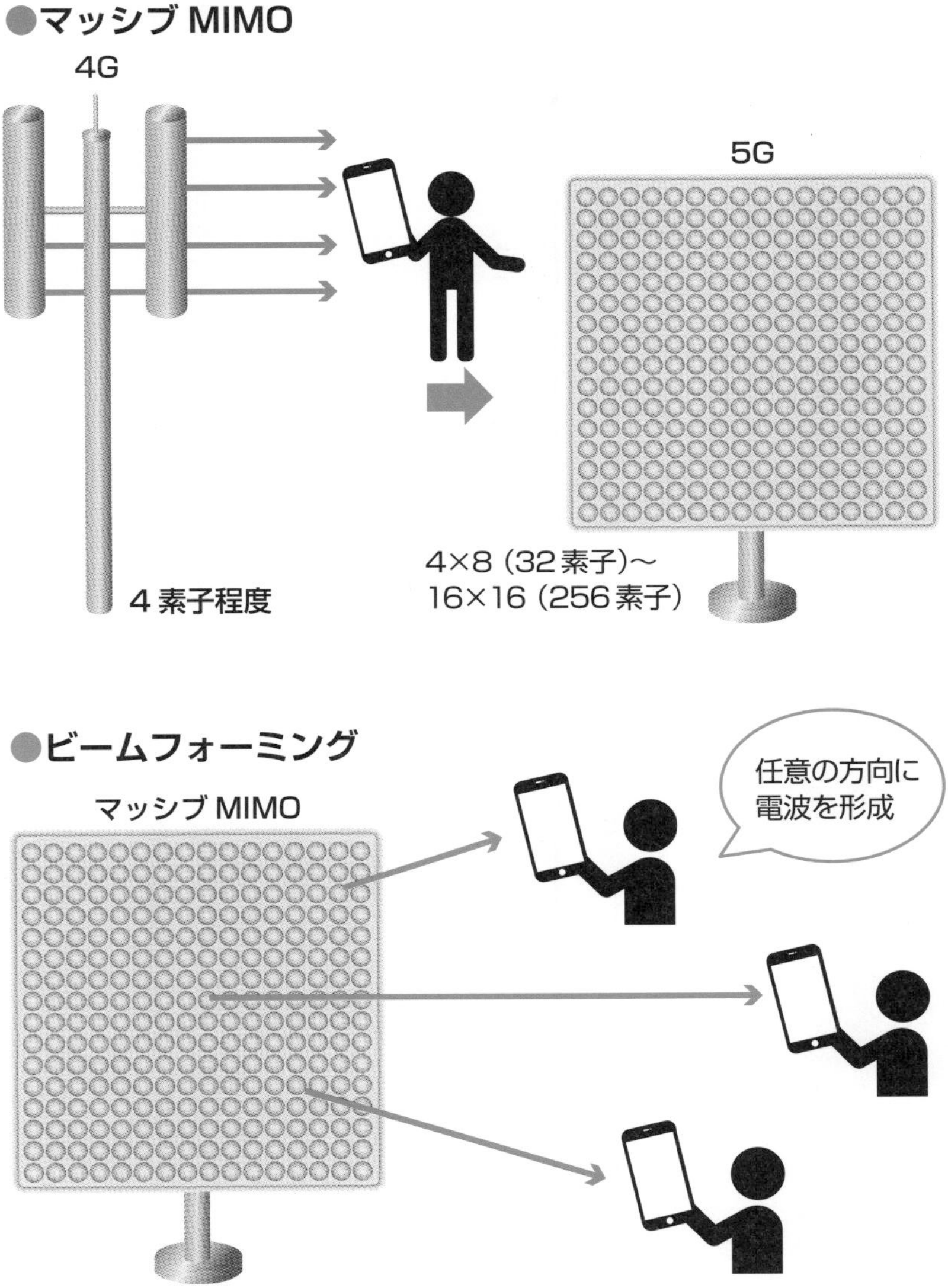

3 B2B2Xとは何か

従来の移動通信のサービスでは、通信事業者はコンシューマまたは事業者を対象にしていました。5G時代にはこの構図がB2B2Xに変わろうとしています。このB2B2Xとはどういう意味なのでしょうか。

レフトBとセンターB

従来の移動通信サービスでは通信事業者からコンシューマや他の事業者にサービスを提供していました。これはそれぞれ**B2C、B2B***に相当します。もちろん5G時代にも引き続きB2CとB2Bは存在します。しかし移動通信事業者がより注目しているのは**B2B2X**です。Bが二つあるのに注目してください。**レフトB**(上側のB)は移動通信事業者、**センターB**(下側のB)はその他の事業者を示します。また、XにはB(事業者)かC(カスタマー)が入ります。

例えば、時間貸し駐車場を管理している事業者を考えてみてください。事業者がモバイルを活用した空き駐車場検索と予約サービスを提供したいとします。この場合、移動通信事業者とタッグを組んで、カスタマーにサービスを提供することになるでしょう。つまり、移動通信事業者はカスタマーにダイレクトにサービスを提供するのではなく、その間に他の事業者(センターB)が入って、移動通信を用いたサービスをカスタマーに提供します。つまり**B2B2C**というわけです。

特に5Gでは、超遅延通信や多数同時接続という特長を有していました(1-1節)。これらの技術は、移動通信業者がコンシューマに直接提供するというよりも、既存の産業のサービスのアップグレード、すなわち**DX**のために利用されるものです。したがって5Gの特長をより発揮しようとするならば、移動通信事業者はB2B2Xに注目することが欠かせません。5GはDXの基盤技術になるわけです。

用語解説

* **B2C、B2B** Business to Customer、Business to Businessの略。

B2B2X（図 1.3.1）

5G

移動通信事業者

B

×

分　野	適用イメージ例
施　設	・施設内設備管理の高度化（自動監視・制御など）
エネルギー	・需給関係設備の管理を通じた電力需要管理 ・資源採掘や運搬などに係る管理の高度化
家庭・個人	・宅内基盤設備管理の高度化 ・宅内向け安心・安全などサービスの高度化
ヘルスケア、生命科学	・医療機関/診察管理の高度化 ・患者や高齢者のバイタル管理 ・治療オプションの最適化 ・創薬や診断支援などの研究活動の高度化
産　業	・工場プロセスの広範囲に適用可能な産業設備の管理・追跡の高度化 ・鉱業、灌漑、農林業などにおける資源の自動化
運輸、物流	・車両テレマティクス・追跡システムや非車両を対象とした輸送管理の高度化 ・交通システム管理の高度化
小　売	・サプライチェーンに係る高度な可視化 ・顧客・製品情報の収集 ・在庫管理の改善 ・エネルギー消費の低減
セキュリティ・公衆安全	・緊急機関、公共インフラ（環境モニタリングなど）、追跡・監視システムなどの高度化
IT・ネットワーク	・オフィス関連機器の監視・管理の高度化 ・通信インフラの監視・管理の高度化

移動通信事業者は積極的に提携を模索

2

B

2

出典：三菱総合研究所「グローバルICT産業の構造変化及び将来展望等に関する調査研究」

×

X

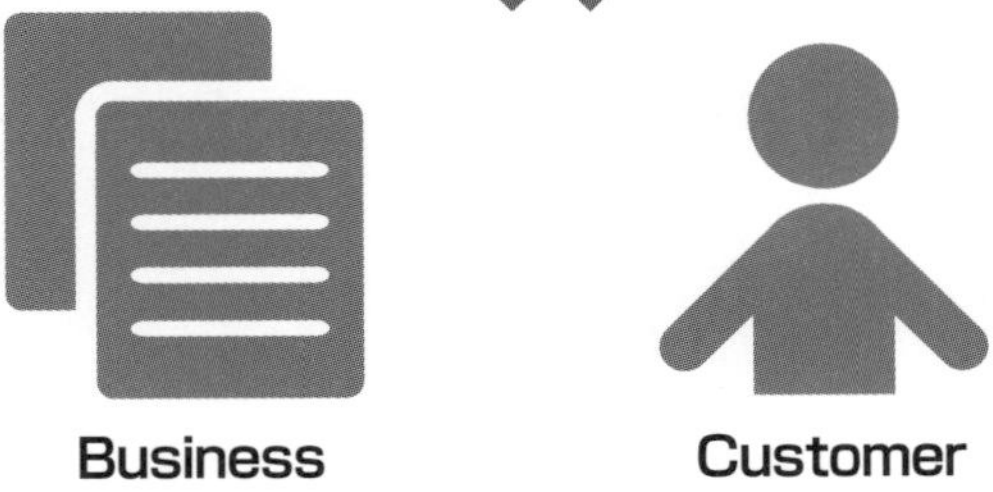

4 クラウドゲームとは何か

クラウドゲームとは、ゲームに必要な情報処理をインターネット上のデータセンターにあるサーバーが行い、その結果をデバイスに返します。5G時代のキラー・コンテンツの一つと考えられています。

名だたるIT企業が参入を表名

任天堂が一九八三年に発売した**ファミリーコンピュータ(ファミコン)**は世界的なヒットになり、以後コンシューマ向けゲーム産業は急成長を遂げました。

従来ゲームは専用機による据置型が中心でした。その後、ケータイに入っているブラウザがあればゲームができるウェブゲームが人気を博し、スマートフォンの普及でゲームのアプリ化も進展しました。さらに**5G**の登場によるネットワークのさらなる高速大容量化により、いま**クラウドゲーム**に注目が集まっています。

クラウドゲームでは、ゲームに必要な情報処理をインターネット上のデータセンターにあるサーバーが行い、その結果をデバイスに返します。そのためデバイス側の処理能力は必ずしも高くなくてもよく、大容量のソフトウェアをインストールする必要もありません。クラウドからユーザーに向けて映像をストリーミングで送り出すことから、ゲームの「**ネットフリックス化**」と呼ぶこともあります。

クラウドゲームには、グーグルやマイクロソフト、アマゾン・ドットコム、フェイスブックといった、そうそうたる顔ぶれが参入に名乗りを上げています。中でも一九年には、ゲーム機でライバル関係にあるマイクロソフトとソニーがクラウドゲーミングで戦略的提携を結んだことは業界を驚かせました。

どの企業が5Gインフラ上の**OTT**＊としてクラウドゲームを支配するのでしょうか。競争はいま始まったばかりです。

用語解説

＊**OTT**　Over The Topの略。通信インフラを所有せず、その上でサービスを提供する企業を指す。

クラウドゲーム・サービス（図 1.4.1）

著名IT企業が続々参入

- ソニー ……………………… PlayStation Now
- エヌヴィディア ……… Nvidia GeForceNow
- グーグル ………………… Google Stadia
- マイクロソフト ……… Microsoft Project xCloud
- フェイスブック ……… Facebook Gaming
- アマゾン ………………… Amazon Luna etc..

●Nvidia GeForceNow powered by Softbank

出典※：ソフトバンク（株）、https://cloudgaming.mb.softbank.jp
（※以降、出典に用いたホームページは本書執筆時点のもの。最新の情報は都度確認されたい。）

5 ソサエティ5・0を目指す日本

ソサエティ5・0とは日本政府が目指す新たな社会の形です。このソサエティ5・0の実現に通信技術は欠かせません。中でもあらゆるモノをネットワークにつなげる5Gは鍵となる技術です。

サイバーとフィジカルを融合する

私たちのまわりには多数の**未使用情報**があります。この未使用情報は、人間の内部にある内部情報、人間の外部にある外部情報に大別できます。

内部情報は歩数や心拍、呼吸数、血圧、睡眠時間など、身体に関する情報が中心になります。一方、**外部情報**は、人間の外部にあるそれこそありとあらゆる情報を指します。

DXとは、これら人間の内部および外部にある未使用の情報を使用可能な状態、すなわち**可視化**し、そこから有用な情報を見つけ出し、社会にフィードバックすることを意味します。

一方で**5G**はありとあらゆるモノをネットワークにつなげることをコンセプトに仕様が取り決められました。そのため5Gを用いた**IoT**＊の進展により、第一次産業から第三次産業まで、全分野を対象にした未使用情報の可視化が急激に進むでしょう。そして、可視化された情報が**AI**によって分析され、実社会にフィードバックされます。

このように、インターネット上の**サイバー空間**（仮想空間、Web）と**フィジカル空間**（現実空間）を高度に融合させたシステム＊により、経済発展と社会的課題の解決を両立する、人間都中心の社会を**ソサエティ5・0**と呼びます。通信技術はサイバーとフィジカルの橋渡しをするコア技術として欠かせません。

中でも**5G**はその中心的な役割を果たす技術として考えられています。

用語解説

＊**IoT**　Interne of Things。モノのインターネット。あらゆるモノがインターネットに接続する状態を指す。

＊**…融合させたシステム**　これをサイバー・フィジカル・システムと呼ぶ。

ソサエティ 5.0 の実現（図 1.5.1）

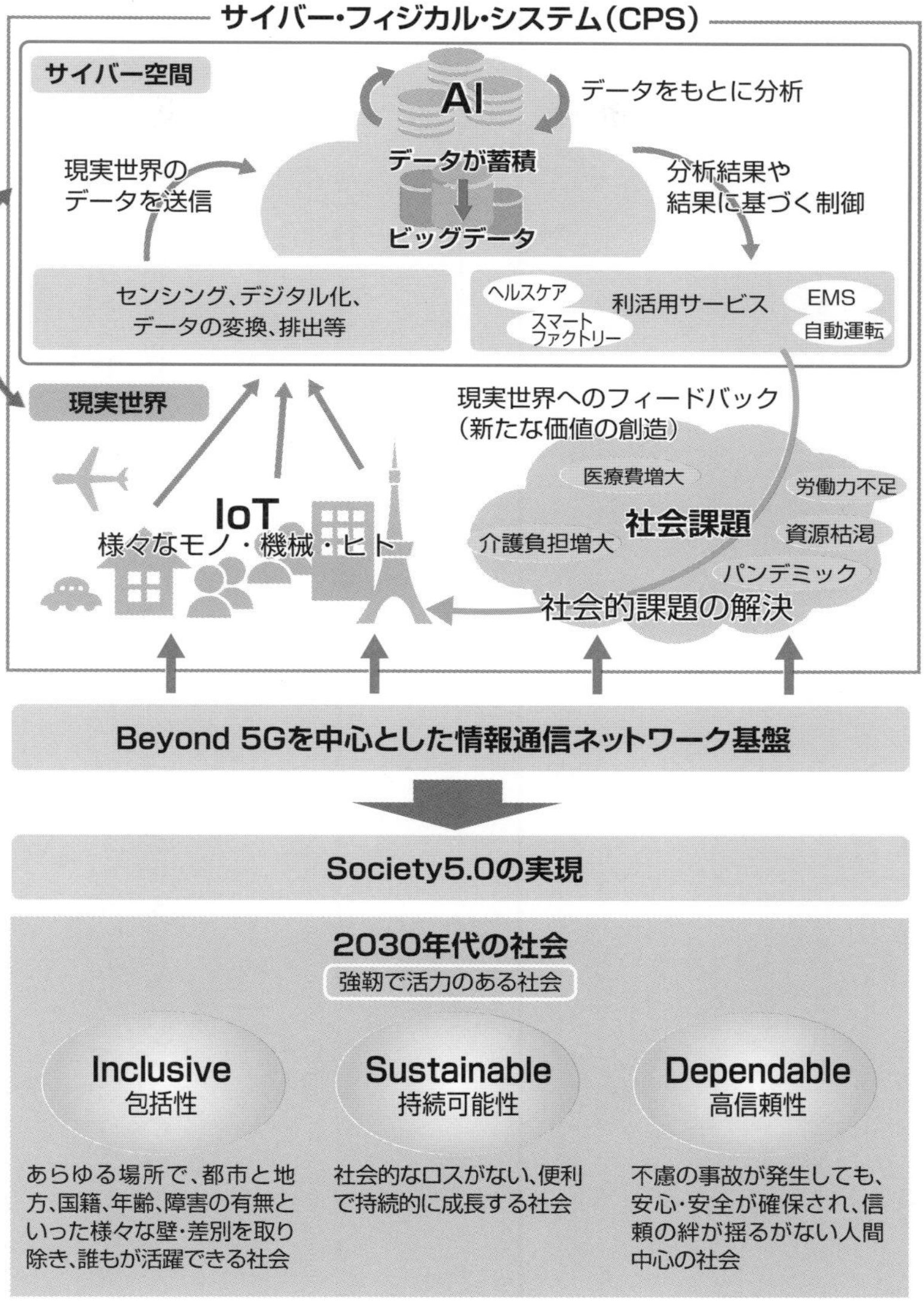
サイバー・フィジカル・システム（CPS）
サイバー空間
AI
データをもとに分析
現実世界の
データを送信
データが蓄積
ビッグデータ
分析結果や
結果に基づく制御
センシング、デジタル化、
データの変換、排出等
ヘルスケア
スマート
ファクトリー
利活用サービス
EMS
自動運転
時空間同期
現実世界
現実世界へのフィードバック
（新たな価値の創造）
IoT
様々なモノ・機械・ヒト
医療費増大
労働力不足
介護負担増大
社会課題
資源枯渇
パンデミック
社会的課題の解決
Beyond 5Gを中心とした情報通信ネットワーク基盤
Society5.0の実現
2030年代の社会
強靭で活力のある社会
Inclusive
包括性
Sustainable
持続可能性
Dependable
高信頼性
あらゆる場所で、都市と地方、国籍、年齢、障害の有無といった様々な壁・差別を取り除き、誰もが活躍できる社会
社会的なロスがない、便利で持続的に成長する社会
不慮の事故が発生しても、安心・安全が確保され、信頼の絆が揺るがない人間中心の社会

出典：総務省「Beyond 5G 推進戦略」を基に作成

6 携帯電話料金下げ問題

政権が安倍内閣から菅内閣へ移行する中、携帯料金下げ問題がにわかにクローズアップされました。政府による業界への圧力により、世界に比べて割高といわれる日本の携帯料金は下げ方向へと動きました。

政府からの強力な圧力

総務省では、二〇二〇年三月時点における世界主要六都市（東京含む）の携帯電話料金を調査しました。同調査報告では、各国のシェア一位の事業者（日本の場合はＮＴＴドコモ）について、二ＧＢ、五ＧＢ、二〇ＧＢの通信データ量別に料金を比較しています。

その結果を見ると、東京、ニューヨーク、ロンドン、パリ、デュッセルドルフ、ソウルの六都市のうち、データ容量月二〇ＧＢで最も高額だったのは東京の**八一七五円**となりました。二番目に高かったのはニューヨークで七九九〇円、最も安かったのはロンドンの**二七〇〇円**でした。

また、二ＧＢ、五ＧＢについては、東京がそれぞれ五一五〇円、六二五〇円とニューヨーク（六三〇二円、六八六五円）に次いで二番目に高い料金でした。最も廉価なロンドン（一三五〇円、一八〇〇円）と比較すると、東京の携帯電話料金が非常に高い水準にあることがわかります。

移動通信事業者各社では、国からの指摘を受けて、料金の見直しに着手しました。その結果、ＫＤＤＩとソフトバンクでは、サブブランドに当たるＵＱモバイルとワイモバイルの料金引き下げに動きました。公表当初、二〇ＧＢのデータ通信料は、ＵＱモバイルが三九八〇円、ワイモバイルが四四八〇円でした。ワイモバイルのプランは一〇分以内の国内通話無料を含み、ＵＱモバイルで同様のプランを加えると七〇〇円増しにするというものでした。しかし話はこれで終わりません。

携帯電話の国際料金比較（図 1.6.1）

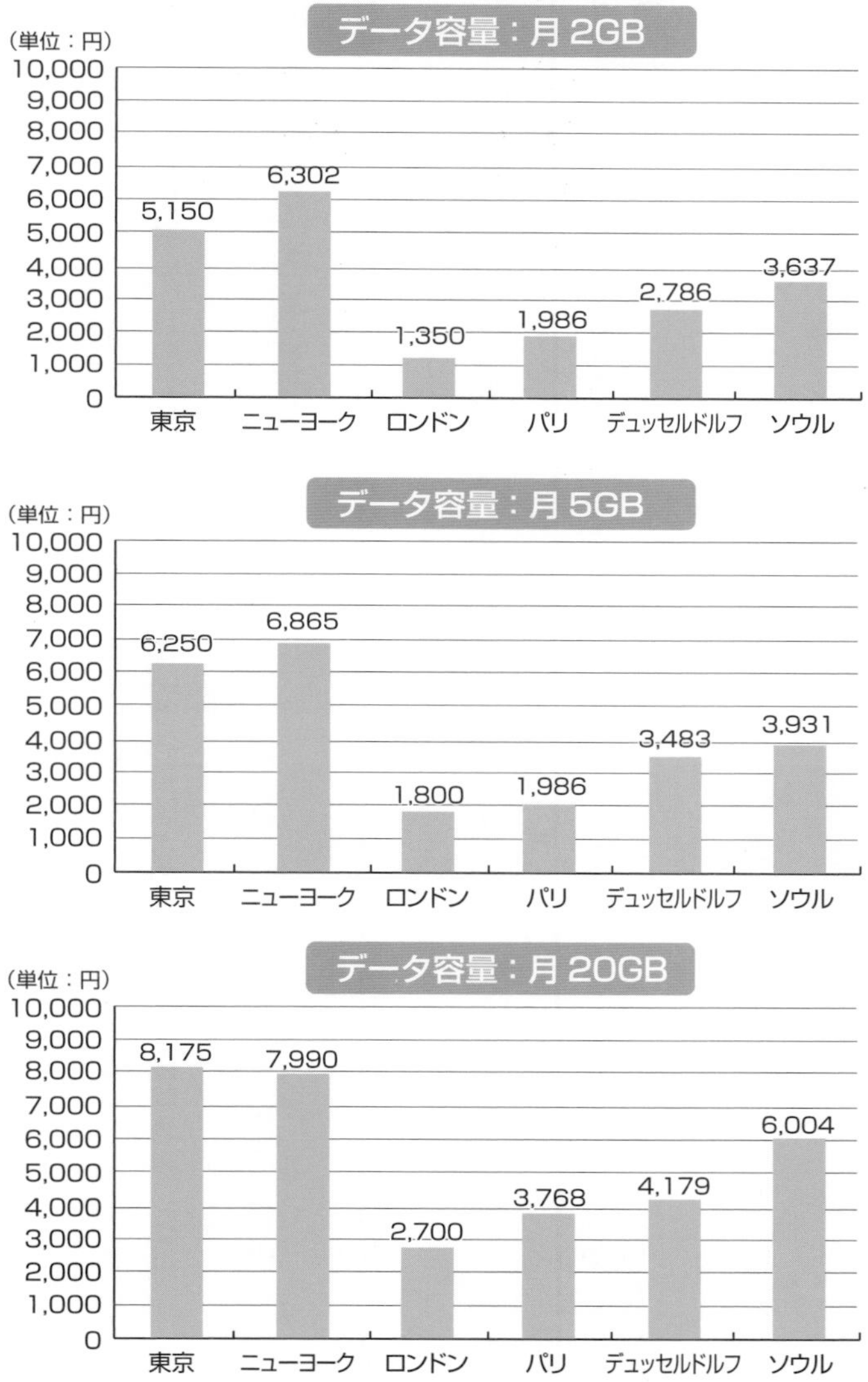

出典：総務省「電気通信サービスに係る内外価格差調査―令和元年度調査結果（概要）―」（2020年6月）

7 NTTドコモ「ahamo」の衝撃

国内シェアトップのNTTドコモでも料金下げ圧力に屈して「ahamo」という新商品導入を公表しました。データ通信量二〇GBで月額二九八〇円という価格は、業界を大いに驚かせました。

月額二九八〇円の衝撃価格

携帯電話料金下げ問題に対するKDDIとソフトバンクの対応は、サブブランドの値下げであり、メインブランド（auとソフトバンク）での対応ではありませんでした。そのため政府から不満の声が上がりました。その一方で、肝心のNTTドコモはなかなか動きが見られず、その動向が注目されていました。同社が動いたのは二〇二〇年一二月に入ってからのことで、その内容は業界を一斉に驚かせるものでした。

NTTドコモが導入したのは新たな商品で、サービス名は「**ahamo（アハモ）**」といいます。サブブランドではなく、メインブランドの料金プランという位置付けです。業界を驚かせたのはその価格です。

データ通信量二〇GBで**月額二九八〇円***という衝撃的な価格でした。この価格は前出のUQモバイルやYモバイルよりも大幅に安く、**MNO***に新規参入した楽天モバイルと同じ価格です*（4-11節）。

アハモでは、すべての手続きをオンラインで行う予定です。これはアハモが**デジタル・ネイティブ**と呼ばれる若い世代をターゲットにしているからです。NTTドコモとしては、このアハモで携帯電話下げ問題に対処すると同時に、弱点だった若い世代の利用者を一気に獲得しようという狙いです。同社では二一年三月のサービス開始を予定しています。

NTTドコモの対応により、KDDIとソフトバンクも追随を余儀なくされました*。携帯電話料金下げ競争は熾烈さを増しています（4-14／4-15節）。

用語解説

* **月額2980円**　のちに2700円（税別）に引き下げられた。
* **MNO**　Mobile Network Operatorの略。
* **…同じ価格です**　楽天モバイルはデータ通信量が無制限でこの点がNTTドコモのアハモと異なる。

アハモのロゴとサービス内容（図 1.7.1）

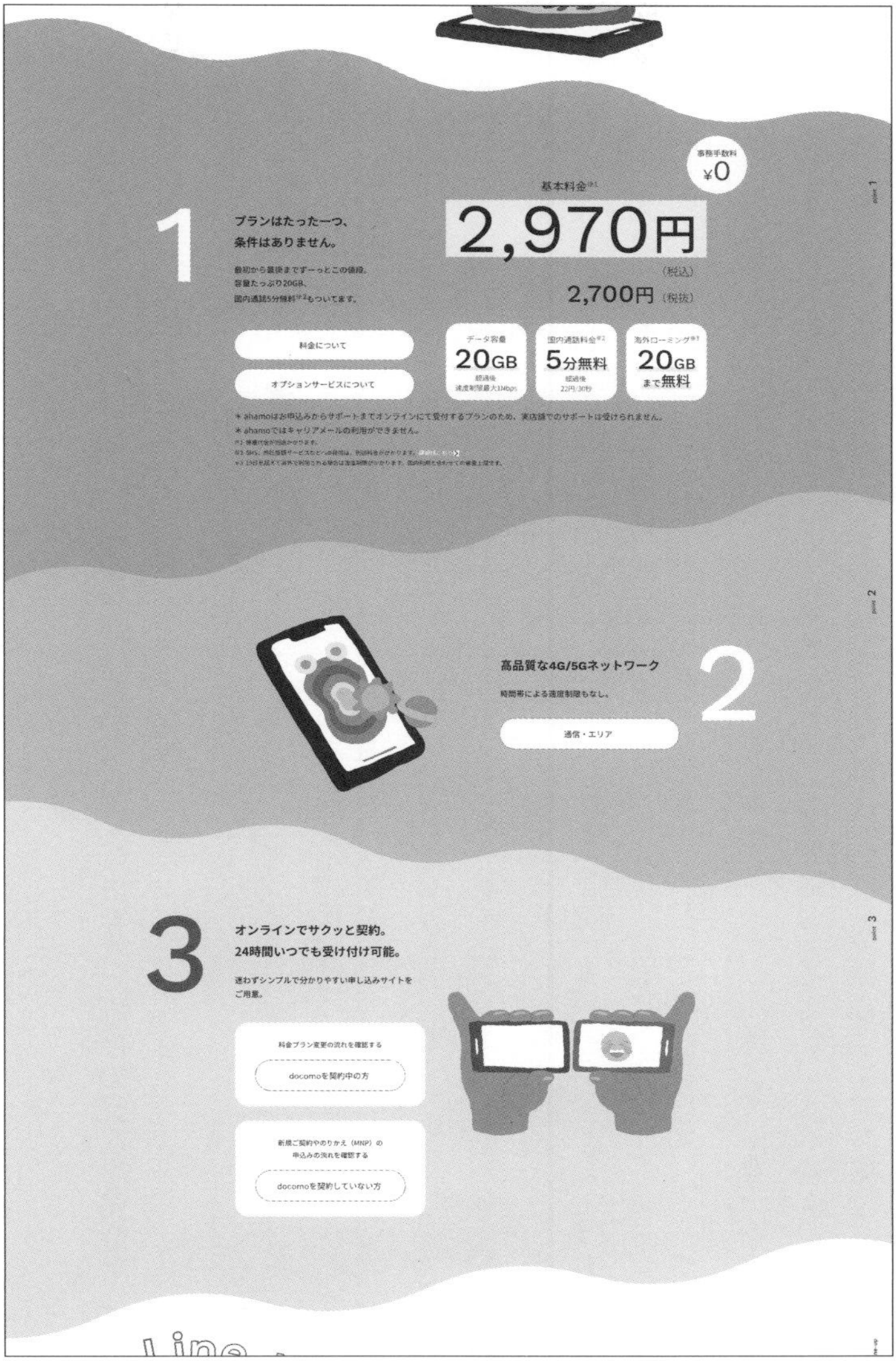

出典：https://ahamo.com/

用語解説

＊…**されました**　対抗サービスとして、auは**povo**（ポヴォ）、ソフトバンクは**LINEMO**（ラインモ）の投入を公表した。

8 MVNOの前途は多難か

携帯電話料金下げ問題で、MNO以上に影響を受けるのがMVNOです。価格の安さが売りだったMVNOの移動体通信サービスは大きな曲がり角を迎えました。

MVNOの契約数は二五三二万

MVNO*は仮想移動通信事業者とも呼ばれ、自らは通信設備を所有せず、設備を借り受けた上で移動通信サービスを提供する事業者を指します。

そもそも日本の移動通信市場は、総務省が競争の促進をはかってきたにもかかわらず、大手MNO*三社による**協調的寡占***状態が続いてきました。総務省では、この三社による寡占状態を切り崩す切り札の一つとしてMVNOを位置付けてきました。

総務省が〇七年に策定した「モバイルビジネス活性化プラン」では、市場の競争を促すためにMVNOの重要性を説きましたが、その翌年八月、**日本通信**がNTTドコモの回線を借り受けてMVNO事業に参入しています。以後、MVNOの契約者数、事業者数とも伸び、二〇年六月末時点で**二五三二万契約**（図1・8・1）、事業者数は**一四二八社**となっています。ただし、この五年間におけるMNOとMVNOそれぞれの契約者数の純増数推移を見ると、概してMNOの方が純増数を伸ばしているのがわかります（図1・8・2）。このようにMVNOが大手三社の牙城を切り崩すまでには至っていません。その中で発表されたのが大手三社による二〇GBで三〇〇〇円を割る低価格サービスです（1-7節）。

安さを売りにしていたMVNOにとってこれらのサービスは大きな脅威となるでしょう。日本通信では、早速対抗措置として同じくデータ通信量二〇GBで月額一九八〇円のプランを投入すると発表しました。競争は体力勝負の様相を呈してきています（4-10節）。

用語解説

* ＊**MVNO**　Mobile Virtual Network Operatorの略。仮想移動通信事業者。
* ＊**MNO**　Mobile Network Operatorの略。大手MNO三社とはNTTドコモ、au、ソフトバンクを指す。

MVNOサービスの契約数の推移（図1.8.1）

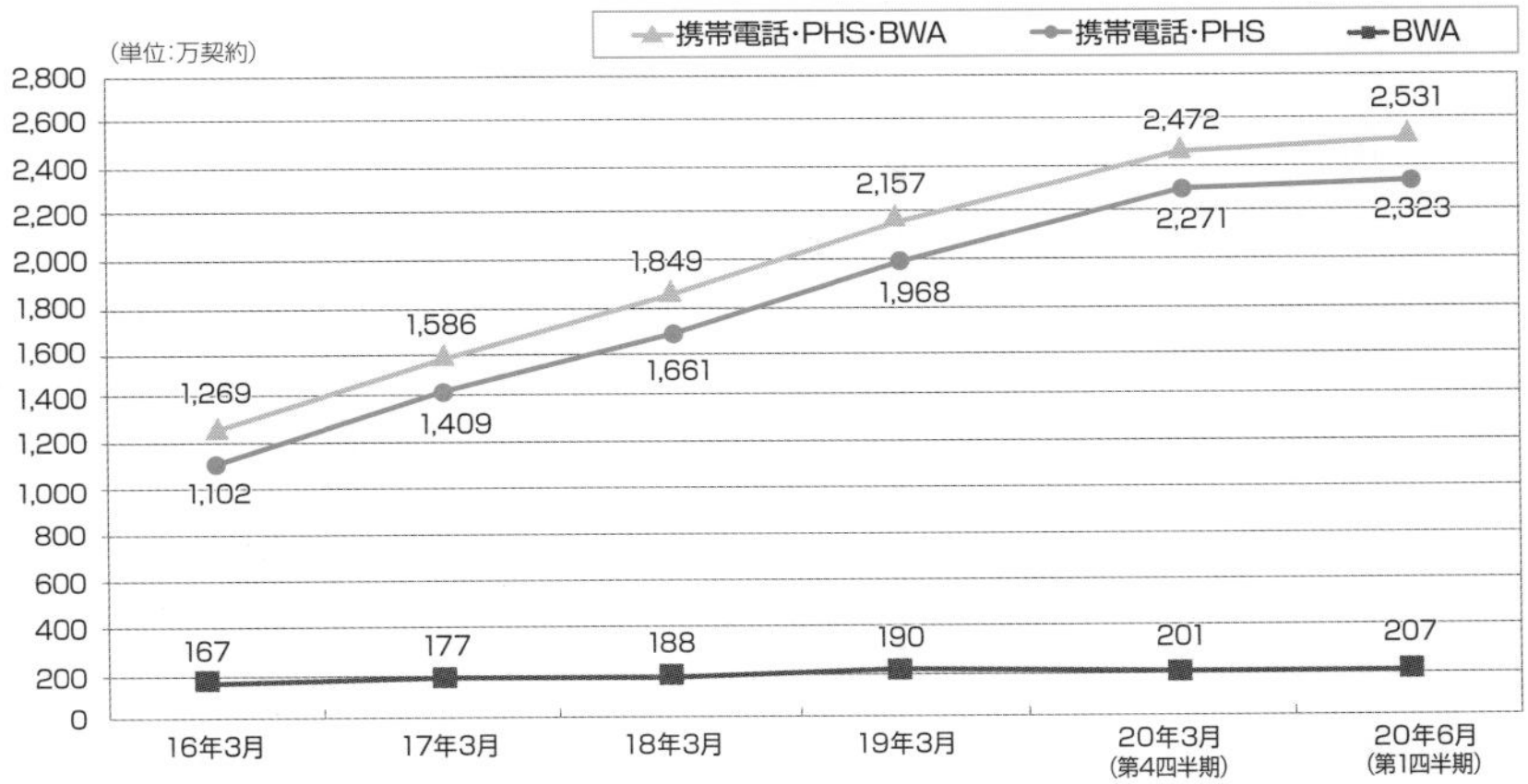

注：MNOからの報告を基に作成

出典：総務省「電気通信サービスの契約数及びシェアに関する四半期データの公表
（令和２度第１四半期（6月末）

MNO・MVNOの純増数年度比較（図1.8.2）

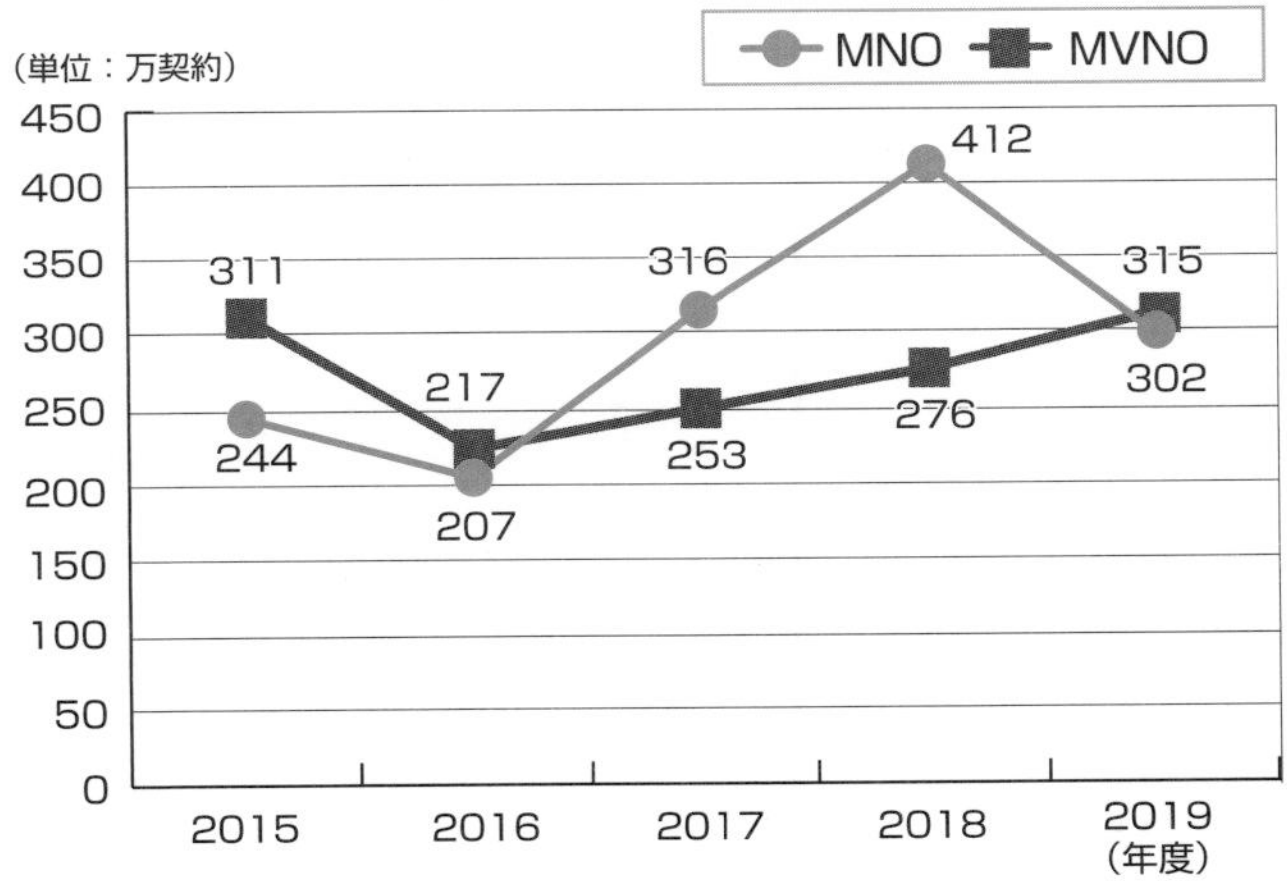

出典：総務省「電気通信サービスの契約数及びシェアに関する四半期データの公表」各年度を基に作成

9

固定電話はメタルＩＰ電話へ

ＮＴＴ東西では、二〇二五年を目処に、加入電話およびＩＮＳネットをメタルＩＰ電話へ移行する考えを明らかにしました。日本の固定電話は大きく変わろうとしています。

固定電話はメタルＩＰ電話へ

ＮＴＴ東西では、二〇一五年一一月に「『固定電話』の今後について*」を公表し、二〇二五年頃に加入電話およびＩＮＳネットを提供するネットワーク、いわゆる**ＰＳＴＮ***の中継・信号交換機の維持が、利用者の減少により限界になることを示しました。そのうえで、現在の固定電話を**ＩＰ電話***へ移行する考えを明らかにしました。

固定電話の契約数は緩やかに減少しており、その中でもＩＮＳネットを加えた加入電話の契約数は急激に減少しています。対照的なのは**０ＡＢＪ番号型ＩＰ電話***の契約数の急増です。両者の契約数は二〇一三年末に逆転し、二〇二〇年六月には加入電話が一六六三万、０ＡＢＪ番号型ＩＰ電話が三五二九万となりました（図1・9・1）。

総務省の情報通信審議会では、二〇一七年三月に移行後のＩＰ網のあるべき姿を明らかにしました*。さらに同年四月、ＮＴＴ東西では「**固定電話のＩＰ網移行後のサービス及び移行スケジュールについて***」を公表し、移行スケジュールを明らかにしています。

計画では二〇二一年初頭より加入者交換機をＩＰ網に接続し、二〇二四年初頭に従来の固定電話をＦＴＴＨではなく銅線を用いた**メタルＩＰ電話**に一斉に切り替えます。そして二〇二五年初頭に切り替えを完了する予定です（5-4／5-5節）。

メタルＩＰ電話では、全国どこにかけても一律三分八・五円になる予定です。ただしＩＮＳネットのＢチャンネルによるデジタル通信など、一部既存サービスの継続が困難なものも発生するようです。

用語解説

＊**…今後について**　http://www.ntt.co.jp/ir/librarypresentation/2015/151106_2.pdf
＊**PSTN**　Public Switched Telephone Networkの略。
＊**IP電話**　インターネット・プロトコルを使用した電話の総称。
＊**0ABJ型IP電話**　従来の加入電話と品質の変わらないIP電話。「ゼロエービージェイ」と読む。

固定電話の契約者推移（図1.9.1）

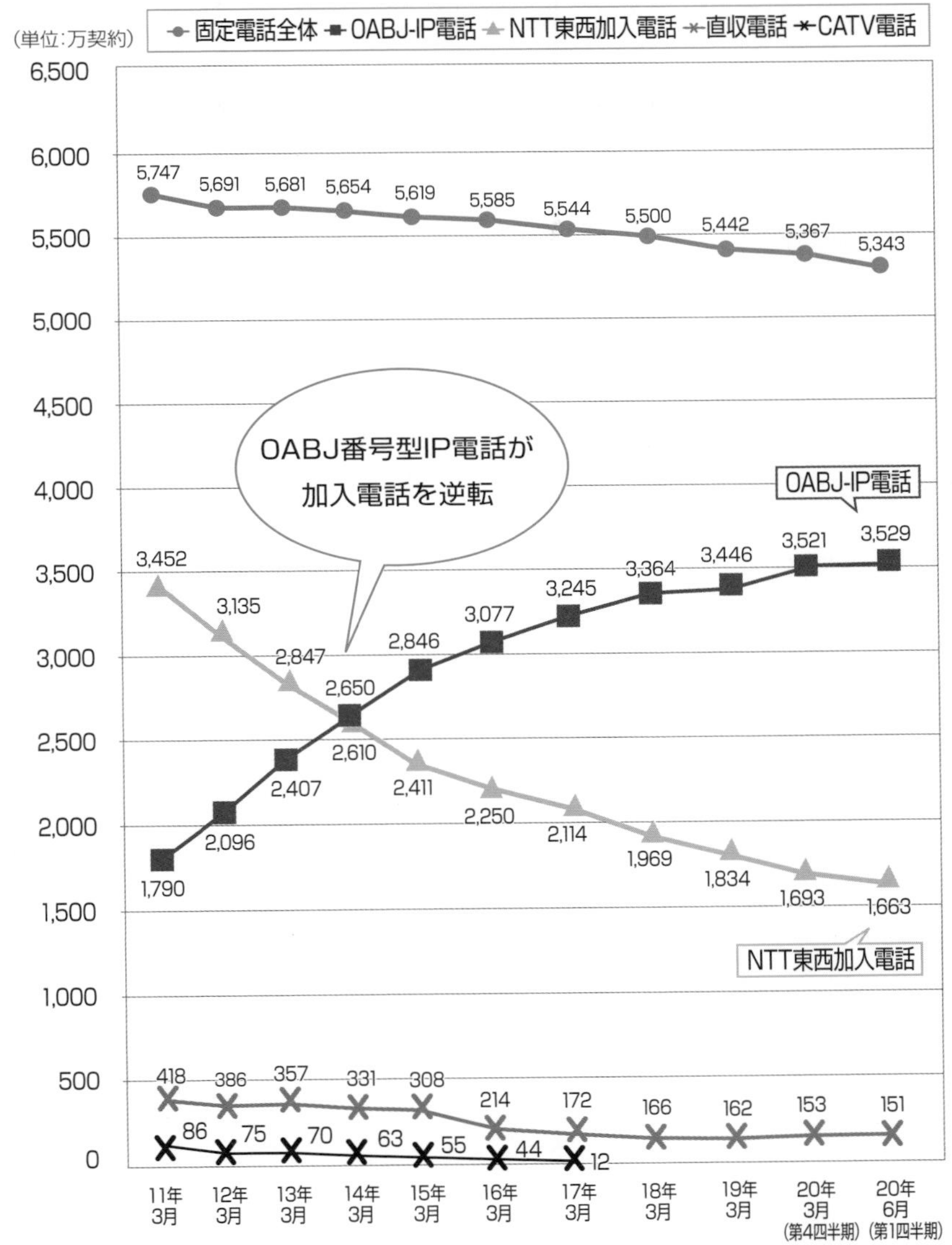

出典：総務省「電気通信サービスの契約数及びシェアに関する四半期データの公表（各年）」

用語解説

＊…**明らかにしました。**　一次答申「固定電話網の円滑な移行の在り方」（http://www.soumu.go.jp/menu_news/s-news/01kiban02_02000216.html）がそれにあたる。

＊…**移行スケジュールについて**　https://www.ntt-east.co.jp/release/detail/pdf/20170406_01_01.pdf

10 進展する定額動画配信の動向

定額制動画配信サービスの競争が激しさを増しています。台風の目はアメリカから上陸したネットフリックス、安さが際立つアマゾン・プライム・ビデオでしょうか。競争の熾烈さはさらに増す模様です。

拡大するSVOD

総務省『令和2年版情報通信白書』によると、世界の**定額動画配信サービス**(SVOD＊)、いわゆる**サブスクリプション型動画配信サービス**の一九年の売上高は**四九八・四億ドル**、契約数は**一五・七億契約**に上ったと推定しています。この数字は二〇年以降も右肩上がりで推移するものと考えられており、二二年には売上高**九二四・四億ドル**、契約数は**二二・七億契約**に達すると推定されています(図1・10・1)。

市場の拡大が予想される中、日本では、ネットフリックスやアマゾン・プライム・ビデオが始まった一五年が、**定額動画配信サービス元年**と呼ばれています。その後、日本におけるSVODの利用者獲得競争は激しさを増しています。

インプレス総合研究所の調査によると、有料の動画配信を利用する人の割合は**二一・一%**、利用する有料動画配信サービスは**アマゾン・プライム・ビデオ**が**六七・九%**(いずれも二〇年)でトップです＊(図1・10・2)。二位はネットフリックスの**一九・五%**ですから、その差は何と五〇ポイント近くもあります。

アマゾンでは、年間四九〇〇円の**「アマゾン・プライム」**に加入すると、プライム・ビデオ対象の動画が見放題になります。単純に計算すると料金は**月額四〇八円**となり、その安さは特筆ものです。動画視聴のライトユーザーならば同サービスで十分かもしれません。

一方日本勢のサービスはあまり振るわず、ここでもアメリカ企業の強さが目立っています。

用語解説

＊**SVOD**　Subscription Video on Demandの略。

＊…**トップです**　インプレイ総合研究所「動画配信に関する調査結果2020」(https://research.impress.co.jp/topics/list/video/608)

世界の動画配信売上高・契約数の推移と予測（図 1.10.1）

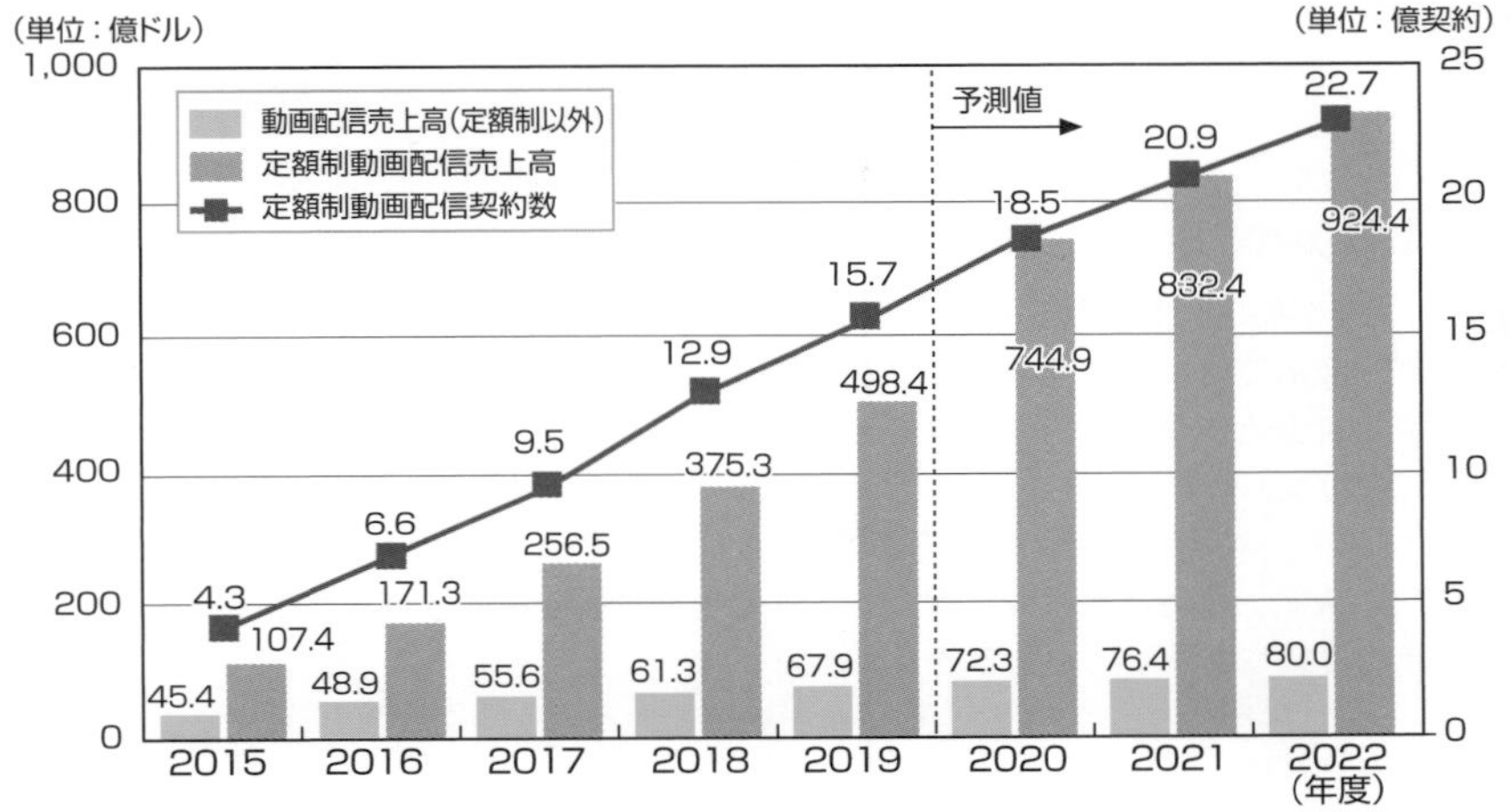

出典：総務省『情報通信白書2020』

利用している有料の動画配信サービス TOP10（図 1.10.2）

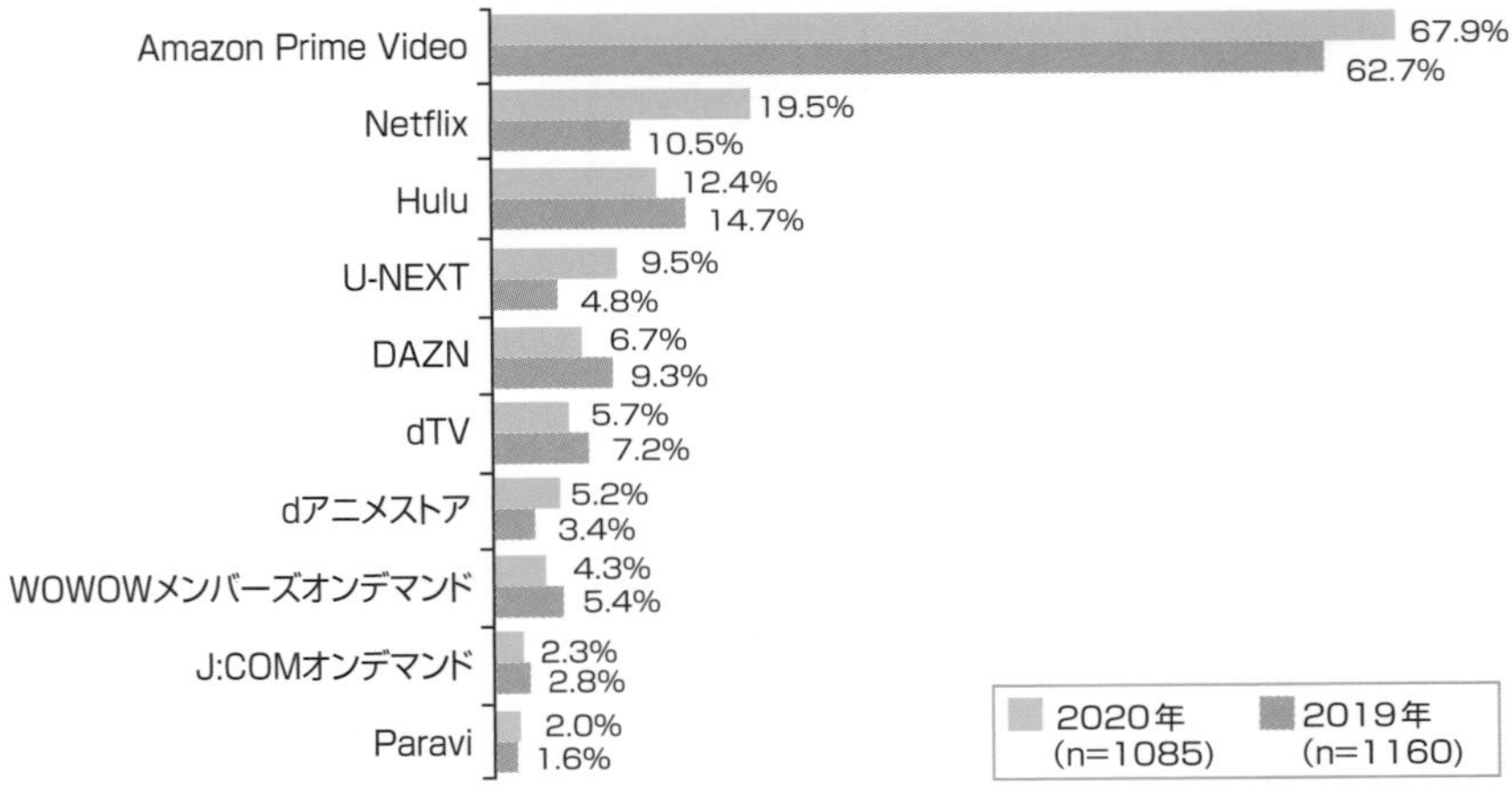

出典：インプレス総合研究所「動画配信に関する調査結果2020」

column

通信業界による「電気」の販売

●電気小売の自由化

2016年4月1日、電気小売業への参入が**全面的に自由化**されました。これにより家庭や商店では、電気をどの会社から買うか選べるようになりました。電気小売業の参入自由化を受けて、通信事業者も通信と電気のセットを割引価格で販売するようになりました。

そもそも現代の通信は「電気通信」というように、電気なくしてあり得ません。その意味で、電力と通信の相性はすこぶる良く、通信事業者が電気小売事業に進出するのは自然な流れといえるでしょう。

例えばソフトバンクでは、早期から東京電力との協業を宣言し、「ソフトバンクでんき　パワードバイ TEPCO」のサービスを東京電力エリアで展開し、現在ではサービスを全国に拡大しています。また、auでは全国の電気事業者から集めた電力を各地に供給する「auでんき」を展開しています。いずれも通信とセットにすることで価格が割引になります。一方、NTTドコモは、電気の小売には消極的で、電気代をドコモのクレジットカード「dカード」での支払に変更するとポイントがもらえるとともに、月々の支払額に応じてポイントがつく程度です。

●狙いはビッグデータ？

一般家庭では電気事業者をひんぱんに切り替えません。そのため、通信と電気をセットにすることで、通信の解約率を低める効果が期待できそうです。また政府では、2020年代早期に**スマート・メーター**＊を全家庭に導入することを決めています。

通信事業者による電力会社との協業は、長期的に見るとスマート・メーター間の通信ビジネスや、スマート・メーターから得られる**ビッグデータ**(7-14節)も狙いの一つだと考えられそうです。

用語解説

＊**スマートメーター**　顧客の電気使用量を30分ごとに測定・記録し、装置が持つ通信機能で電力会社がデータを収集できるようにする装置。

第2章

数字と戦略で見る通信業界の最新動向

新たな技術が次々と現れる通信業界では、業界内のパワー・バランスが目まぐるしく変化します。第二章では現代の通信業界がどのような状況にあるのか、通信の歴史を簡単にひもときながら明らかにします。その上で、様々な統計情報から、現在の通信業界の横顔を具体的に明示したいと思います。

1 腕木通信からインターネットへ

近代的な通信ネットワークは、一八世紀末に開発された腕木通信から始まります。その後、電信や電話が登場し、いまやIPベースの通信手法が本流になりました。我々はそのまっただ中に生きています。

IPベースがメインストリームに

通信の歴史をさかのぼると、古代ギリシアののろし通信や水通信に行き着くことになるでしょう。一方、近代的な通信ネットワークの起源をたどると、一八世紀末のフランス革命中に**クロード・シャップ***が開発した腕木通信に行き着きます。

腕木《うでぎ》通信*は、電気をまったく利用しない通信方法です。信号を送る三本の腕木を持つ基地を約一〇km間隔で設置し、基地の通信手が腕木の形状を変化させて信号を形成します。隣の基地の通信手が望遠鏡でその信号を確認し、自基地の腕木も同じ形状にし、さらに次の基地でも同様の操作を行い、バケツリレー形式で信号を遠隔に運びました。

一八五〇年代には、フランス全土に腕木通信ネットワークが張り巡らされ、総延長距離は五八〇〇kmにも及びました。

しかし、やがて電気を使った通信手法である**電信**が誕生します。そして一八二〇年代以降、全世界に急激に普及します。ところがこの電信も、一九世紀半ばに発明される**固定電話**にその地位を脅かされます。そして、二〇世紀半ばには、電話が通信ネットワークの盟主の地位につきました。

さらに、この固定電話も**携帯電話**の普及や**IP**をベースにした**インターネット**の拡大により、いまや通信の盟主の地位から退きました。

以下、この章では、日本の通信の現状を数値とグラフで見ていきたいと思います。

用語解説

* **クロード・シャップ**　Claude Chappe(1763-1805)。フランスのサルト県ブリュロンに生まれる。

* **腕木通信**　この装置にはtélégraphe(テレグラフ)という固有名詞が付けられた。その後、これが一般名詞化し、やがて電信を意味するようになる。

腕木通信からインターネットへ（図 2.1.1）

腕木通信（1793年）

- 仏クロード・シャップが1793年に開発。
- フランス全土に総延長距離約5800kmものネットワークを整備する。
- 電気をまったく利用しないのが特徴。

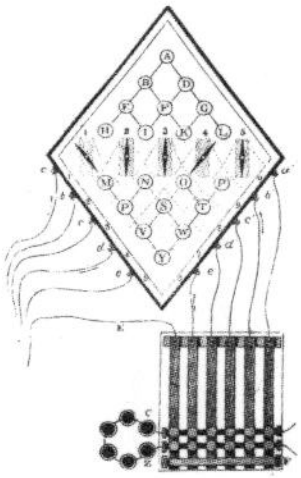

出典：ITU『From Semaphore to Satellite』

電信（1837年）

- イギリスのクックとホイートストンが5針式電信機の特許を1837年に取得。
- 1844年に、モールス式の電信ネットワークがワシントン〜ボルティモア間に完成。以後、時代は電信へ。

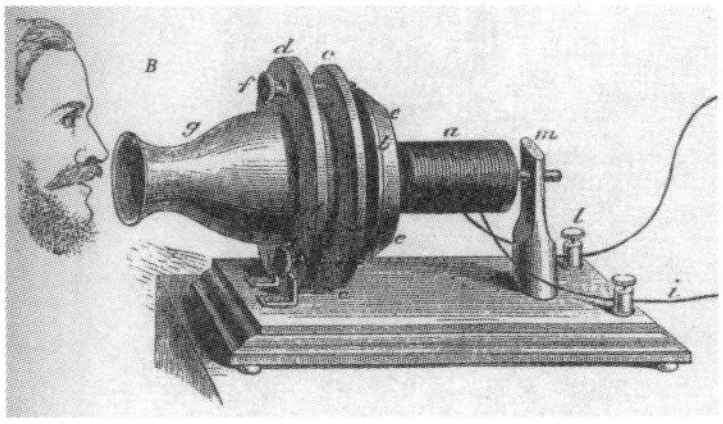

出典：ITU『From Semaphore to Satellite』

電話（1876年）

- 1876年にアレクサンダー・グラハム・ベルが電話の特許を取得する。
- 20世紀に入ると、電話が電信をしのぐようになる。

IP−インターネット（1969年）

- カリフォルニア大学ロサンゼルス校、スタンフォード研究所、カリフォルニア大学サンタバーバラ校、ユタ大学を結ぶネットワークの構築がスタートする。
- これがインターネットの始まりになる。

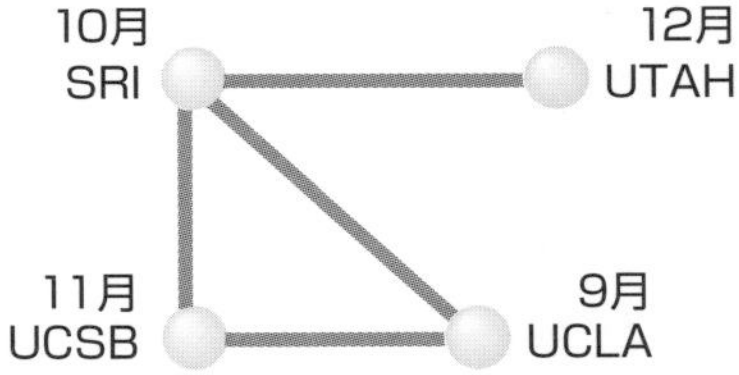

2

情報通信業界の構造

情報通信業界は、①伝送インフラ事業者、②プラットフォーム事業者、③コンテンツ事業者からなります。またこの三つのレイヤーに、④通信端末事業者を加えて、四つのレイヤーで通信業界を見ることもできます。ここではこの四つのレイヤーで通信業界を見てみましょう。

インフラ・プラットフォーム・コンテンツ

一般的に情報通信業界は①伝送インフラ事業者、②プラットフォーム事業者、③コンテンツ事業者という三つのレイヤーに分類します。またこれに④通信端末事業者を四番目のレイヤーをとして加えることもできます。

①**伝送インフラ事業者**は、伝送インフラすなわち通信基盤を整備し通信サービスを提供する事業者を指します。伝送インフラ事業者には、固定通信事業者や移動通信事業者、ケーブルテレビ事業者などが該当します。また本書では、データセンターやクラウド事業者もこのレイヤーに含まれるものとします。

②**プラットフォーム事業者**は伝送インフラとコンテンツの間をとり持つ事業者です。最もイメージしやすいのは、音楽や動画などのコンテンツを集めて、利用者に提供する事業者でしょう。これを**コンテンツ・アグリゲーター**＊とも呼びます。

また、安全かつ安心な商取引や公共サービスの実現を目的としたユーザー認証サービスや課金サービス、セキュリティ・サービスなどを提供する事業者もプラットフォーム事業者に分類されます。

③**コンテンツ事業者**は、コンテンツ制作の専門事業者を指しますが、制作者がコンテンツを自ら配信するケースもあります。また最後の④**通信端末事業者**は、通信端末などのハードウェアを提供する事業者です。

用語解説

＊**コンテンツ・アグリゲーター**　定額音楽配信の**アップル・ミュージック**や定額動画配信の**ネットフリックス**などはその一例になる。

レイヤーで見る情報通信業界の構造（図 2.2.1）

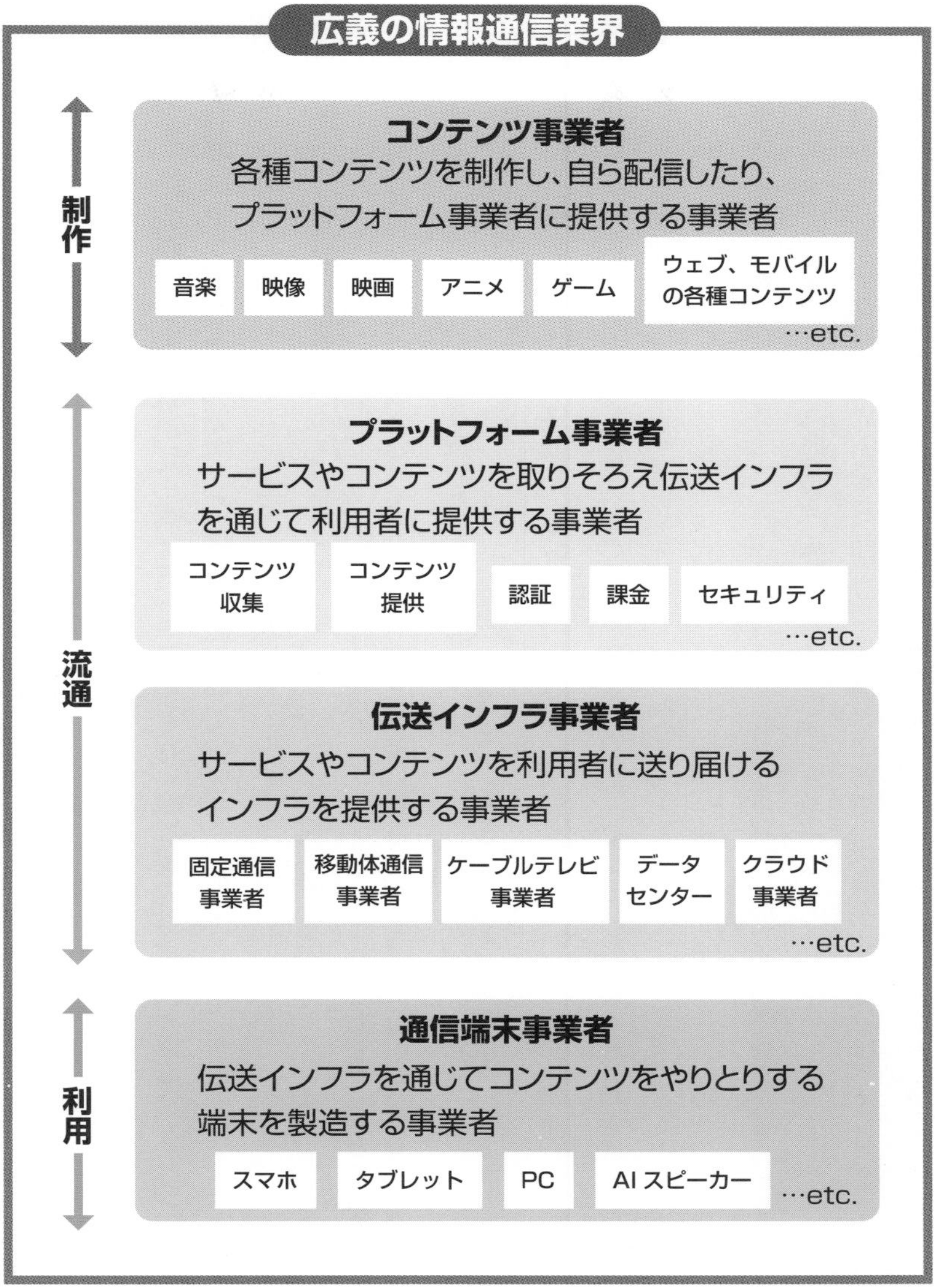
広義の情報通信業界
制作
流通
利用
コンテンツ事業者
各種コンテンツを制作し、自ら配信したり、
プラットフォーム事業者に提供する事業者
音楽
映像
映画
アニメ
ゲーム
ウェブ、モバイルの各種コンテンツ
…etc.
プラットフォーム事業者
サービスやコンテンツを取りそろえ伝送インフラ
を通じて利用者に提供する事業者
コンテンツ収集
コンテンツ提供
認証
課金
セキュリティ
…etc.
伝送インフラ事業者
サービスやコンテンツを利用者に送り届ける
インフラを提供する事業者
固定通信事業者
移動体通信事業者
ケーブルテレビ事業者
データセンター
クラウド事業者
…etc.
通信端末事業者
伝送インフラを通じてコンテンツをやりとりする
端末を製造する事業者
スマホ
タブレット
PC
AI スピーカー
…etc.

3 情報通信業界の市場規模

情報通信業界の市場規模には多様な測定の考え方がありますが、総務省では情報通信産業を九つの分野に分類し、市場規模はトータルで九九兆九七〇億円と試算しています。

情報通信業界の市場規模は九九兆円

次に情報通信業界の市場規模についてです。市場規模の測定には多様な手法があり、それにより数値も異なります。ここでは総務省の試算を紹介します。

総務省では情報通信産業を通信業、放送業、情報サービス業、インターネット付随サービス業、映像・音声・文字情報制作業、情報通信関連製造業、情報通信関連サービス業、情報通信関連建設業、研究の九業種に分類した上でその総市場規模を見積もっています。

これによると、一八年*の市場規模は**九九兆九七〇億円**でした。一七年が九七兆七四七〇億円でしたから、前年比で一〇一・四%となりました*。

総務省では日本における全産業の名目国内生産額(一八年)を一〇一三・五兆円と試算しています。情報通信産業は全体の九・八%を占め、同省では全産業の中でも最大規模の産業だと指摘しています。

リーマンショック以降伸び悩む

経年で見ると、リーマンショックのあった〇八年以降から市場は縮小傾向が続きます。一一年を底に緩やかに持ち直してきたものの、一八年になってもいまだ〇八年の一一〇兆円に届かない状況です。

リーマンショック以前の市場規模に戻るのにはかなり時間を要しそうです。

なお、総務省の以前の同統計では、「インターネット付随サービス」の項目がなかったため、数字にくい違いが見られます。

用語解説

*…**18年**　「年」と表記した場合、1月～12月の暦年、「年度」と表記した場合、4月～3月の年度を意味する。

*…**となりました**　これは物価の影響を取り除いていない名目国内生産額にあたる。

情報通信産業の市場規模（図 2.3.1）

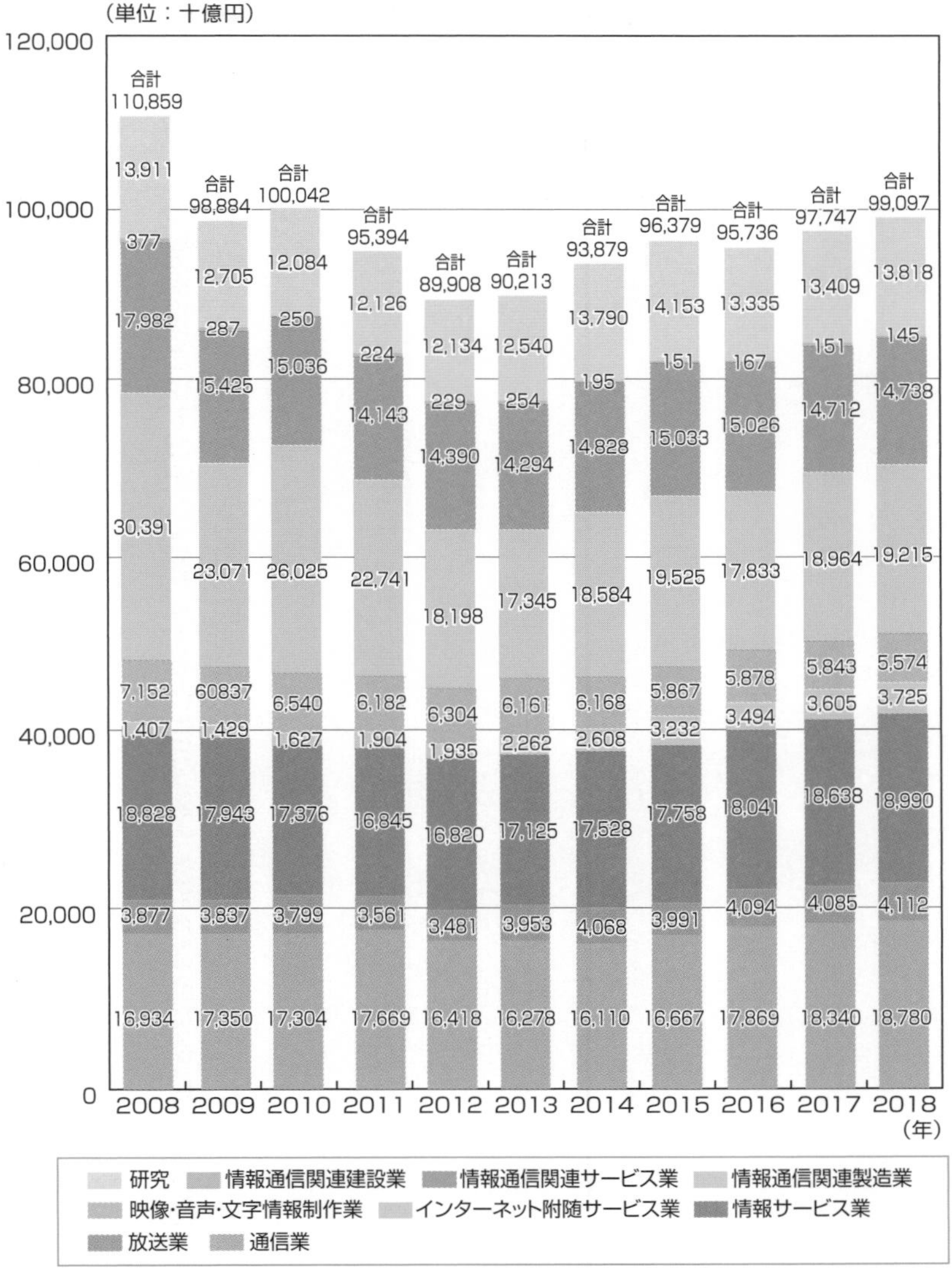

出典：総務省「令和2年版　情報通信白書」

4 電気通信業界の売上高

前節では、情報通信市場全体について見ましたが、ここでは総務省と経済産業省による調査報告書から電気通信業の実態を見てみましょう。日本の電気通信業の売上高は、一八年度が一三兆九〇三二億円で、前年比マイナス〇・九％の成長率になりました。

通信業の売上は一三兆九〇三二億円

総務省と経済産業省による「情報通信業基本調査結果(二〇一八年度実績)＊」によると、日本の**電気通信業**＊の売上高は、一七年度が一四兆二三八億円、一八年度が**一三兆九〇三二億円**になりました(図2・4・1)。

これは一七年度に比べるとマイナス〇・九％の成長でした。また、放送業を含むと一八年度の市場規模は一六兆七二〇五億円になります。

一方、一八年度の電気通信業の売上の内訳を見ると、音声伝送が四兆二二九八億円、データ伝送が七兆七四六二億円となりました。残りは専用線による通信や無線呼び出し、インターネット・データセンターなどとなっています。

また、図2・4・2は、売上に占める音声伝送とデータ伝送のシェアを見たものです。

一五年度は音声伝送が二六・九％、データ伝送が五〇・五％でした。これが一八年度になると、音声伝送が**二九・七％**、データ伝送が**五五・七％**と、いずれもシェアを伸ばしています。

固定と移動は三五対六五

さらに図2・4・3は、固定通信と移動通信のシェアを見たものです。一五年度は固定通信が三五・一％、移動通信が六四・九％でしたが、一八年度は固定通信が**三五・三％**に対して、移動通信は**六四・七％**となりました。

用語解説

＊…**調査結果**　http://www.meti.go.jp/statistics/tyo/joho/result-1.html

＊**電気通信業**　日本標準産業分類では、単に通信業という場合、信書送達業も含まれる。本書では以下、単に通信業という場合、電気通信業を指すと考えてもらいたい。

電気通信業の売上推移（図 2.4.1）

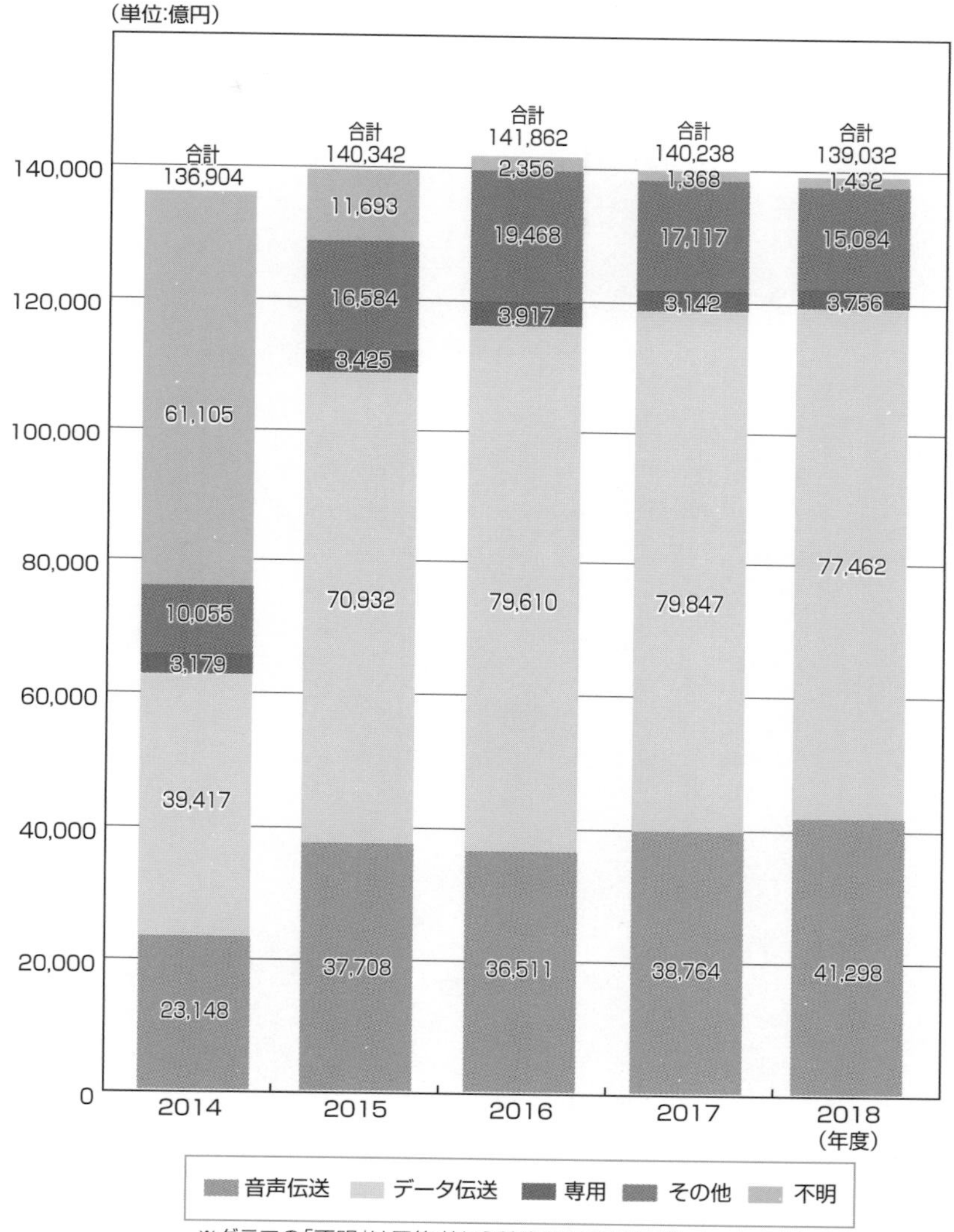

※グラフの「不明」は回答者から該当項目の回答がなかったことによる

出典：経済産業省「情報通信業基本調査」各年度報告書を基に作成

音声伝送とデータ伝送のシェア推移（図 2.4.2）

電気通信事業の売上高構成比（音声伝送・データ伝送の別）

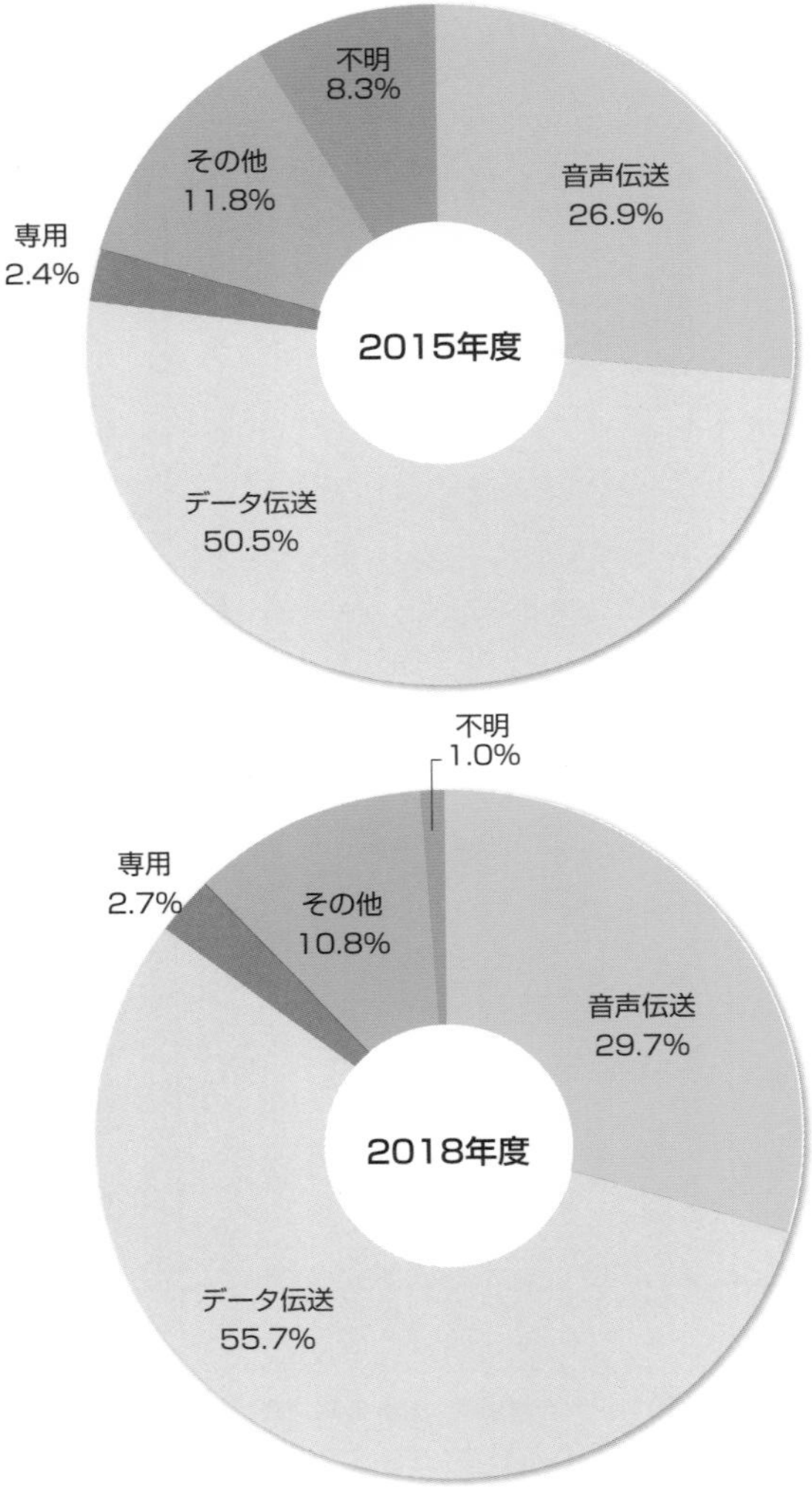

出典：経済産業省「情報通信業基本調査」各年度報告書を基に作成

固定通信と移動通信のシェア推移（図 2.4.3）

電気通信事業の売上高構成比（固定通信・移動通信の別）

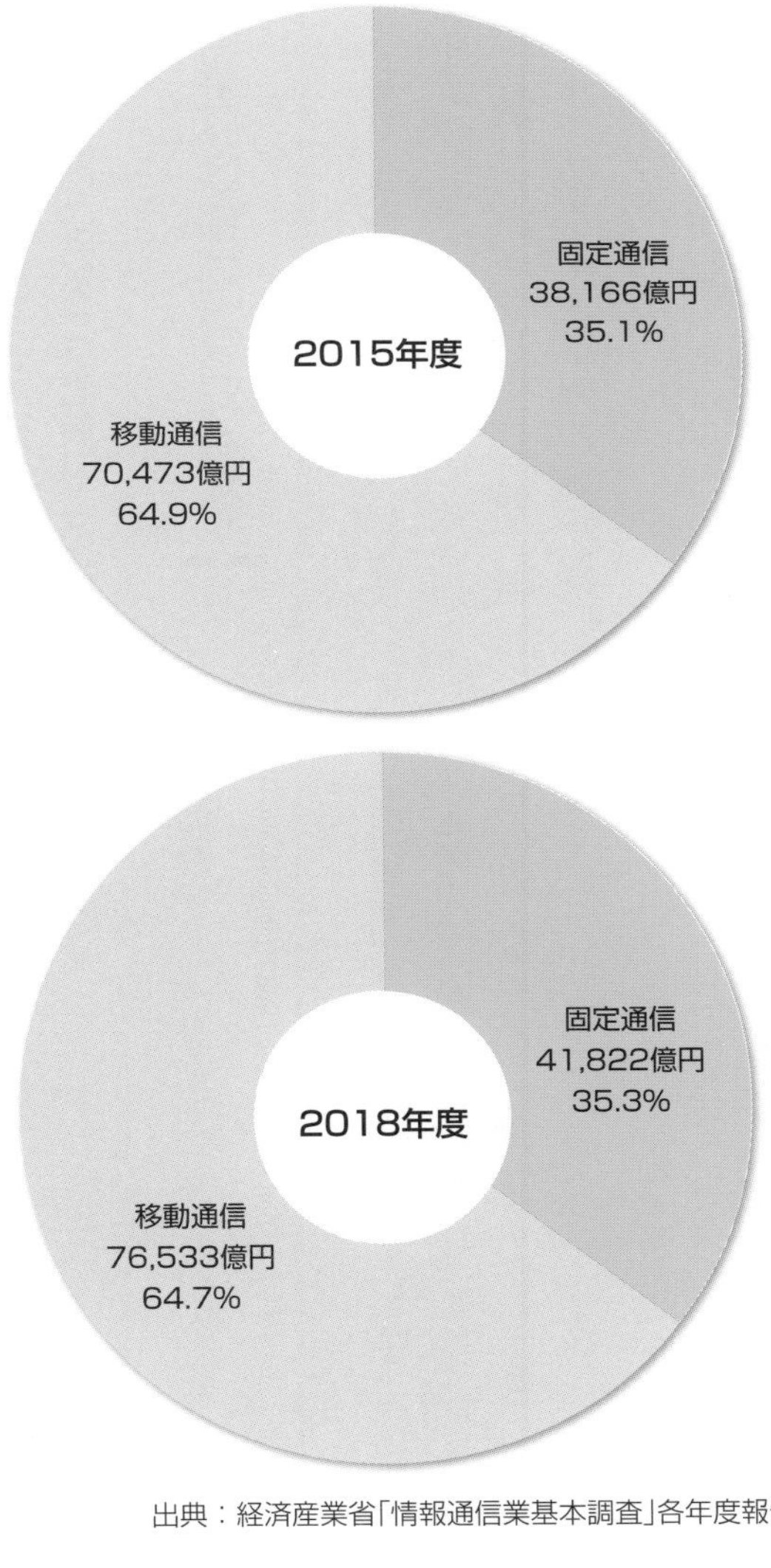

出典：経済産業省「情報通信業基本調査」各年度報告書を基に作成

5 契約数で見る固定通信と移動通信の現状

移動通信の契約数は二億六〇九九万にものぼります。この数は固定ブロードバンドと固定電話の契約数を単純に合算した九五〇〇万の二・七倍以上の規模に相当します。

現在の通信業界は移動通信が優勢

図2・5・1のグラフは、移動系通信（携帯電話、PHS、BWA）、固定系ブロードバンド、固定電話の契約数の推移を見たものです。

移動系通信の契約数は、一六年度（一七年三月期）二億を超え、二〇年三月末で二億五七七二万契約、直近の二〇年六月は**二億六〇九九万契約**となりました。

一方、**固定系ブロードバンド**の契約数は、三〇〇〇万台半ばから緩やかに上昇し、二〇年六月末で**四一五七万**となりました。

これに対して**固定電話**の契約数の減少は止まらず、二〇年六月末で**五三四三万**となりました。グラフには示していませんが、固定電話の契約数のうち0ABJ番号型IP電話が三五二九万、NTT東西の加入電話が一六六三万となっています（1-9節）。

このように、固定系通信の契約数では、固定系ブロードバンドが微増、固定電話が減少しています。この傾向は今後も続くと予想され、二〇年代後半には固定電話と固定系ブロードバンドの契約数が逆転することも考えられます。

一方で、固定系ブロードバンドと固定電話を単純に合算すると二〇年六月末で**九五〇〇万**契約となります。この数字を移動通信vs固定通信で比較すると、移動通信は固定通信の二・七倍以上もの契約数を持つことがわかります。

この数字からも移動通信が現代の通信の主役だということが改めて理解できると思います。

移動通信、固定系ブロードバンド、固定電話契約者数の推移（図 2.5.1）

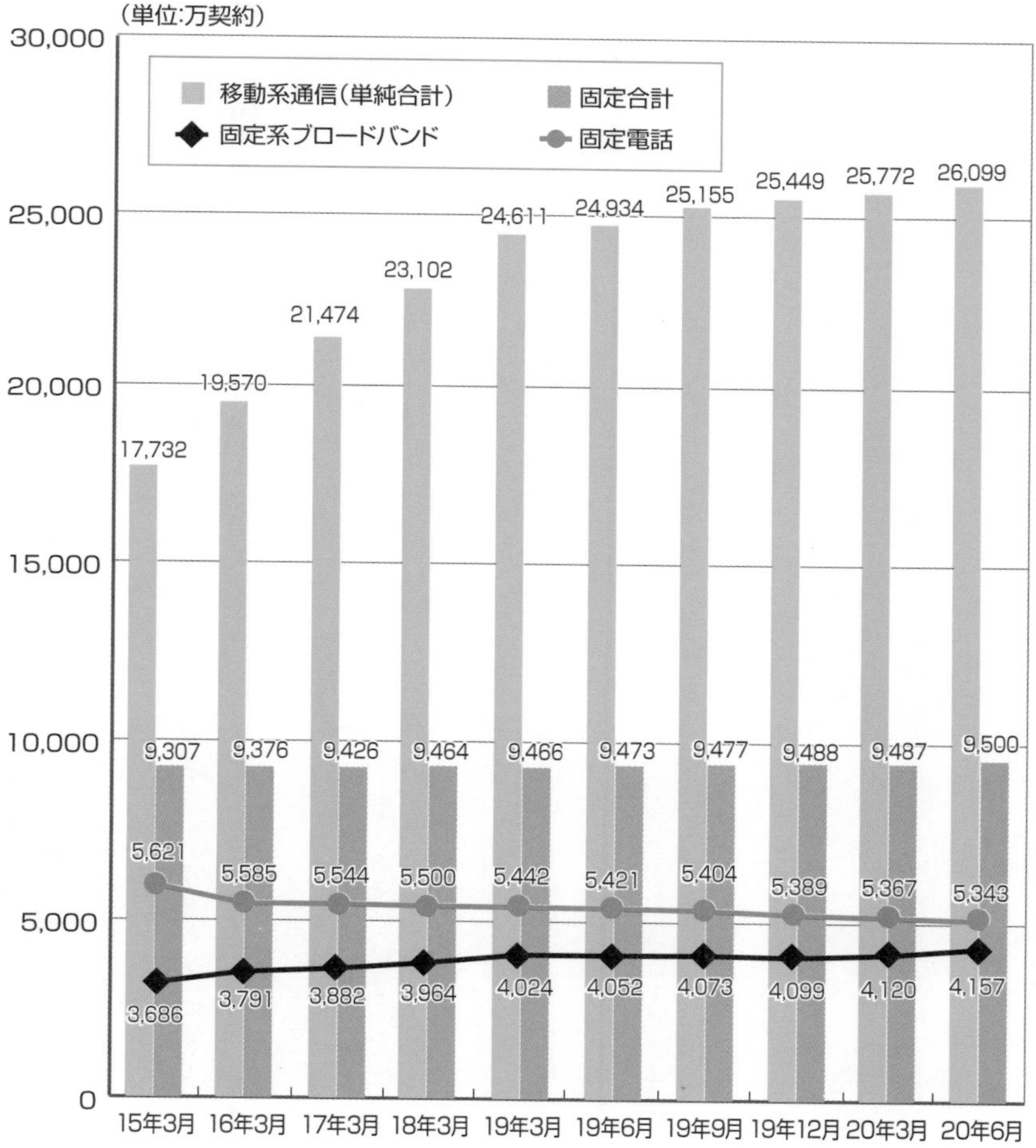

出典：総務省「電気通信サービスの契約数及びシェアに関する四半期データの公表（令和2年度第1四半期(6月末)」を基に作成

6 通信業界で活躍するプレイヤー

電気通信業界では、NTT、ソフトバンク、KDDIの各グループが三強の地位を占めます。これに続いて、ケーブルテレビ事業者、電力系事業者などが業界の主なプレイヤーとして活躍しています。

伝送インフラ事業者を分類する

電気通信業界では**伝送インフラ事業者**（2－2節）が大きな力を振るっています。この伝送インフラ事業者を①通信設備を所有する事業者、②通信設備を所有しない事業者に大別してみましょう。

前者の通信設備を所有する事業者とは、文字どおり自ら通信設備を整備して通信サービスを提供する事業者です。これに該当する事業者を便宜上次の五つにグループ分けしました。

①NTTグループ

②KDDIグループ

③ソフトバンクグループ

④ケーブルテレビ系グループ

⑤電力事業者系グループ

右記の①～③は、通信業界で絶大な力を発揮する三強ともいえる存在です。次世代移動通信の5Gでは、この三強に**楽天**が**MNO***として挑戦する構図となります。楽天が三強の一角を崩せるのか、興味は尽きません。

また、ケーブルテレビ回線を通信用途に利用する④ケーブルテレビ系、それに⑤電力事業者系グループも有力なプレイヤーです。従来、ケーブルテレビ放送を提供していた企業の多くは、インターネット接続と電話をまとめて提供するフルサービスを手掛けています。

一方、通信設備を自ら所有せず、設備を借り受けた上でサービスを提供する事業者もあります。中でも、移動通信事業における**MVNO***が一定の存在感を示しています。

用語解説

＊**MNO**　Mobile Network Operatorの略。通信インフラを所有する移動通信事業者。

＊**MVNO**　Mobile Virtual Network Operator の略。仮想移動通信事業者。

三強を中心に回転する電気通信業界（図 2.6.1）

NTTグループ

営業収益　11兆8,994億円
営業利益　1兆5,622億円
（19年度）

- NTT東日本・西日本（固定通信）
- NTTドコモ（移動通信）
- NTTコミュニケーションズ（長距離通信）
- NTTデータ（システム設計構築）

KDDIグループ

営業収益　5兆2,372億円
営業利益　1兆252億円
（19年度）

- au、沖縄セルラー電話（移動通信）
- UQコミュニケーションズ（移動通信）
- OTNet、中部テレコミュニケーション（固定通信）
- ジュピターテレコム（ケーブルテレビ）

ソフトバンクグループ

営業収益　6兆1,850億円
営業利益　▲1兆3,646億円
（19年度）

- ソフトバンク（国内通信）
- ヤフー（ブロードバンドカルチャー）
- ワイモバイル（移動通信）
- ラインモバイル（移動通信）
- Wireless City Planning（移動通信）
- TモバイルUS（米移動通信）（旧スプリント）

ケーブルテレビ系

- ジュピターテレコム（現KDDIグループ）
- コミュニティ・ネットワーク・センター（CNCI）
- コミュニティ・ケーブル・ジャパン（CCJ）

他

電力事業者系

- オプテージ（旧ケイ・オプティコム）
- 東北インテリジェント通信

他

MVNO

- 日本通信
- IIJ
- イオンモバイル
- 楽天モバイル（MNOに参入）

他

7 ドコモが不振のNTTグループ

日本の通信業界をリードするNTTグループは、一九年度（二〇年三月期）の営業収益が一一兆八九九四億円、営業利益は一兆五六二二億円となりました。

一九年度は大幅な減益、グローバル事業の競争力を強化

NTTグループは、一九年度の営業収益が**一一兆八九九四億円**、営業利益は**一兆五六二二億円**になりました（図2・7・1）。営業収益は前年比〇・一六%とわずかに増収となりましたが、営業利益は前年比**マイナス一三一六億円**（マイナス七・八%）の大幅な減益となりました。

セグメント別の営業収益と傾向を見ると、移動通信事業が**四兆六五一三億円**（前年比マイナス一八九六億円）、地域通信事業が**三兆七九九億円**（同マイナス七二四億円）、長距離・国際通信事業が**二兆二〇五八億円**（同マイナス七二九億円）、データ通信事業が**二兆二六六八億円**（同一〇三二億円）、その他事業が**一兆六〇一七億円**（同二六八一四億円）となっています（図2・7・2）。

さらに営業利益を見ると、移動通信事業は**八五四七億円**と営業利益全体の半分以上を占めています（図2・7・3）。しかしながら、前年比で見ると**マイナス一五九〇億円**となっています。他のセグメントで営業利益が前年比でマイナスだったのはデータ通信事業の一三〇九億円（同マイナス一六八億円）でした。他のセグメントは増益を確保していますから、一九年度の減益要因は移動通信事業の不振だったことがわかります。

現在、NTTグループが力を注いでいるのが、グローバル事業の競争力強化です（図7・2・3）。従来、グローバル持株会社の傘下にあったグループ企業を一九年七月に大再編しました。一九年度の海外売上高は一九五億ドル、二三年度には二五〇億ドルを目標にしています。

NTTグループの営業収益および営業利益の推移（図2.7.1）

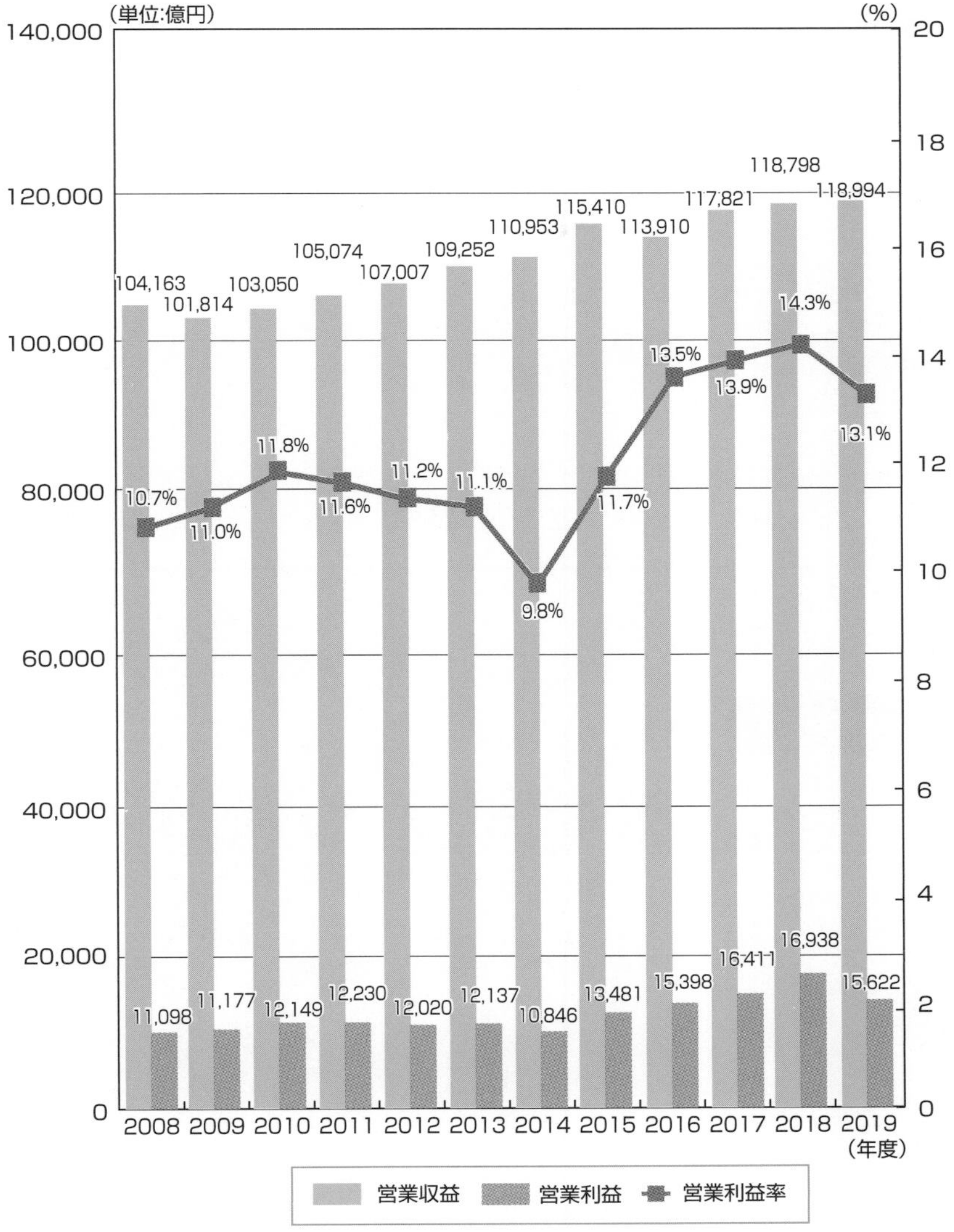

出典：NTTホームページ「決算短信」各年度を基に作成
注：2017年度以降はIFRSの数値

NTTグループの主要企業別営業収益と営業利益（図2.7.2）

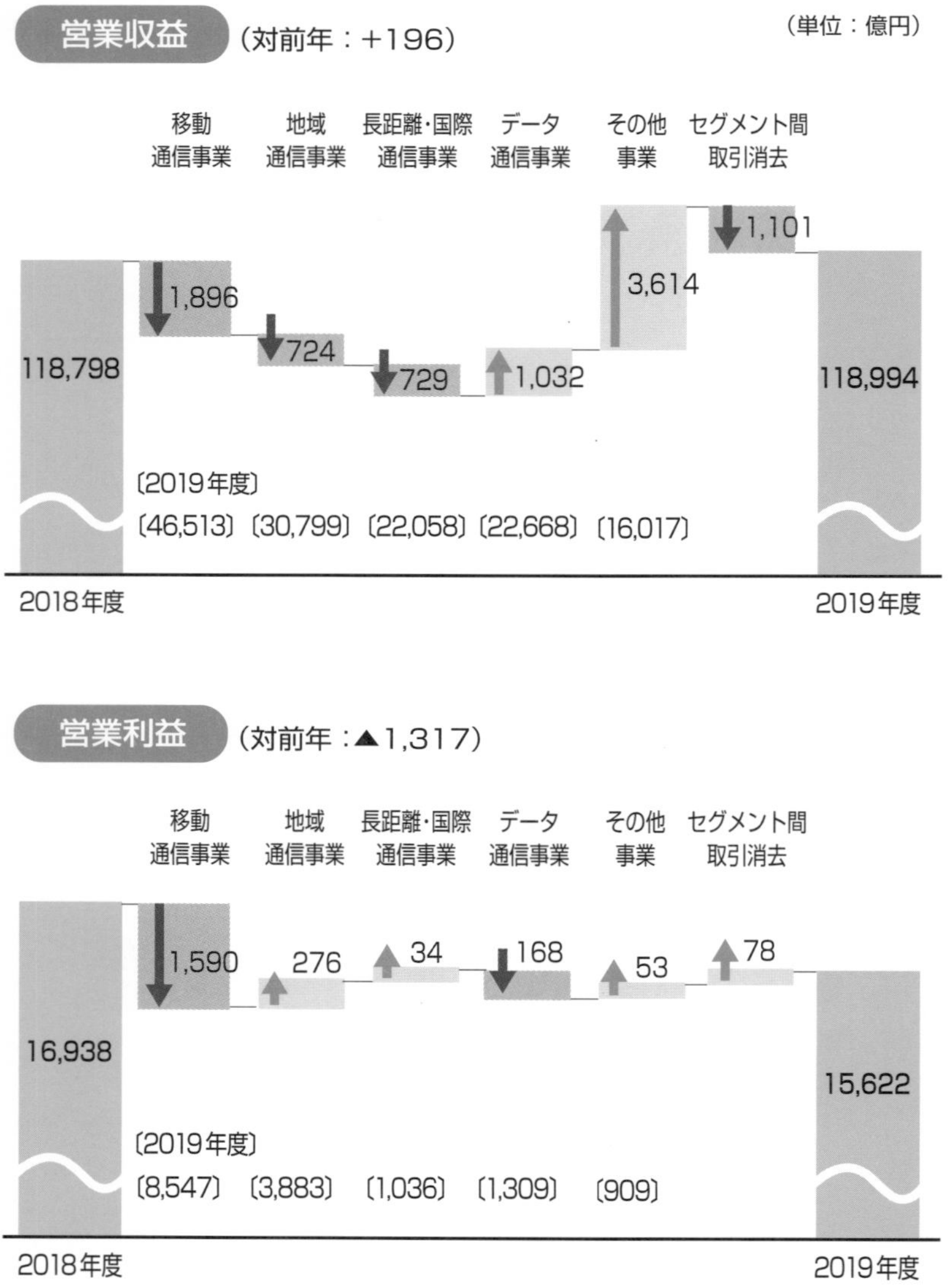

出典：NTT「IRプレゼンテーション」

NTTグループのグローバル企業への対応（図2.7.3）

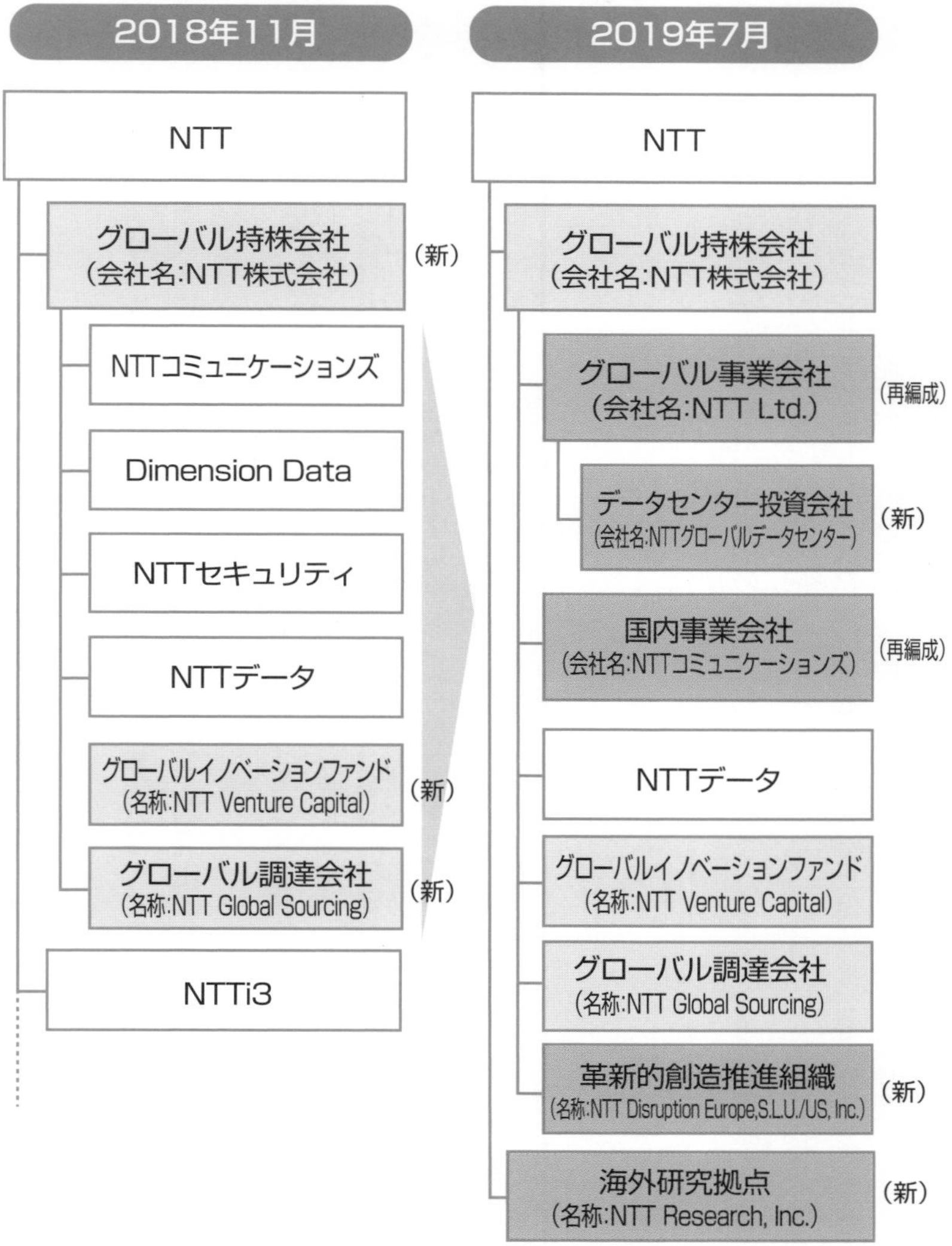

出典：NTT「IRプレゼンテーション」

8

NTTドコモ子会社化のインパクト

二〇年九月二九日、NTTは上場会社のNTTドコモを完全子会社化すると発表しました。同社では同年一一月にTOBを成立させ、NTTドコモは一二月二五日で上場廃止になることが決まりました。

世間を驚かせた子会社化

従来NTTドコモの株式は、NTTが六六・二％保有しており、残りは一般投資家の保有でした。NTTはこの株式を**TOB**（株式公開買い付け）により取得し、NTTドコモを**完全子会社化**しました。投資総額は四兆円を超えました。

NTTドコモ子会社化の狙いとしてまず挙げられるのが、グループ再集結による競争力の強化です。二〇年三月に始まった5Gでは、特許件数において中国の**ファーウェイ**が突出しており、NTTドコモが占める割合はわずかにしか過ぎません。NTTグループは3Gの時代には多数の特許を有しており、当時と比較すると見る影もありません。このようなことからNTTでは、再集結によりグループの結束を高め、来る6Gで主導権を握りたい考えです。

一方、KDDIやソフトバンクなど他の通信事業者からは懸念の声も上がっています。5Gの基幹ネットワークに光ファイバーは欠かせませんが、日本の光ファイバーを寡占しているのはNTT東西です（5-7節）。NTTドコモが完全子会社化になると、光ファイバーの配分がドコモに有利になるのではないか、とライバル各社は懸念しているのです。

いずれにせよ、NTTドコモの完全子会社化は、もはや止めることはできません。それならば少なくとも、昔の電電公社体質が復活してサービスの質が低下するようなことがあってはなりません。世界で戦えるNTTになってもらいたいものです。

世界通信大手の時価総額ランキング（図 2.8.1）

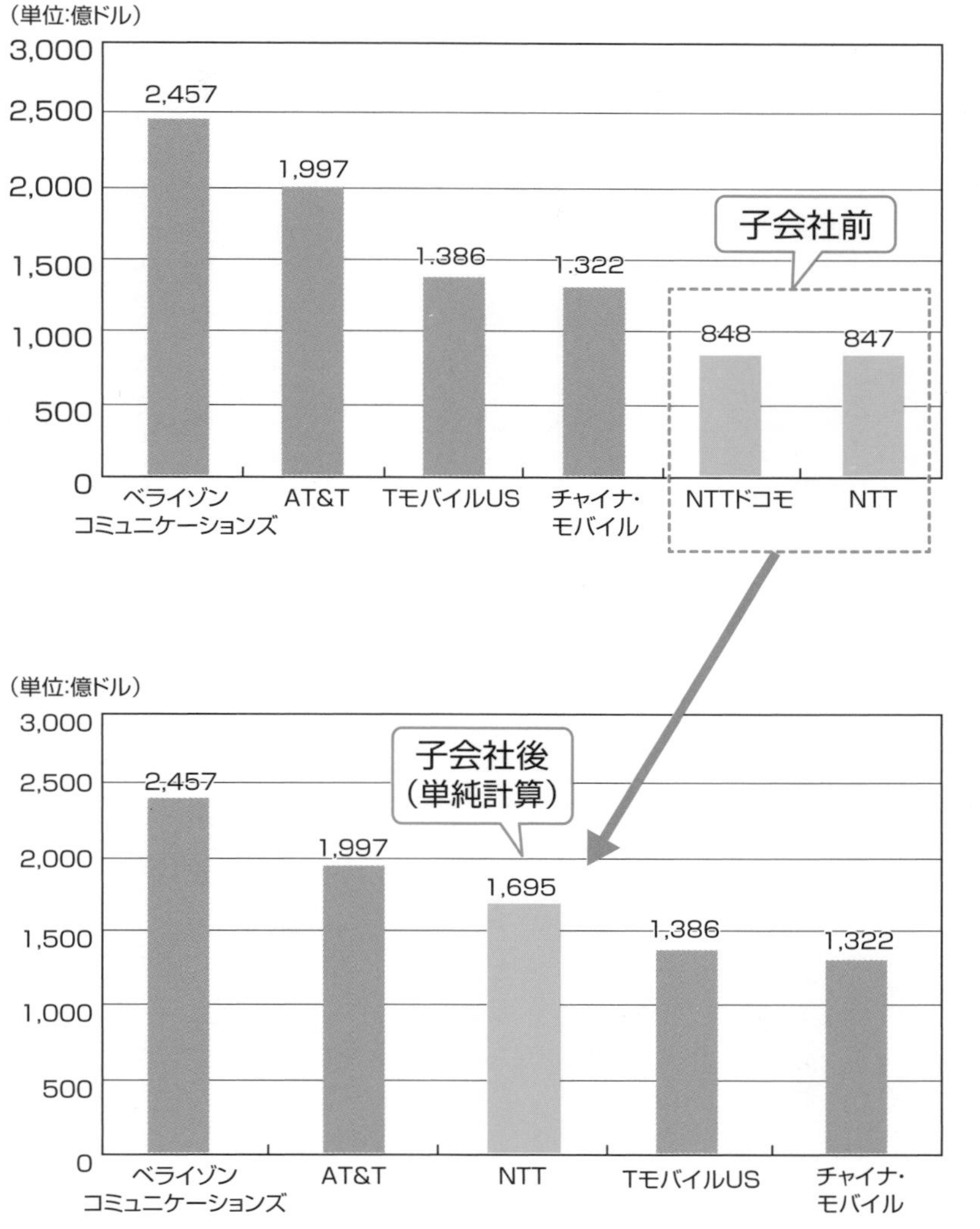

出典：日本経済新聞2020年9月30日を基に作成（時価総額は20年9月28日時点）

9 お客様ＤＸを目指すＫＤＤＩグループ

売上高では業界第二位に位置するＫＤＤＩの営業収益は五兆二三七二億円、営業利益は一兆二五二億円です。今後はａｕ経済圏の確立やお客様ＤＸの積極展開を目指す計画です。

中期経営計画に見るセグメント再編と戦略

いまや営業収益で日本の通信業界第二位の地位に甘んじる**ＫＤＤＩグループ**ですが、一九年度の営業収益は**五兆二三七二億円**、営業利益は**一兆二五二億円**、営業利益率**一九・六%**と、いずれも好業績を叩き出しています（図2・9・1）。

ＫＤＤＩの中期経営計画（二〇年三月期～二二年三月期）では、事業セグメントを従来のパーソナル、ライフデザイン、ビジネス、グローバルの四分野から、個人客向けの**パーソナル**と、法人客向けの**ビジネス**の**二セグメント**に集約し、グローバル事業を国内事業の延長として位置づけました（図2・9・2）。

中期経営戦略は、七つの項目からなります（同図2・9・2）。この中でＫＤＤＩが特に注力すると思われるのが、戦略の筆頭にある「**5Ｇに向けたイノベーションの創出**」です。

5Ｇ時代には**Ｂ2Ｂ2Ｘ**の構築が欠かせません（1-3節）。ＫＤＤＩでは**ＫＤＤＩデジタル・ゲート***を通じて、パートナー企業とともにスマート工場や自動運転、遠隔操作、遠隔医療など、5Ｇによるイノベーション創出を目指します。また、地方創生に5Ｇを活用することで、地方のデジタル・トランスフォーメーションを推進していく考えです。

さらに、「通信とライフデザインの融合」では、個人顧客本位の価値提案、ビジネス向けにはパートナー企業のデジタル・トランスフォーメーション支援を推進し、事業規模拡大を目指します（図2・9・3）。

用語解説

＊**KDDIデジタル・ゲート**　KDDI Digital Gate。同様の展開はNTTドコモ（ドコモ5Gオープンバートナープログラム）、ソフトバンク（5G×IoT Studio）も行っている。

KDDI の営業収益および営業利益の推移（図 2.9.1）

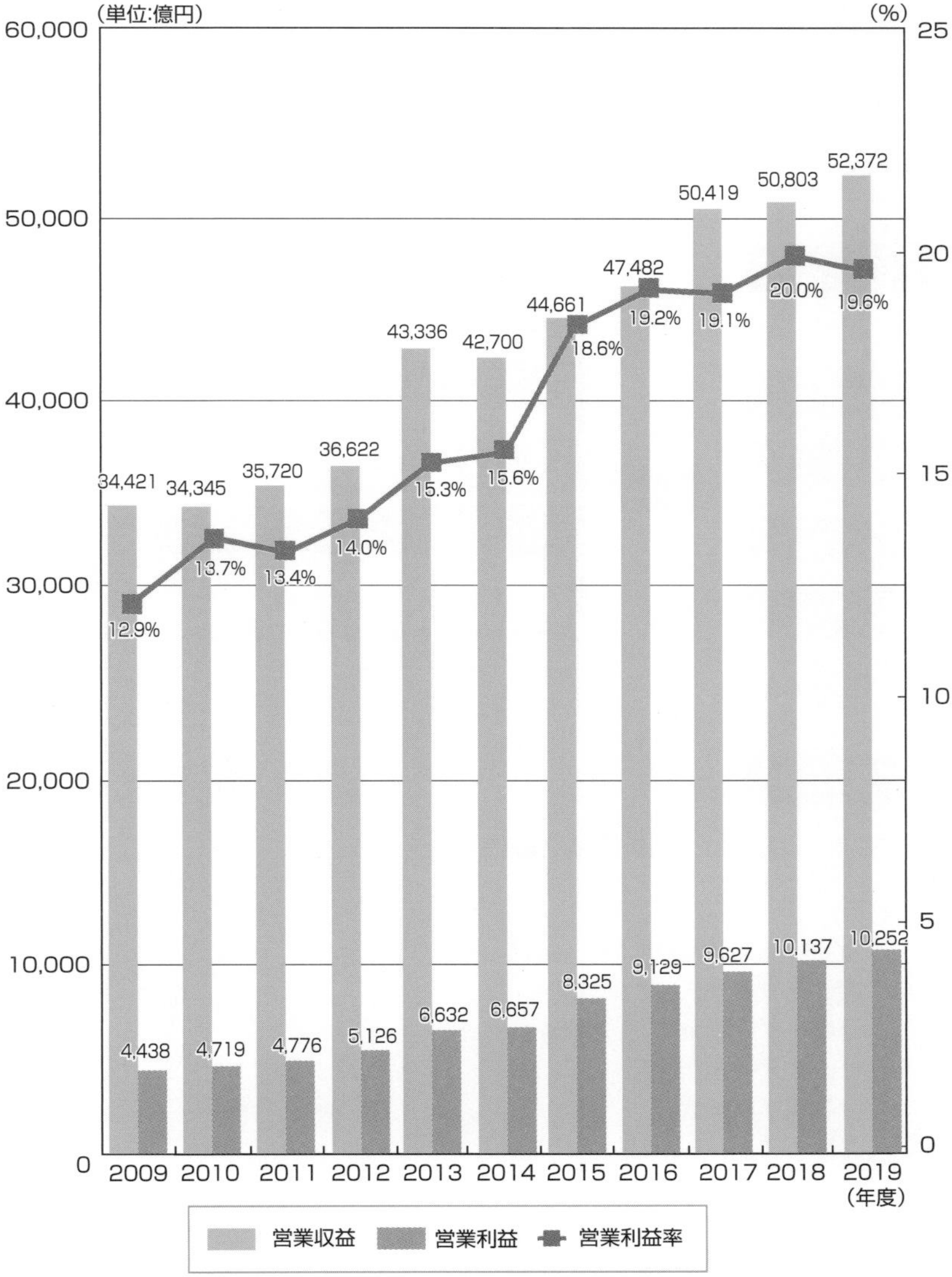

出典：KDDI各年度決算短信を基に作成

セグメント再編と中期経営戦略（図2.9.2）

セグメント変更

従来のパーソナル、ライフデザイン、ビジネス、グローバルの4セグメントを、個人のお客様向けのパーソナルと、法人のお客様向けのビジネスの2セグメントに集約、グローバル事業を国内事業の延長の位置付けに変更する。

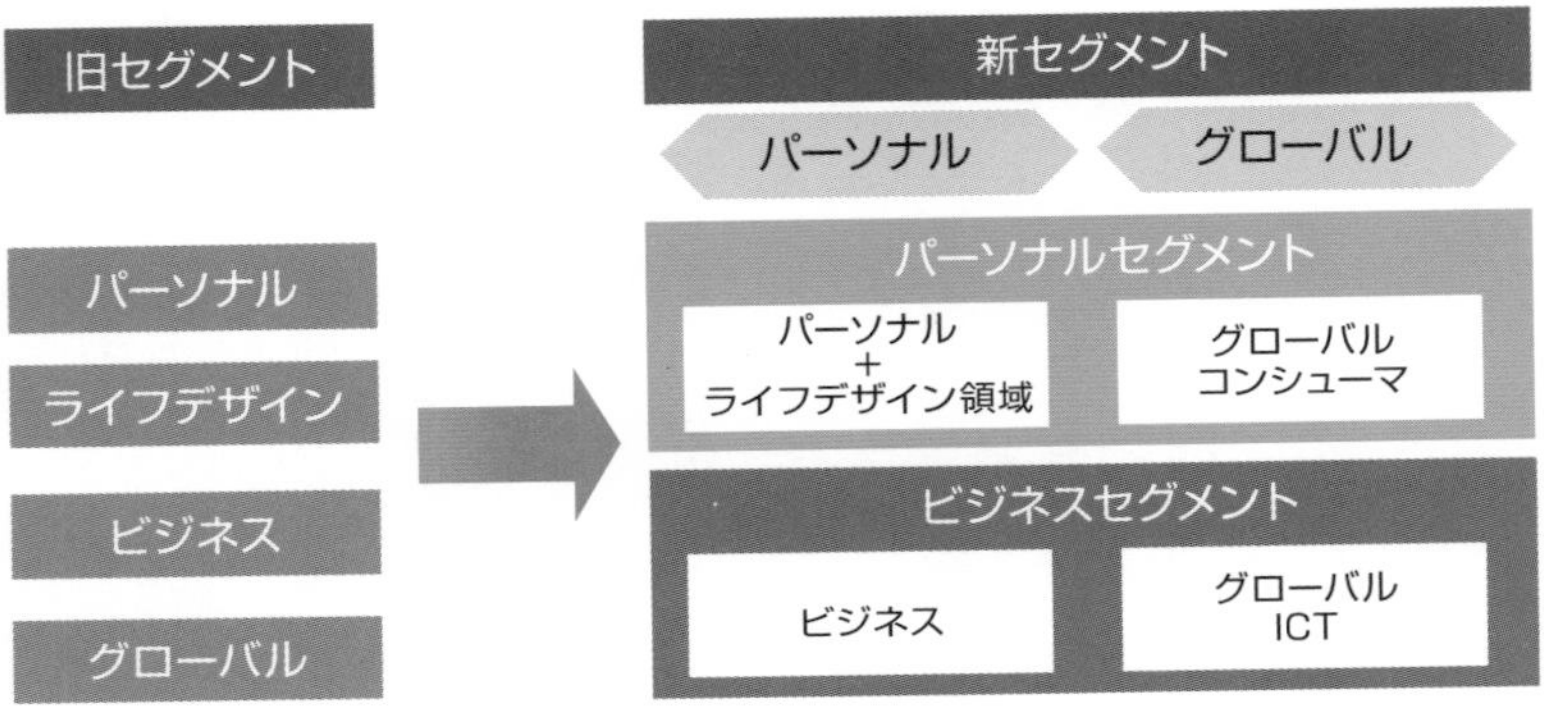

事業戦略

以下7つの事業戦略に沿って、持続的な成長を実現する。

1. 5G時代に向けたイノベーションの創出
2. 通信とライフデザインの融合
3. グローバル事業のさらなる拡大
4. ビッグデータの活用
5. 金融事業の拡大
6. グループとしての成長
7. サステナビリティ

出典：中期経営計画（2020年3月期～2022年3月期の3ヵ年計画）

セグメント別アプローチ（図 2.9.3）

個人のお客様に向けて

スマートフォンを起点にライフデザインサービスの事業を拡大
お客様に「ワクワク」する体験価値をご提案する

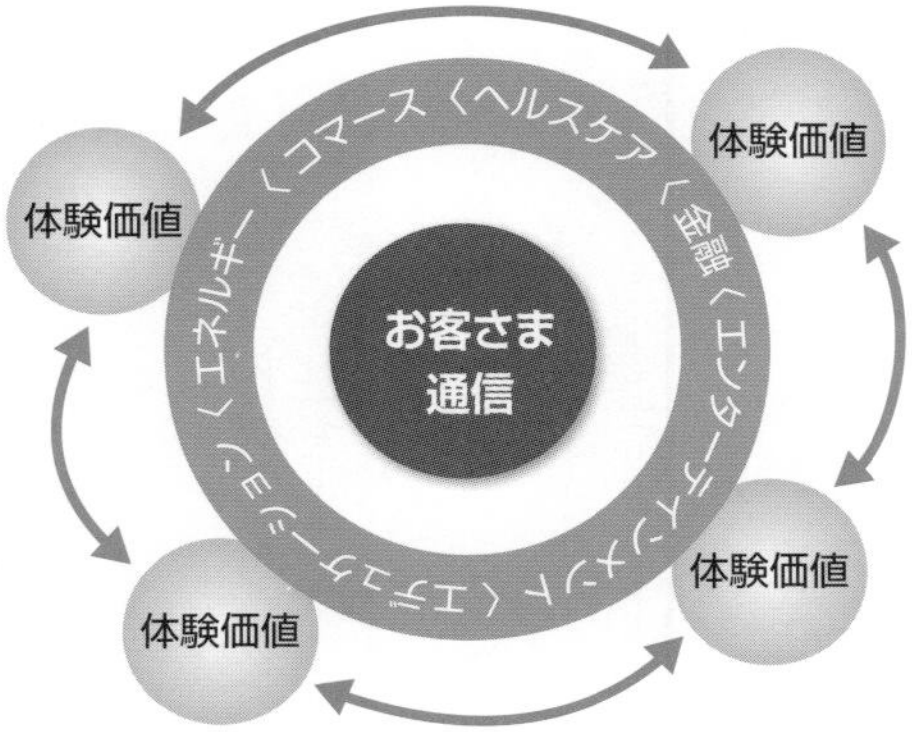

法人のお客様に向けて

お客様とともに新たなビジネスモデルを構築
お客様のDX推進をサポートする

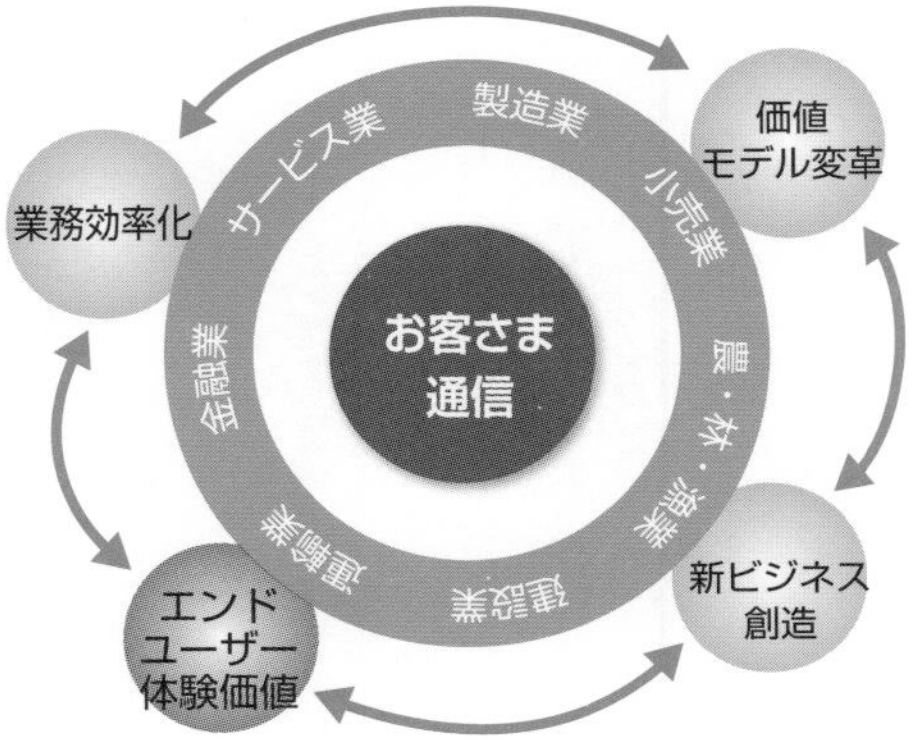

出典：中期経営計画 (2020年3月期～ 2022年3月期の3ヵ年計画)

10 投資会社に転身したソフトバンクグループ

ソフトバンクグループは通信企業から投資会社への転身をはかっています。しかし、投資の失敗もあり一九年度は営業収益が六兆一八五〇億円、営業利益はマイナス一兆三六四六億円と巨額の損失を計上しました。

世界を驚かせ続けるソフトバンク

ソフトバンクはもともと、パソコン用のパッケージ・ソフトの流通を手掛ける事業からスタートしました。その後、出版事業で成功し、さらにインターネット事業や通信事業、金融事業に進出し、〇一年にはＡＤＳＬ接続サービスのヤフー！ＢＢをスタートさせました。〇四年には日本テレコムを買収し、さらに〇六年にはボーダフォンを買収して、固定および移動通信に進出しました。

一躍、通信業界の重要な地位についたソフトバンクはその後も成長に貪欲で、一二年には米携帯電話会社三位の**スプリント**買収を発表して世界を驚かせました。またそれ以上に世界が驚いたのは、スマートフォンやタブレット端末のプロセッサ市場で圧倒的な存在感を有する英**アーム**＊の買収でしょう。さらに一七年には一〇兆円のファンド「**ソフトバンク・ビジョン・ファンド**」を設立し、投資会社へと大きく舵を切りました。また、**ビヨンド・キャリア戦略**を提唱し、通信事業者からの脱皮をはかっています（図2・10・2）。しかしながら、投資先の評価損が相次ぎ、一九年度の営業収益は**六兆一八五〇億円**、営業損益は**マイナス一兆三六四六億円**という巨額の損失を計上しました（図2・10・1／図2・10・3）。

これによりソフトバンクでは、アームの株式を同業の**エヌビディア**に売却することに合意し、ＴモバイルＵＳ（旧スプリント）の株式も一部手放しました。

しかしながらそれでも、二〇年九月末の決算発表ではファンドの利益が累計で**一兆三九〇一億円**に達し、業績の急回復を印象付けています。

用語解説

＊**アーム**　2016年に子会社化。買収に3.3兆円を費やした。

ソフトバンクの営業収益および営業利益の推移（図 2.10.1）

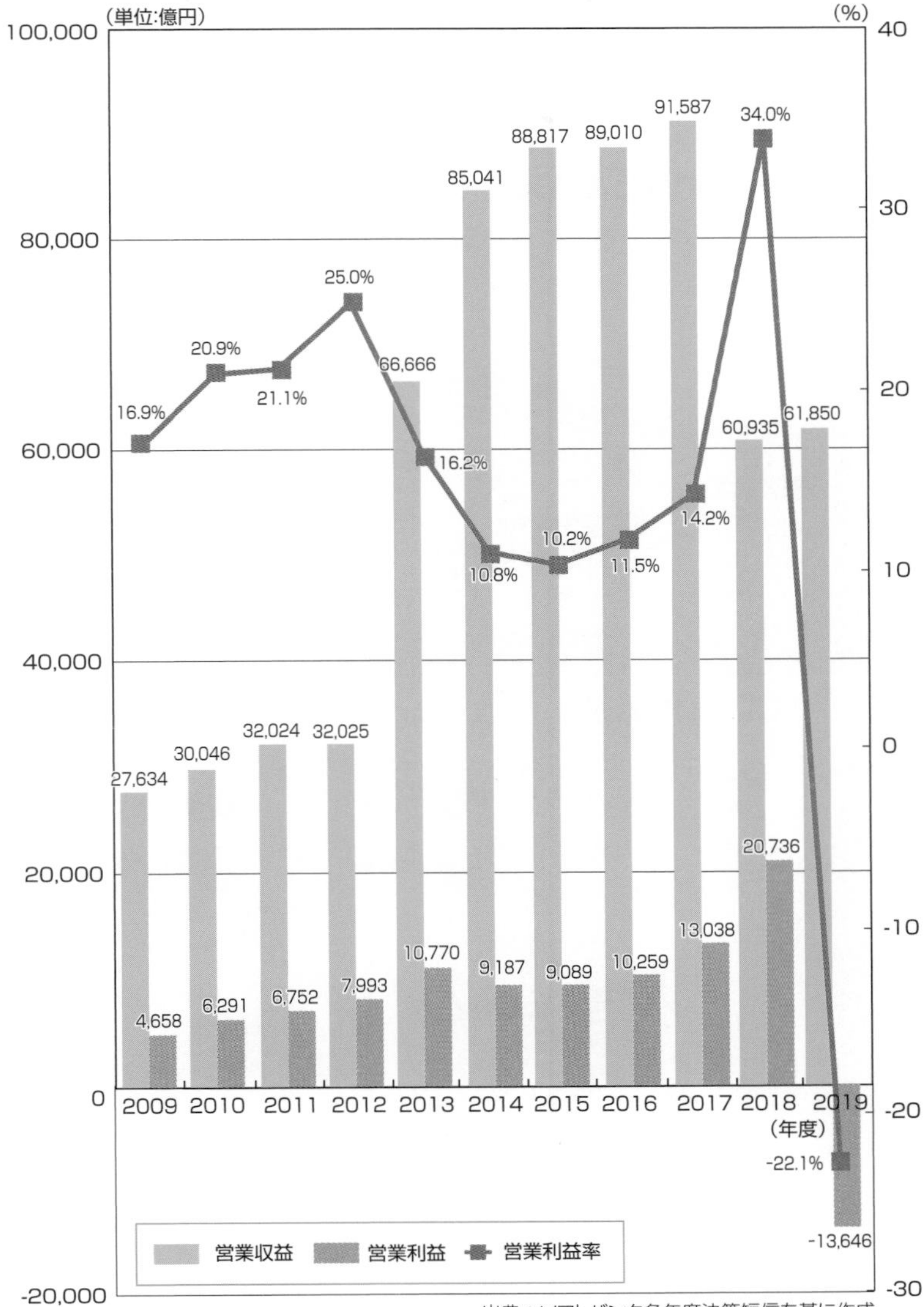

出典：ソフトバンク各年度決算短信を基に作成
注：18年度の営業収益は19年度の決算短信による

Beyond Carrier 戦略とマルチブランド戦略（図 2.10.2）

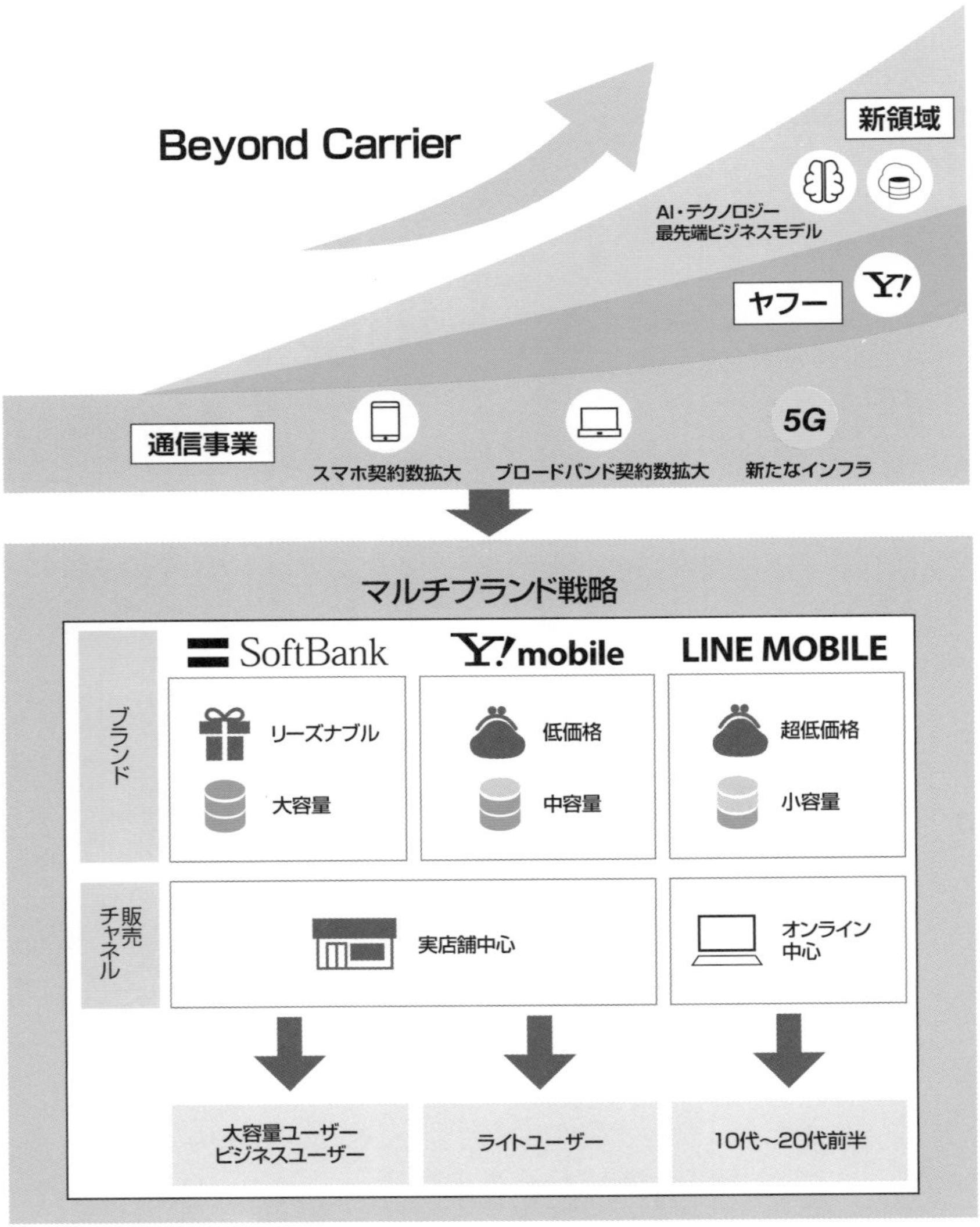

出典：ソフトバンクグループ「経営方針・戦略」を基に作成

三グループの収益比較（2019年度）（図2.10.3）

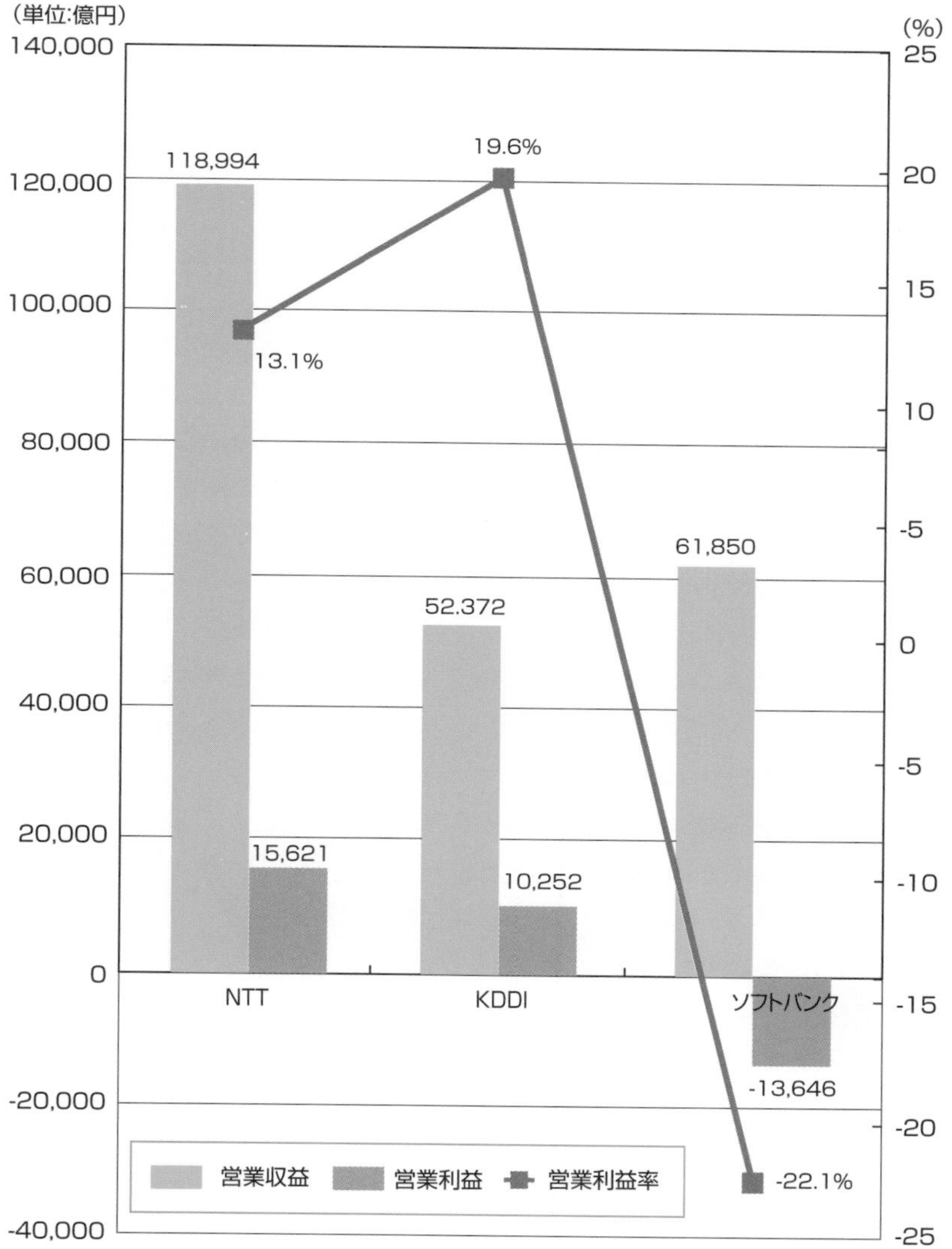

出典：各社決算短信を基に作成

column

腕木通信に使われた通信装置「テレグラフ」

2-1節でふれた腕木通信は、いまから約220年前の1793年、フランス革命の真っ直中、クロード・シャップ（1763〜1805年）によって開発された通信手法です。以後、フランスでは、電信ネットワークに取って代わる約60年の間に、総延長距離5800キロメートルの腕木通信網が整備されます。

腕木通信で中心的な役割を担うのが、腕木通信機です。建物の上に一本の柱が立っていて、その頂点に長さ4m〜4.6mの水平の腕木（レギュレータ）が1本、さらにそのレギュレータの両端に2m前後の腕木（インジケータ）が2本取り付けられています。そして、この3本の腕木は、それぞれの支点を中心に回転し、様々な信号を作れるようになっています。この腕木の信号に意味を持たせて通信を行ったのが腕木通信というわけです。いわば、機械式の手旗信号とでも考えればよいでしょう。

また、建物の中身に注目してください。内部に腕木の形状を変更するための装置があり、通信手がこれを動かして腕木の形を変えます。この装置と上部の腕木の形がまったく同じになっているのがわかると思います。つまり、通信手は屋上の腕木を見ることなく、目的の形状を作り出せたわけです。

なお、この通信装置はシャップらによってTélégraphe（tele=遠くに、graphen=書く、の意）と命名されました。最初は固有名詞だったテレグラフも、やがては電信を示す語として一般名詞化します。いまではテレグラフというと電信をイメージしますが、元をたどれば腕木通信に至ることを、ぜひとも覚えておきたいものです。

しかしながら、この通信装置を約10km間隔で設置して、総延長距離5800kmもの、電気をまったく使わないネットワークを構築したのですから、いまから思うと驚きとしかいいようがありません。なお、腕木通信については、拙著『腕木通信――ナポレオンが見たインターネットの夜明け』に詳しく記しましたので、興味のある方はご参照ください。

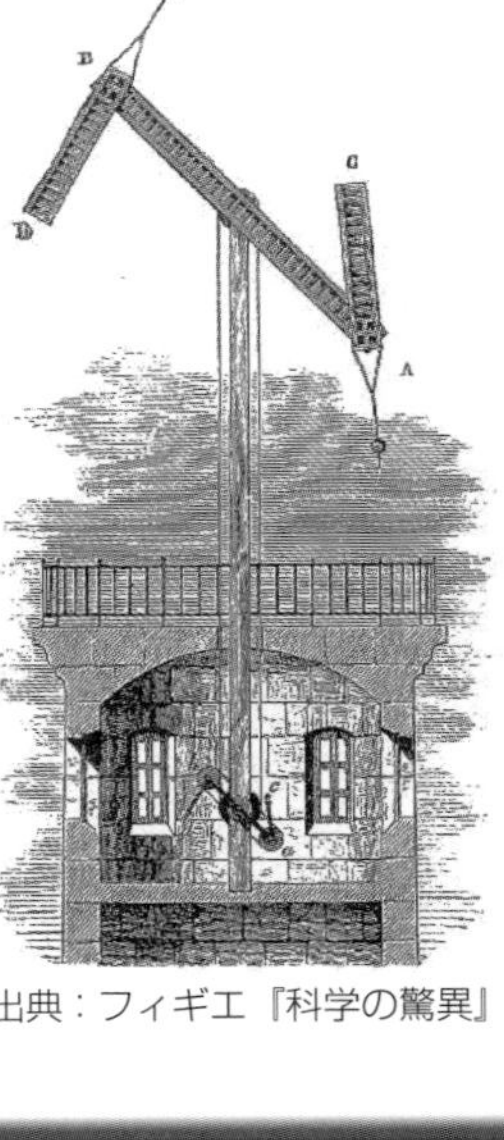

出典：フィギエ『科学の驚異』

第3章

5Gに見る移動通信業界の最新動向

移動通信業界が大きく動いています。最もホットな話題は次世代移動通信5Gのサービスインでしょう。5Gは超高速通信、超低遅延通信、多数同時接続を三大特長としています。本章では5G化する移動通信の動向と5Gを支える技術について見たいと思います。

1 移動通信高速化の歴史

移動通信ではよく「2G」とか「3G」という言葉を使います。このGとは「ジェネレーション（世代）」の意味で、移動通信の世代を表現する際に用いられます。現在の移動通信は第四世代の「IMTアドバンスド」から第五世代（5G）へ移行する真っただ中にあります。

移動通信は4Gから5Gへ

一九七九年に自動車電話としてサービスが始まった携帯電話は、これ以降、第一世代（1G*）のアナログ携帯電話に進化します。さらに第二世代（2G）ではデジタル携帯電話、さらに**IMT-2000**に準拠する第三世代（3G）へと進化しました。

IMTは**International Mobile Telecommunications**の略で、**国際電気通信連合**（**ITU***）が中心となって策定した移動通信規格です。

この3Gを超える世代として急速に普及したのが**LTE***でした。LTEでは最大で受信時三二六・四Mbps、送信時八六・四Mbpsの高速通信を目標にしていました。

LTEは3Gと4Gを結ぶ位置付けから、世代的には**3.9G**になりますが、一般に「LTE＝4G」と受け止められていました*。真の第四世代に相当する**IMTアドバンスド**は高速移動時に**一〇〇Mbps**、低速移動時に**一Gbps**で、日本では一四年に始まりました。

さらに二〇年三月から新たな移動通信規格である**第五世代**（**5G**）のサービスが日本でスタートしました。超高速通信、超低遅延通信、多数同時接続を三大特長とする5Gは、**下り最大二〇Gbps**で、4Kや8Kといった**高精細映像***のリアルタイム伝送も可能になります。

いまや通信の主役は固定通信から移動通信に移行しており、高速大容量化は今後もさらに進みます。

用語解説

* **1G** Gはジェネレーションの意味となる。
* **ITU** International Telecommunication Union の略。国際連合の下部機関で電気通信技術に関する世界標準の策定を行う。
* **LTE** Long Term Evolution の略。長期的進化の意味で、規格が大きく変わらず3Gから4Gへ進展することからこの名が付いた。

モバイル通信高速化の歴史（図 3.1.1）

世代	最大データ通信速度	主な規格名	最大データ通信速度
1G（第1世代）	（アナログ通信）	NTT方式	—
		TACS	—
		NMT	—
		AMPS	—
2G（第2世代）	10kbps前後	PDC	～9.6kbps
		cdmaOne	～14.4kbps
		GSM	～14.4kbps
		TDMA	～9.6kbps
2.5G（第2.5世代）	数10～100kbps前後	PDC-P	～28.8kbps
		GPRS/EDGE	～115.2kbps
3G（第3世代）	2Mbps前後	CDMA2000 1x	～144kbps
		W-CDMA	～2Mbps
		CDMA2000 1x EV-DO	～2.4Mbps
3.5G（第3.5世代）	10Mbps前後	HSPA（HSDPA/HSUPA）	～14.4Mbps
		EV-DO Rev.A/B	～10Mbps
3.7G ※（第3.7世代）	70Mbps前後	WiMax	～70Mbps
3.9G（第3.9世代）	100Mbps超	LTE	～326.4Mbps
4G（第4世代）	1Gbps超（準静止時）	IMT-Advanced	低速移動時1Gbps 高速移動時100Mbps
5G（第5世代）	20Gbps	未定	下り20Gbps 上り10Gbps

※一般にWiMaxを3.7世代とは呼ばないが、ここではスピードも最大70Mbpsなので3.7Gとした。

出典：総務省『平成19年版情報通信白書』他を基に作成

用語解説

＊…**受け止められていました**　ただし2011年末に3.5世代以上は4Gと呼んでもよいとITUが勧告した。

＊**高精細映像**　ハイビジョン（2K）よりもさらに高精細な映像にあたる4Kや8Kを指す。

2 移動通信の契約数の推移

総務省によると二〇年六月末の移動系通信の契約数は二億六〇九九万でした。ただし、グループ内取引を差し引くと一億八八四六万になります。

一億八八四六万と二億六〇九九万の違い

電気通信の契約数や事業者のシェアをチェックする場合、総務省が四半期ごとに公表する「**電気通信サービスの契約数及びシェアに関する四半期データ**」(以下、四半期データ)は必見の情報源になります。図3・2・1は、この四半期データの二〇年度第1四半期(六月末)に掲載されている「移動系通信の契約数の推移」です*。

ご覧のように折れ線グラフには三種類の系列がありますがこれには理由があります。例えばある通信事業者がグループ内企業から**LTE**を調達して、自社の**BWA***とセットで利用者に販売した場合、従来二契約とカウントしていました。これがグラフにある「**携帯電話・PHS・BWA(単純合計)**」です。

その一方で、一四年度第3四半期からは、こうしたグループ内取引を一契約としてカウントする数値を公表しました。これがグループ内取引調整後の数字である「**携帯電話・PHS・BWA**」および「携帯電話」です。総務省では移動系通信の契約数について、このグループ内取引後の数値を基準値として用いています。

そのため総務省では、二〇年六月末の移動通信の契約数を**一億八八四六万**として公表しています。これに対して単純合計した移動通信の契約数は**二億六〇九九万**になります。この契約数を前年同期と比較すると、グループ内取引調整後の携帯電話・PHS・BWAは**三・五%増**、携帯電話のみだと**四・〇%増**、単純合計で見ると**四・七%増**となっています。

用語解説

* **…契約数の推移」です** http://www.soumu.go.jp/menu_news/s-news/01kiban04_02000173.html
* **BWA** Broadband Wireless Accessの略。高速無線アクセスともいう。2.5GHzを用いる**WiMax**などがある。

移動系通信の契約数の推移（図 3.2.1）

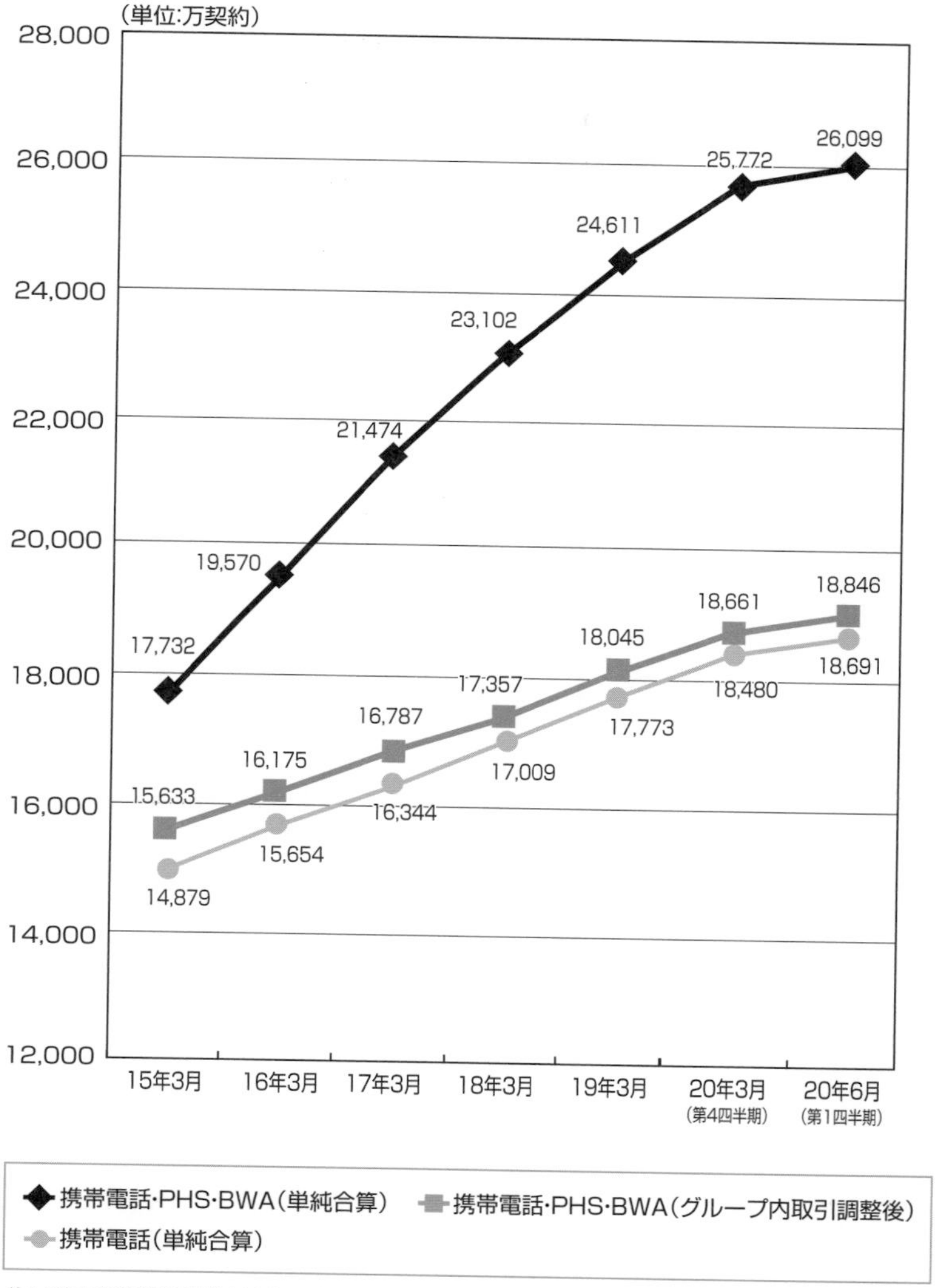

注：2015年度第4四半期よりMVNOサービスの区分別契約数が報告事項に追加されたため、2014年度第4四半期以前と2015年度第4四半期以降で、グループ内取引調整後の契約数等の算出方法が異なっている

出典：総務省「電気通信サービスの契約数及びシェアに関する四半期データの公表（令和2年度第1四半期（6月末）」

3　3G、LTE、5G他の契約数の推移

現在、携帯電話は3G、LTE(4G)、5Gに分類できます。二〇年六月末時点でのそれぞれの契約数は単純合算で、3Gが三二〇四万、LTEが一億五五六五万、5Gが三三万になりました。

3G、LTE、5Gの現状

前節で見た四半期データにあった「携帯電話」の内訳は、3G、LTE、5Gになります。図3・3・1に掲げたのは、同じく総務省の四半期データ(二〇年度第1四半期(六月末)分)からとった「3G・LTE・5G・PHS・BWAの各契約数の推移」です。

まず、長期推移で見ると、一五年度(一六年三月期)において3GとLTEの契約数が逆転したことがわかります。一六年三月末時点で3Gは六九〇九万契約、対するLTEは八七四七万契約でした。

以後、LTEの契約数は順調に伸び続け、早くも一六年度(一七年三月期)には一億契約を突破し、直近の二〇年六月末には契約数が**一億五五九五万**になっています。これに対して3Gは同時点において**三二〇四万**契約でした。

次に5Gについて見ると、サービスがスタートした二〇年三月末の契約数が二万、三カ月後の六月末は**三三万**となっています。これからどのような伸びを見せるのか、注目したいところです。

続いてBWAとPHSについて見ると、二〇年六月末時点の契約数は、BWAが**七二五二万**、PHSが**一四六万**となっています。

このうちPHSは当初二〇年七月での停波が予定されていましたが、新型コロナの影響で、**二一年一月**まで延期されました。また3Gについても、NTTドコモでは**二六年三月末**をもって終了することを公表しています*。

用語解説

*…**公表しています**　終了時期は事業者によって異なる。auは22年3月末、ソフトバンクは24年1月下旬を予定している。

3-3　3G、LTE、5G他の契約数の推移

3G・LTE・5G・PHS・BWAの各契約数の推移（図3.3.1）

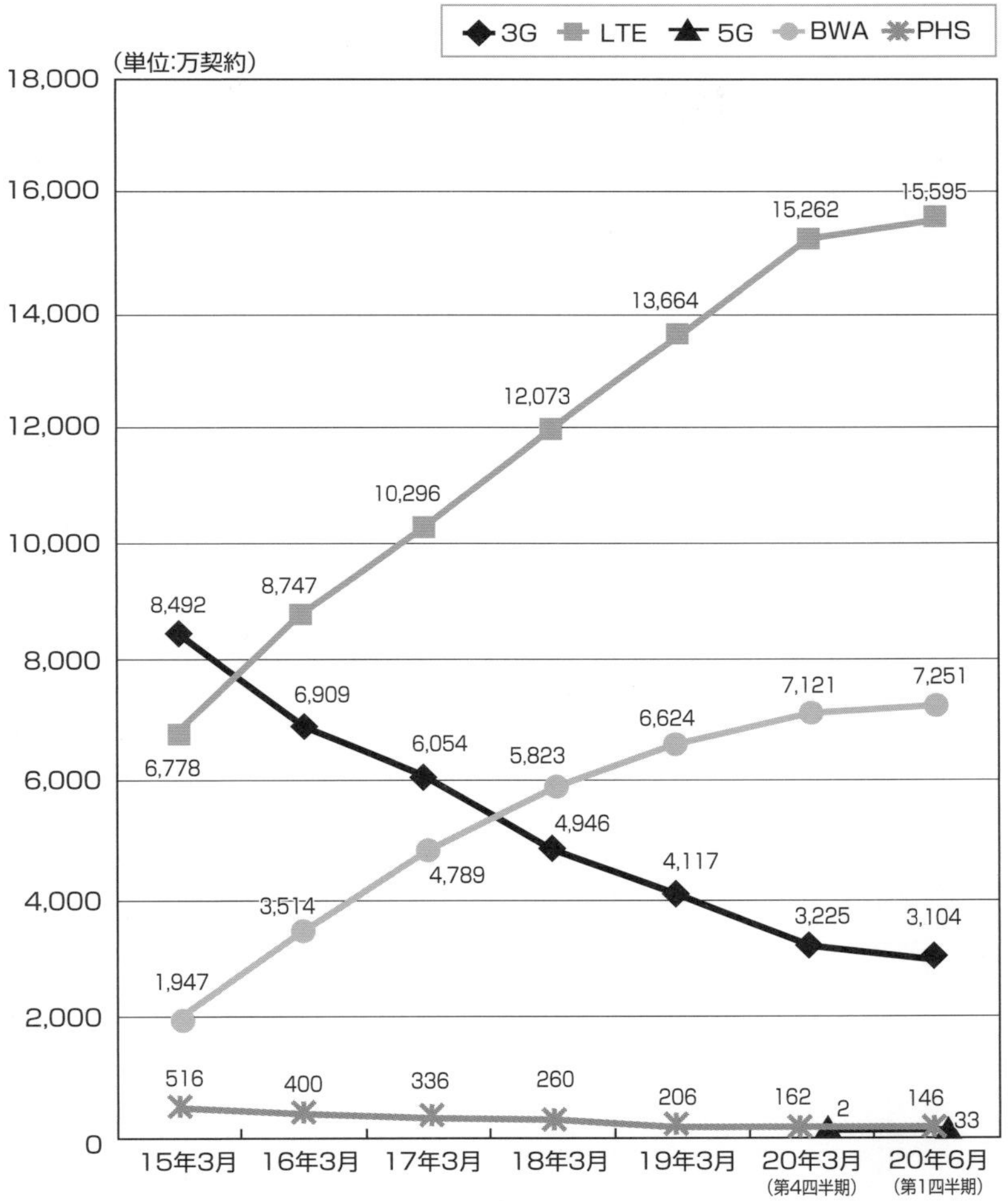

注1：LTEの契約数には、3GおよびLTEのどちらも利用可能である携帯電話の契約数が含まれる
注2：5Gの契約数には、LTEおよび5Gのどちらも利用可能である携帯電話の契約数が含まれる
注3：2019年度第4四半期の3G契約数について修正を行っている

出典：総務省「電気通信サービスの契約数及びシェアに関する四半期データの公表（令和2年度第1四半期(6月末)」

4

日本でも始まった5G

国内では二〇年三月に始まった5Gは、3-3節で見たように、同年六月時点で三三万契約となっています。以下、5Gのサービス開始までの過程や知っておきたい技術的話題について取り上げます。

5G向け電波と割り当て

二〇年三月、国内で5Gのサービスがスタートしました*。5Gの特徴は何といっても無線通信に高周波数帯を利用する点です。国内の5Gでは次に掲げる三種類の周波数帯域を利用します。

◎3・6GHz～4・1GHz帯(3・7GHz帯)
◎4・5GHz～4・6GHz帯(4・5GHz帯)
◎28GHz帯(ミリ波帯)

このうち、三・七GHz帯と四・五GHz帯をまとめて**サブ6**と呼びます。これは5Gで使用する六GHz未満の周波数帯を意味しています。

無線通信では波形の一サイクルで情報を表現します。そのため周波数が高いほど同じ時間内に多くの情報を詰め込むことができます。ただ、高周波数帯は直進性が高く届く距離も短くなるという欠点を持ちます(図3・4・1)。

そのため、LTEで使用している周波数に近い3・7GHz帯は比較的扱いやすいのですが、28GHz帯は移動通信にとってまさに未知の領域です。ちなみに、**超高速通信**にはミリ波の活用が欠かせません。

総務省では5Gに割り当てた電波をNTTドコモ、KDDI、ソフトバンク、それに楽天モバイルの四社に分配しました(図3・4・2)。**楽天モバイル**は、従来MVNOとしてモバイル通信に携わってきましたが、周波数の割り当てを受けることで、晴れてMNOとしての一歩を踏み出すことになったわけです。

用語解説

＊…**スタートしました** 国際的には2019年4月、アメリカと韓国で5Gがスタートした。日本は1年遅れのサービス開始となった。

周波数の特性（図3.4.1）

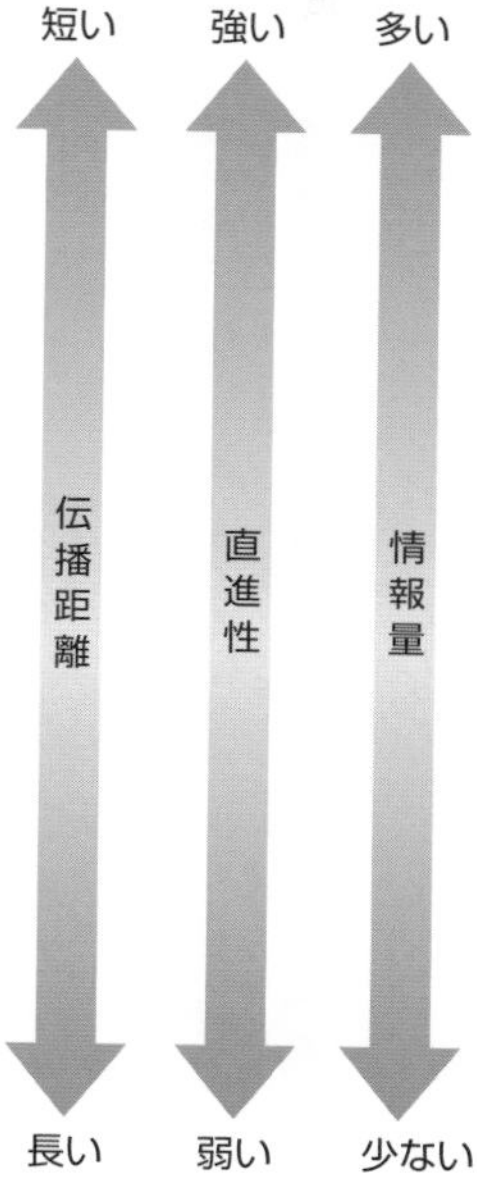

周波数	波長	名称
3THz－	0.1mm－	光波
300GHz－3THz	1mm－0.1mm	サブミリ波
30GHz－300GHz	1cm－1mm	ミリ波(EHF)
3GHz－30GHz	10cm－1cm	マイクロ波(SHF)
300MHz－3GHz	1m－10cm	極超短波(UHF)
30MHz－300MHz	10m－1m	超短波(VHF)
3MHz－30MHz	100m－10m	短波(HF)
300kHz－3MHz	1km－100m	中波(MF)
30kHz－300kHz	10km－1km	長波(LF)
3kHz－30kHz	100km－10km	超長波(VLF)

各社への周波数割り当て結果（図3.4.2）

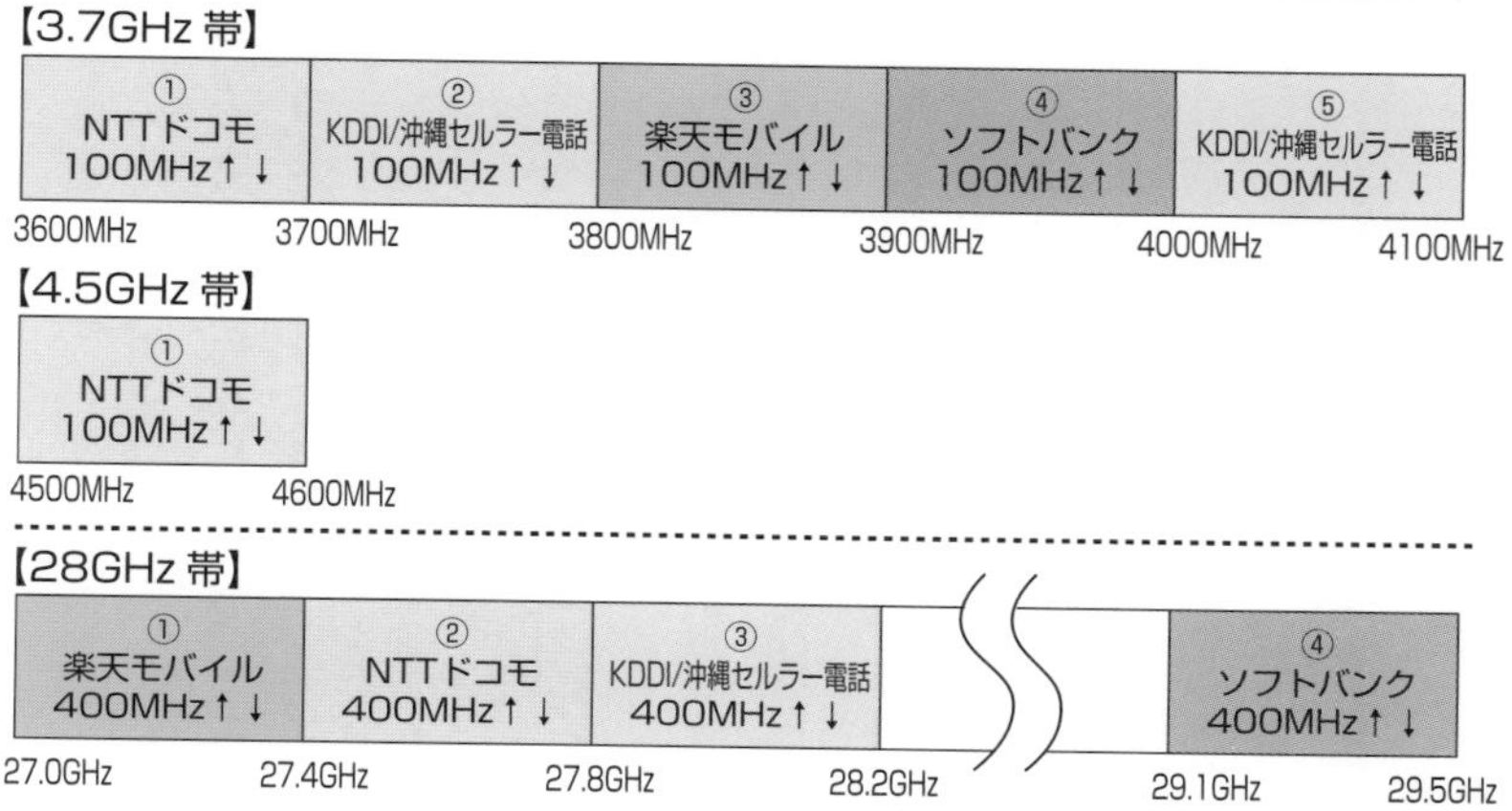

出典：総務省『令和２年版情報通信白書』

5　5G整備計画の青写真

経営効率を考えると、人口の多い都市部で5Gサービスを行うのが得策です。しかしこれではユニバーサル・サービスが困難になりますから、政府では5G整備計画に一定の条件を付けています。

日本をメッシュに分割

政府では5Gのサービスが日本全国でくまなく受けられるよう指針を設けています。まず、日本全国を一〇km四方のメッシュに分割します。これにより日本全国が約**四九〇〇メッシュ**に覆われることになります。そのうち、産業立地に適さない地域や山岳地、水上・海上などを除いた約**四五〇〇メッシュ**について都市・地域に関わりなく5Gでカバーすることを目指します。

以上を前提に、さらに政府では事業者に次のような条件を示しています。まず、周波数割り当て後、二年以内に全都道府県でサービスを開始することです。次に、五年以内に五〇%のメッシュで**5G高度特定基地局**を整備することです。さらに、全国でできるだけ多くの基地局を確保することです。

5G高度特定基地局とは、**コア・ネットワーク***と大容量の光ファイバーで接続された基地局で、エリア内の多数の特定基地局(子局)とを結ぶ親局にあたります。高度特定基地局は5G無線基地局になると同時に、特定基地局と光ファイバーで結ばれ、子局からの通信を収容することになります。

ネットワーク整備に関わる費用は大規模です。五年間の四社総投資額は**一兆六六二四億円**に上ります。波及効果も考えると非常に大きな経済効果を生み出すと考えられます(3-7節)。

また、5G高度特定基地局の五年後の展開率は、最も高いNTTドコモで九七・〇%、最も低い楽天モバイルで五六・一%を目指しています。

用語解説

＊**コア・ネットワーク**　基地局や制御装置(センター設備)相互を光回線で結んだネットワーク。3-9節参照。

5Gの整備計画（図3.5.1）

24年度までの整備計画			
NTTドコモ	特定基地局等の設備投資額		約7,950億円
	高度特定基地局の展開率		97.0%(全国)
	基地局数	①3.7GHz帯および4.5GHz帯	8,001局
		②28GHz帯	5,001局
au	特定基地局等の設備投資額		約4,667億円
	高度特定基地局の展開率		93.2%(全国)
	基地局数	①3.7GHz帯および4.5GHz帯	30,107局
		②28GHz帯	12,756局
ソフトバンク	特定基地局等の設備投資額		約2,061億円
	高度特定基地局の展開率		64.0%(全国)
	基地局数	①3.7GHz帯および4.5GHz帯	7,355局
		②28GHz帯	3,855局
楽天モバイル	特定基地局等の設備投資額		約1,946億円
	高度特定基地局の展開率		56.1%(全国)
	基地局数	①3.7GHz帯および4.5GHz帯	15,787局
		②28GHz帯	7,948局

4社総投資額　1兆6624億円

出典：総務省『令和２年版情報通信白書』を基に作成

6 5Gはどこまで普及するのか

移動通信回線全体に占める5G回線の普及は、世界規模で見ると二〇二五年で二〇%に達成すると予想されています。また、日本における5Gの普及は同じく二〇二五年で五五六〇万回線と予想されています。

5Gの普及を予測する

では、今後5Gはどのような速度で普及していくのでしょうか。

まず、世界規模における移動通信回線に占める5G回線の占有率を見てみましょう。国際業界団体のGMSA*の予測では、二〇二五年には5Gが**二〇%**、これに対して4Gが五六%、3Gが一八%になると予想しています(図3・6・1)。

地域別で見るとアジア発展諸国が五〇%、北米が四八%、ヨーロッパが三四%になると見込まれています。アジアと北米が成長エンジンになるようです。

一方で日本の場合はどうでしょう。野村総合研究所によると、5Gとそれ以外の契約回線数では、二〇二五年の5G回線契約数は**五五六〇万**、それ以外は六四四八万になると予想しています(図3・6・2)。全体の一億二〇〇八万回線に占める5G回線の割合は**四六・三%**になると予想されます*。

また、端末の販売台数で見ると、同じく二〇二五年時で5G対応が二六七一万台、5G以外が九七九万台と予想されています。全三六五〇万台に占める5G対応端末の割合は**七三・二%**になります*。

野村総研の予測が示すのは、5Gが爆発的に普及するのではなく、比較的緩やかにシェアを伸ばしていくというものです。導入当初は、5G対応のインフラも限られており、超高速通信、超低遅延通信、多数同時接続の実現が困難だからです。5Gの大きな飛躍は二〇二三年頃と期待されています。

用語解説

＊ **GMSA**　GSM Association。移動体通信業者か関連団体からなる国際機関。携帯電話最大のイベントであるモバイルワールドコングレスなどを開催する。

＊ **…と予想されます**　同社の予測によると、26年度の5G回線は7526万回線で、全体(11902万回線)の63.2%を占める。

移動通信に占める 5G 回線の割合予測（図 3.6.1）

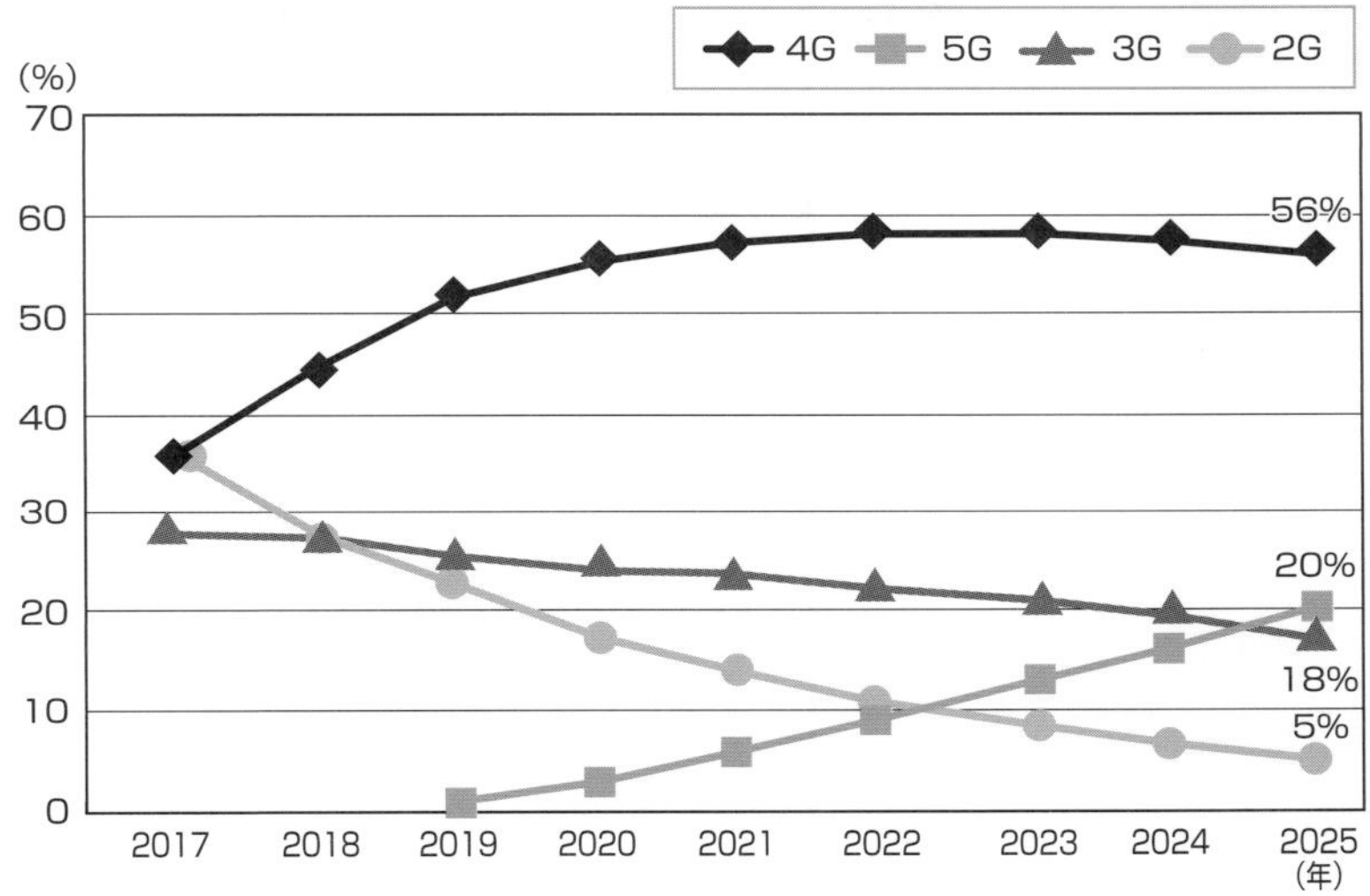

出典：GSM Association「The Mobile Economy 2020」

ハンドセット端末の 5G とそれ以外の契約回線数予測（図 3.6.2）

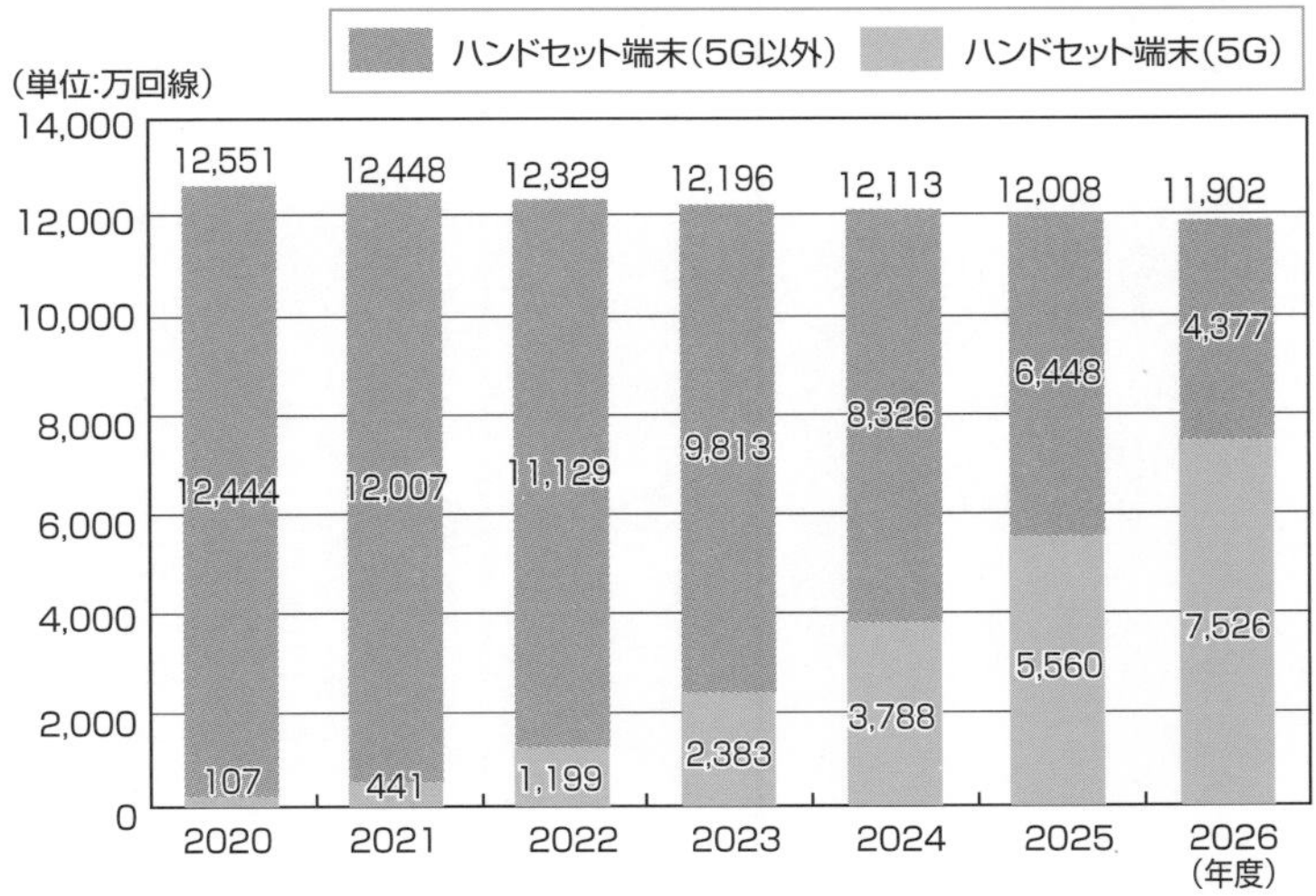

出典：野村総合研究所『ITナビゲーター2021』

用語解説

＊**73.2%になります**　同社の予測によると、26年度の5G端末の販売台数は3200万台で、全体(3587万台)の89.2%を占める。

7 5Gの経済波及効果どの程度あるのか

5GをベースにしたIoTの普及により、莫大な経済波及効果が予想されています。マッキンゼーによるとIoTによる経済普及効果は、二〇二五年までに全世界で最大一三三六兆円と予測されています。

5Gで進むIOT

3-5節で見たように、日本では5Gに対するNTTドコモ、au、ソフトバンク、楽天モバイル四社の投資額は、二〇二四年度末までに一兆六六二四億円と予想されています。もちろんこの額面はキャリア単体の投資額であり、経済波及効果を考えるとさらに大きな規模になることは間違いありません。

経済波及効果の主軸となるのが5Gの持つ**多数同時接続**です。これによりIoTが進展し、様々な産業に大きな影響を及ぼすと考えられています。

マッキンゼーの予測によると、IoTの進展による全世界おける経済波及効果は、二〇二五年において最小で四七〇兆円、最大では**一三三六兆円**という、莫大な額が見積もられています。

分野別に見ると、最も大きな効果が期待されるのが工場です。インフラやサプライチェーン管理、製造工程管理、稼働パフォーマンス管理、配送管理にIoTの用途が考えられています。これにより、最小で一四五・二兆円、最大で四四四・〇兆円の経済波及効果が予想されています。

これに続くのが都市で、電力供給管理や道路課金システム、駐車システムなどの整備が見込まれています。経済波及効果は最小で一二一・六兆円、最大で一九九・二兆円と予想されています。

さらにウェアラブルについても、疾病のモニタリングや健康管理への需要で最小では二〇・四兆円、最大で一九〇・八兆円の効果が期待されています。

IoT分野の経済波及効果（図3.7.1）

利用シーン	IoTへのニーズ	2025年経済効果（単位：兆円）
ウェアラブル	疾病のモニタリング、管理や健康増進	20.4−190.8
家	エネルギーマネジメント、安全やセキュリティ、家事自動化、機器の利用に応じたデザイン	24.0−42.0
小売り	自動会計、配置最適化、スマートCRM、店舗内個人化プロモーション、在庫ロス防止	49.2−139.2
オフィス	組織の再設計と労働者モニタリング、拡張現実トレーニング、エネルギーモニタリング、ビルセキュリティ	8.4−18.0
工場	オペレーション最適化、予測的メンテナンス、在庫最適化、健康と安全	145.2−444.0
作業現場	オペレーション最適化、機器メンテナンス、健康と安全、IoTを活用したR＆D	19.2−111.6
車	状態に基づくメンテナンス、割引保険	25.2−88.8
都市	公共の安全と健康、交通コントロール、資源管理	111.6−199.2
建物外	配送ルート計画、自動運転車、ナビゲーション	67.2−102.0

出典：McKinsey「THE INTERNET OF THINGS:MAPPING THE VALUE BEYOND THE HYPE」および 総務省「IoT時代に向けた移動通信政策の動向」（2016年）を基に作成

8 「なんちゃって5G」の意味とは？

5Gでは「2時間の映画をわずか三秒でダウンロードできる」といわれます。しかし「条件を満たせば」という点に要注意です。サブ6の帯域では宣伝どおりの速度が出ないのが現状です。

5Gなのに4Gと変わらない

5Gには、3・7GHz帯と4・5GHz帯のサブ6、それに28GHz帯のミリ波があると述べました（3・4節）。また、電波は周波数が高いほど短時間で大量のデータを送信できました。

一方で、5Gのうたい文句の一つに「二時間の映画をわずか三秒でダウンロードできる」があります。実は5Gの超高速通信である一〇Gbps〜二〇Gbpsを実現できるのはミリ波の**28GHz**帯を使用した場合であり、**サブ6**ではそれほどのスピードは出ません。そのよい例となっているのが韓国です。

韓国ではアメリカと同時に世界に先駆けて5Gをスタートさせました。しかし、韓国のキャリアが使用しているのは、いずれもミリ波ではなく3・5GHz帯です。ミリ波を使用すると半径数百メートル程度にしか電波は届きません。4Gでは一km以上の範囲に届きましたが、5Gでは1つの基地局でカバーできるエリアが狭くなり、そのぶんより多くの基地局が必要になります。そのため、4Gと同等の帯域を利用して、サービスエリアを一気に拡大しようとしたわけです。その結果、5Gのうたい文句である超高速通信は実現されませんでした。フルスペックで5Gを満喫できないことから、加入したユーザーが4Gに回帰するケースが後をたたず、政治問題にも発展しました＊。

ちなみに、5Gをうたいながら4Gとさして変わらないことを揶揄して「**なんちゃって5G**」という人もいます。では、日本の場合はどうなのでしょうか。

用語解説

＊…**発展しました**　日本経済新聞2020年10月30日「韓国で「5G」離れ　56万人がLTE回帰」。

SUB6とミリ波（図3.8.1）

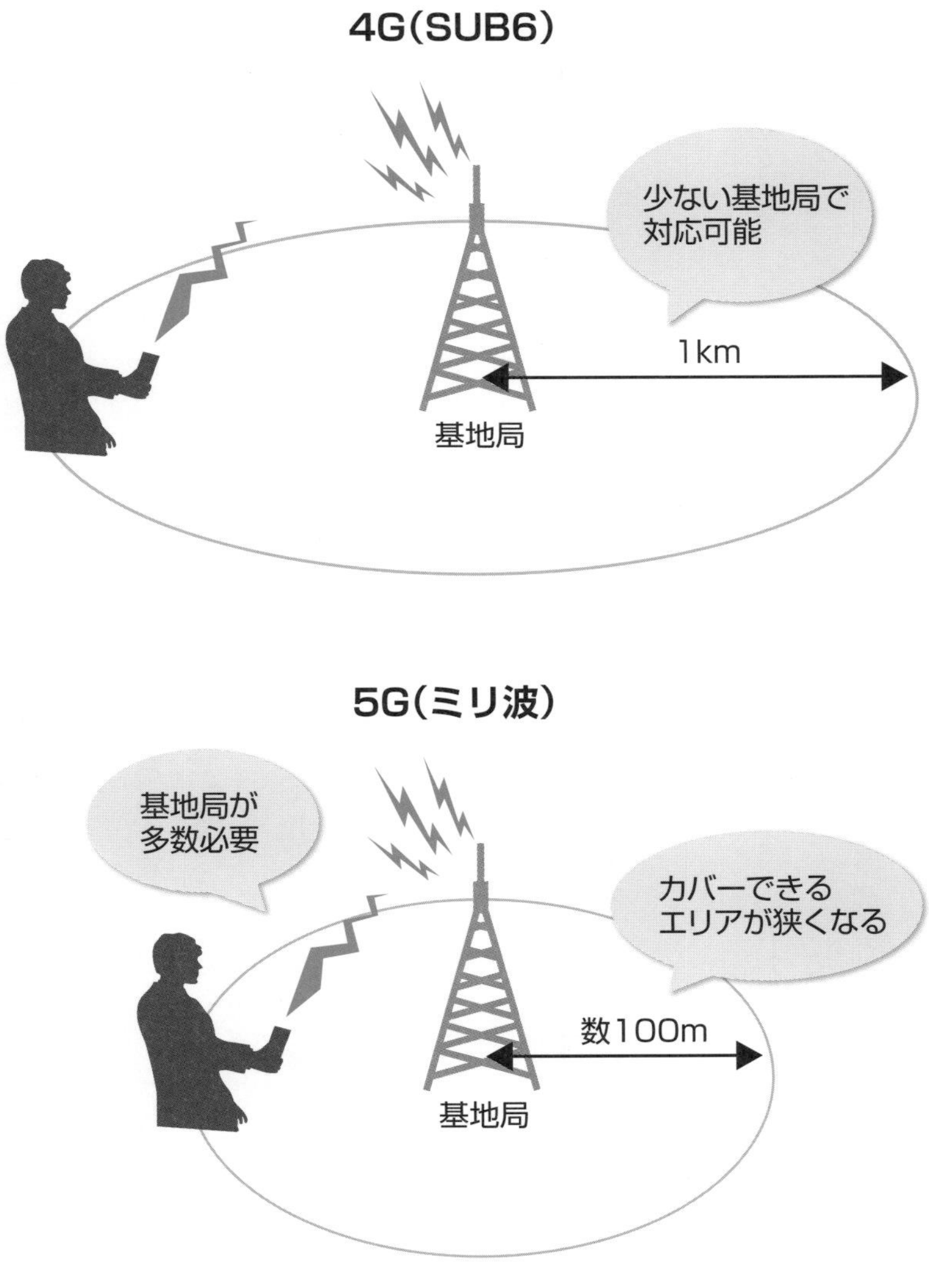

9

NSAから漸進的にSAへ

前節で見た「なんちゃって5G」は日本でも発生する可能性はあります。これにはネットワークの置き換えをノン・スタンド・アローンからスタンド・アローンに順次移行する点が関係しています。

通信品質に関係するNSAとSA

移動通信システムは、デバイスと基地局を結ぶ**無線アクセスネットワーク**（RAN*）、基地局や制御装置（センター設備）相互をFTTHで結ぶ**コア・ネットワーク**から成ります。制御装置はNTT東西の局舎に設置するのが一般的です。局舎は耐震構造で停電時の電源バックアップも完備されているからです。NTT東西は他事業者に対して局舎を公平に貸し出すことが義務付けられています。これを**コロケーション**と呼びます。

このような移動通信システムの基本構造は4Gでも5Gでも変わりはありません。しかしながら制御装置が4Gから5Gへ一夜にして置き換わるわけではありません。当面は、4Gと連携する格好で5Gの整備が進みます。その際に利用されるのが**ノン・スタンド・アローン**（略称**NSA***）という方式です。

この方式では、まず人の滞留が多い地域において5Gの基地局を設置し、4Gのコア・ネットワークに接続してサービスを提供します。その後、コア・ネットワークを純粋な5G対応へと整備して基地局を接続します。このようなネットワーク形式を、NSAに対して**スタンド・アローン**（略称**SA**）と呼びます。

日本でもNSA環境では「**なんちゃって5G**」の可能性も考えられます*。一夜にしてネットワークを変更できないためこればかりは仕方がありません。

なお、国では全国に約二〇万台ある信号機の上に5G基地局を設置する構想を温めています。これが実現すれば通信エリアは一気に拡大するでしょう*。

用語解説

* **RAN**　Radio Access Networkの略。
* **NSA**　Non Stand Aloneの略。
* **…考えられます**　NTTドコモでは3.7GHz帯と4.5GHz帯を束ねた**キャリア・アグリゲーション**により最大4.2Gbpsを達成している。これだけ速度が出れば「なんちゃって5G」と呼ばれることはないだろう。

4Gから5Gへの移行（図3.9.1）

2020年【5G導入当初】

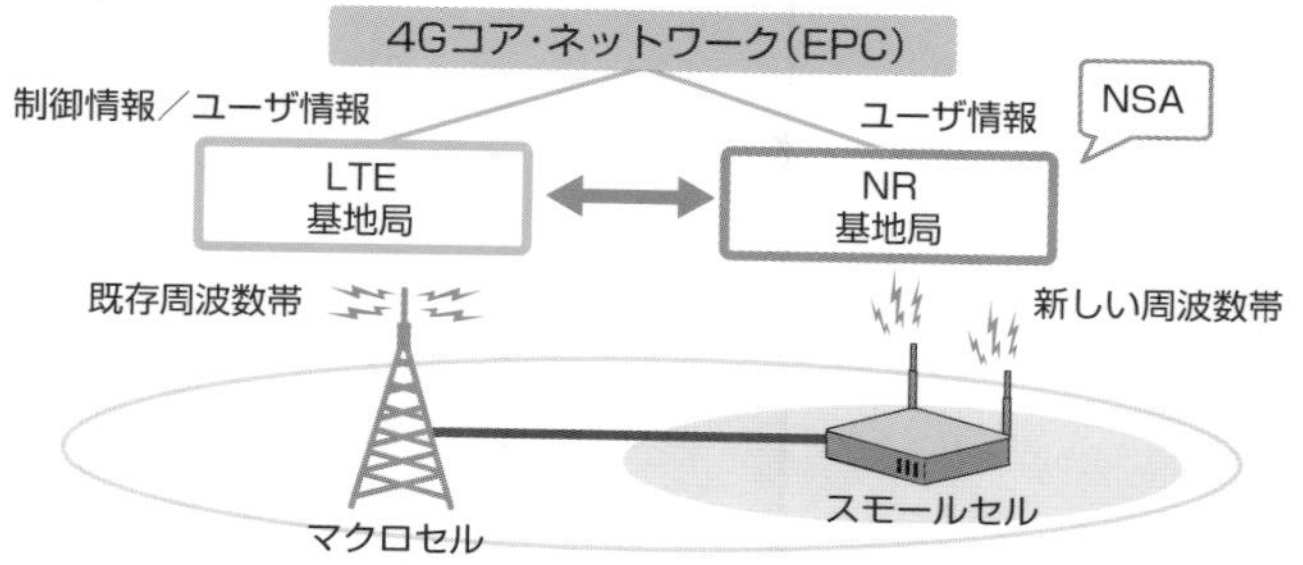

※NRはNew Radio（新無線）つまり5Gを指す

- ●コストを抑えつつ、円滑な5G導入を実現するため、NR基地局とLTE基地局が連携したNSA構成のシステムを導入
- ●需要の高いエリアなどを中心に、5G用周波数帯を用いた「超高速」サービスが提供され、eMTC/NB-IoTなどによるIoTサービスが普及
- ●高い周波数帯の活用が進展するとともに、Massive MIMOなどの新たな技術の導入が加速

202X年【5G普及期】

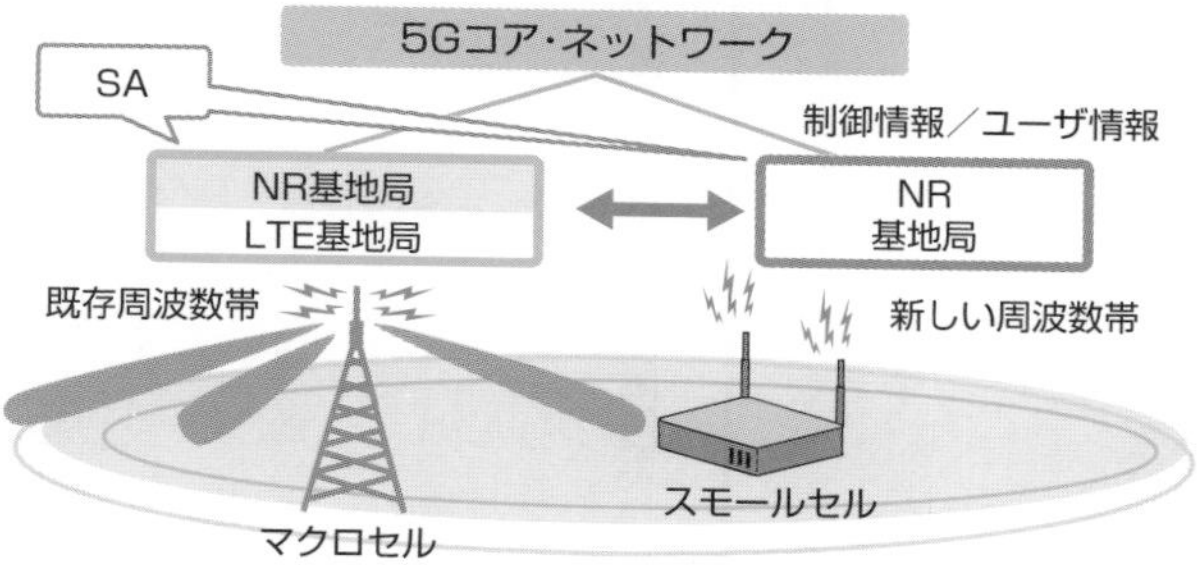

- ●「超高速」「多数同時接続」「低遅延」のすべての要求条件に対応したサービスが提供
- ●ネットワークスライシングなどに対応した5Gコアネットワークが導入され、モバイル・エッジ・コンピューティング（MEC）の導入も進展
- ●SA構成のNR基地局の導入が開始（NSA構成の基地局も併存）。既存周波数帯にもNR導入が進展
- ●広く普及しているLTEについては、継続的にサービスを提供
- ●WRC-19で特定されたいままでより高い周波数帯も活用

出典：総務省『令和２年版情報通信白書』を基に作成

用語解説

＊…**するでしょう** 信号機への基地局設置は、モビリティのＤＸに貢献する可能性も大いにある。

10

超低遅延通信とは何か

5Gの特長は、超高速通信、超低遅延通信、多数同時接続の三つでした。しかし前者の二つは同じことをいっているようにも思えます。しかし、超高速通信が必ずしも超低遅延通信ではないのです。

超高速と超低遅延は別物

5Gの特長である**超高速通信**と**超低遅延通信**は同じことをいっているように思えないでしょうか。というのも、超高速なら遅延も生じないと判断しがちだからです。しかし、超高速だからといって遅延が生じないとは限りません。

データを送信する場合、送信準備をしてそのあとデータを送り出します。受け手では届いたデータを復号する必要もあります。このように、データ送信そのもの以外に要する時間を**オーバーヘッド**といいます。いくら超高速でもオーバーヘッド、特に送信準備に多くの時間が必要だとどうしても遅延が生じます。

そこで従来の通信技術では、できるだけ遅延が生じないよう、データを小さな単位(パケット)にして送信します。インターネットのパケットの長さは六四Kバイトです。しかしこれでもデータサイズは大きく、オーバーヘッドが余分にかかります。

5Gではこの**最小送信単位**が**〇・二五ミリ秒**になっています。これにより5Gの遅延は、4Gの一〇分の一である**一ミリ秒**を実現しています。ちなみに、4Gでは最小送信単位が一ミリ秒、3Gでは一〇ミリ秒でした。この数字からも5Gでは遅延圧縮が大きく進んでいることがわかります。

このように5Gは、超高速でかつ超低遅延というわけです。のちにふれるように、超高速通信と超低遅延通信は**コネクテッド・カー***や遠隔操作などにはなくてはならない技術です。

用語解説

* **コネクテッド・カー** インターネットなどのネットワークに常時接続している自動車。3-12節参照。

最小送信単位比較（図3.10.1）

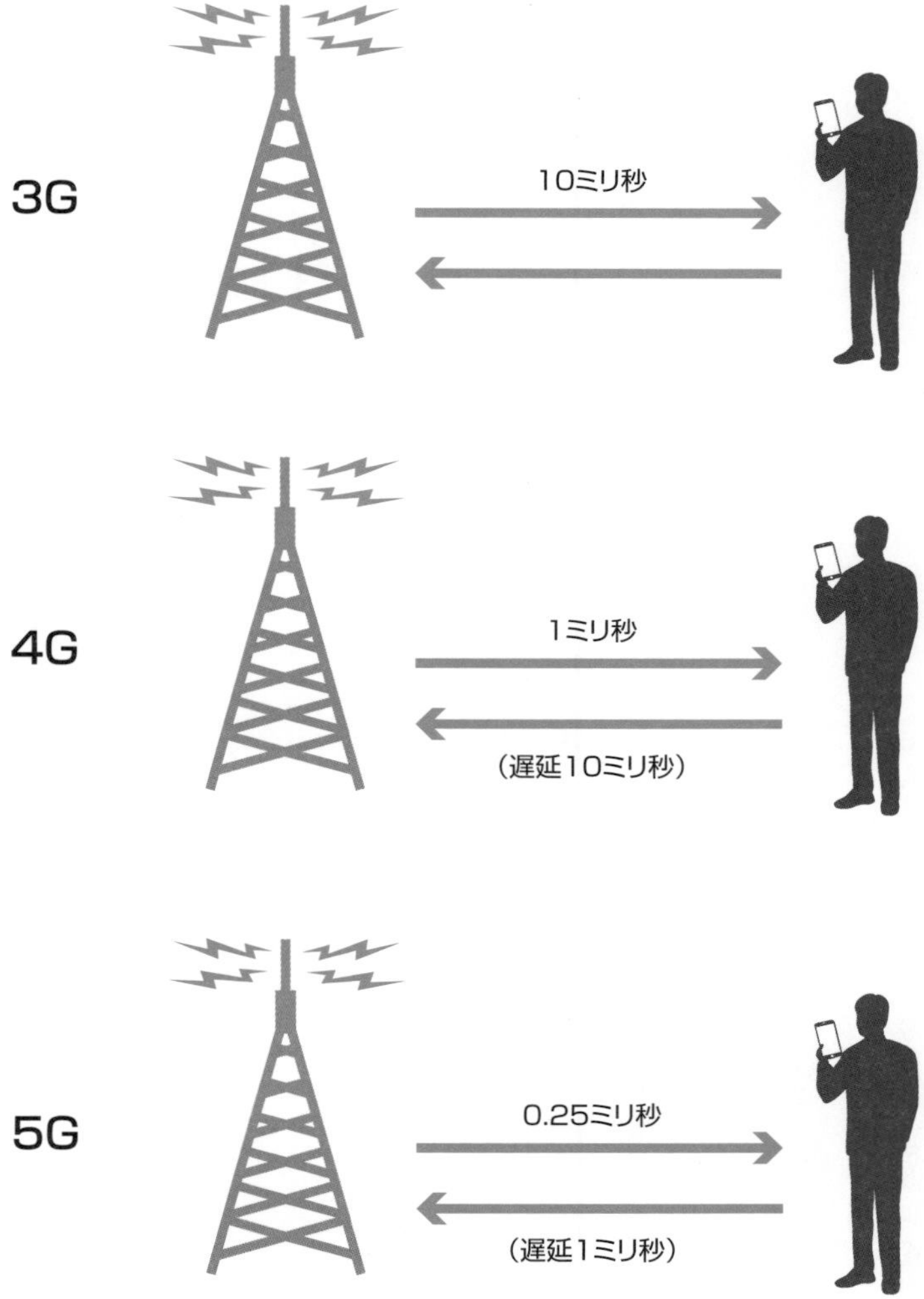

11 注目されるエッジ・コンピューティング

5Gの遅延は従来の4Gと比べて一〇分の一の一ミリ秒を実現します。ただしこの超低遅延通信は、デバイスと5G無線基地局との間でのことである点に注意が必要です。

遅延を防ぐテクノロジー

５Ｇは超低遅延通信がセールスポイントの一つです。ただし注意すべきは、この超低遅延通信がデバイスと無線基地局の間でのことだという点です。

３－９節で見たように、デバイスと基地局は無線でつながりますが、基地局から先はＦＴＴＨによってコア・ネットワークにつながります。さらにこれがインターネットに結ばれています。

例えば、何かの５Ｇデバイスからインターネット上にあるクラウドのサービスを受けるとしましょう。デバイスと無線基地局の間は超低遅延通信でデータのやりとりができます。しかし、データはコア・ネットワークからインターネット、さらにクラウドのサーバーで処理が行われます。そして、その結果がインターネットからコア・ネットワークを通じて基地局からデバイスに届きます。このため、無線基地局から先で遅延が発生するようだと、５Ｇが持つせっかくの超低遅延通信も宝の持ち腐れとなります。

そこで、制御装置のある局舎など、利用者のデバイスにより近いところにサーバーを置き、そこでデータ処理をすれば、遅延を大幅に防ぐことができるでしょう。このようにクラウドのサーバーなどをユーザーの近くに設置して、遅延を防ぐ手法を**エッジ・コンピューティング**と呼んでいます。

例えばＫＤＤＩではアマゾンと連携し、**AWS***のサーバーを局舎などに設置して、エッジ・コンピューティングを提供する計画です。

用語解説

* **AWS**　Amazon Web Serviceの略。

エッジ・コンピューティング（図 3.11.1）

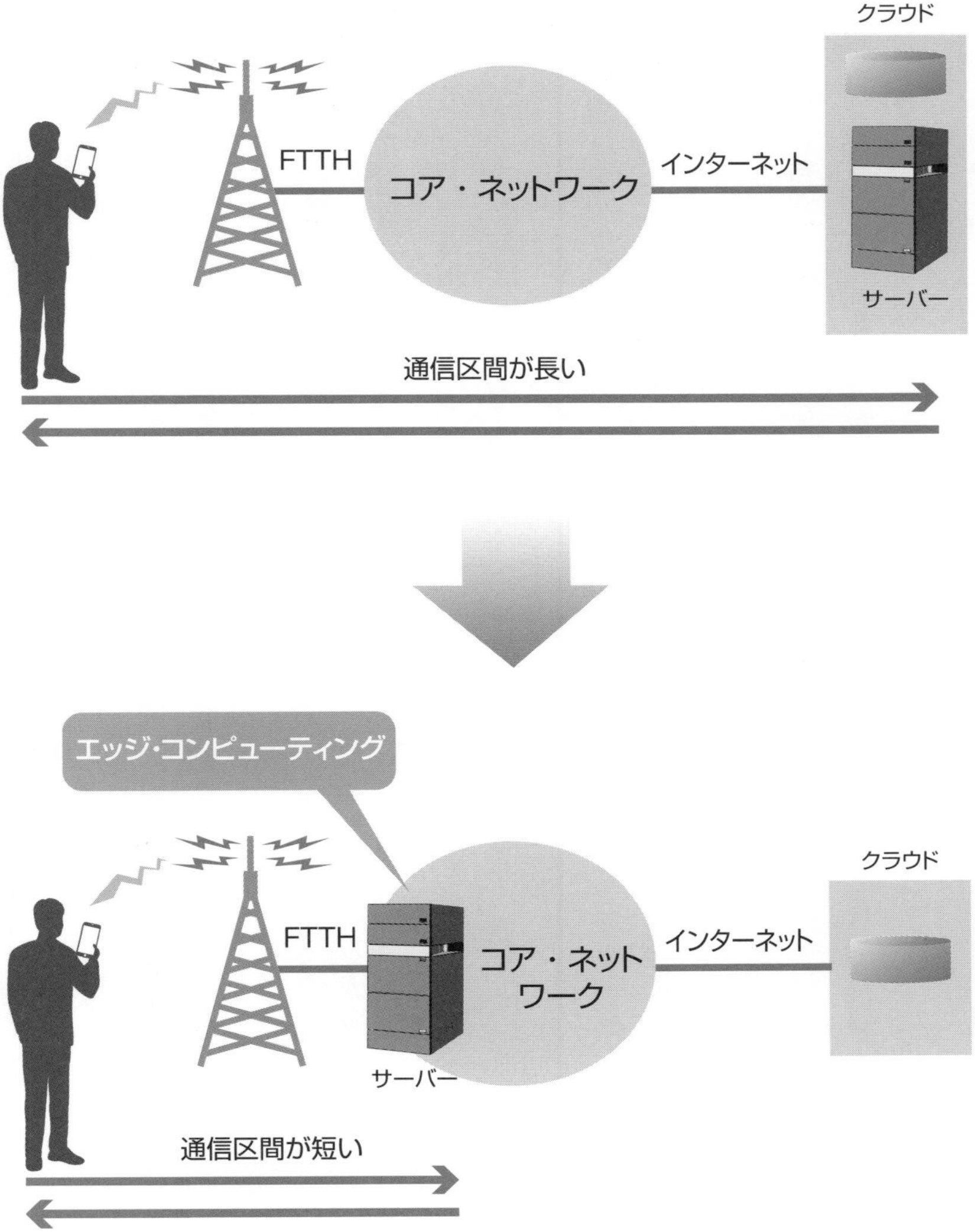

12 コネクテッド・カーと5G

いま自動運転が大きな注目を集めています。自動運転の実現には自動車と自動車間、自動車とサーバー間で、高速かつ遅延のない通信が必要になります。そのため自動運転に5Gは不可欠です。

現実化しつつある自動運転

IoTではあらゆるものがインターネットにつながります。自動車もその例外ではありません。常時インターネットにつながった自動車のことを**コネクテッド・カー**と呼びます。

自動運転を実現するには、自動車がコネクテッド・カーであることが大前提になります。自動車と自動車、自動車とサーバーを結び、必要な交通情報を通信によってやりとりする必要があるからです。

その際、交通情報の遅延は大事故を引き起こしかねません。そこで期待されているのが超高速で超低遅延の無線通信を実現する5Gです。5Gは自動運転を実現するキー・テクノロジーの一つです。

自動運転には五つのレベルがあります。レベル3から上は、基本的にドライバーは運転操作をしない、まさに「自動運転」となり、ここに文字どおりの「自動車（自動で動くクルマ）」が実現します＊（図3・12・1）。

KDDIでは一九年二月、5G回線を使って公道を自動走行する自動車の実証実験を公開しました。

また、ソフトバンクでは、新東名高速道路において、5Gを用いた隊列走行の実証実験を行いました。これは三台のトラックの先頭車だけドライバーが搭乗し、ドライバーのいない後続車両とは5Gを用いてリアルタイムで位置情報や速度情報を共有して、隊列走行するというものです。一四kmの実験区間を時速七〇kmで走行することに成功しています。このように、自動運転は現実のものとなりつつあります。

用語解説

＊…**実現します**　技術面もさることながら、事故の場合の責任は誰に帰すのかといった制度上の問題も残っており、実現にはまだ時間がかかる模様だ。

自動運転のロードマップ（図3.12.1）

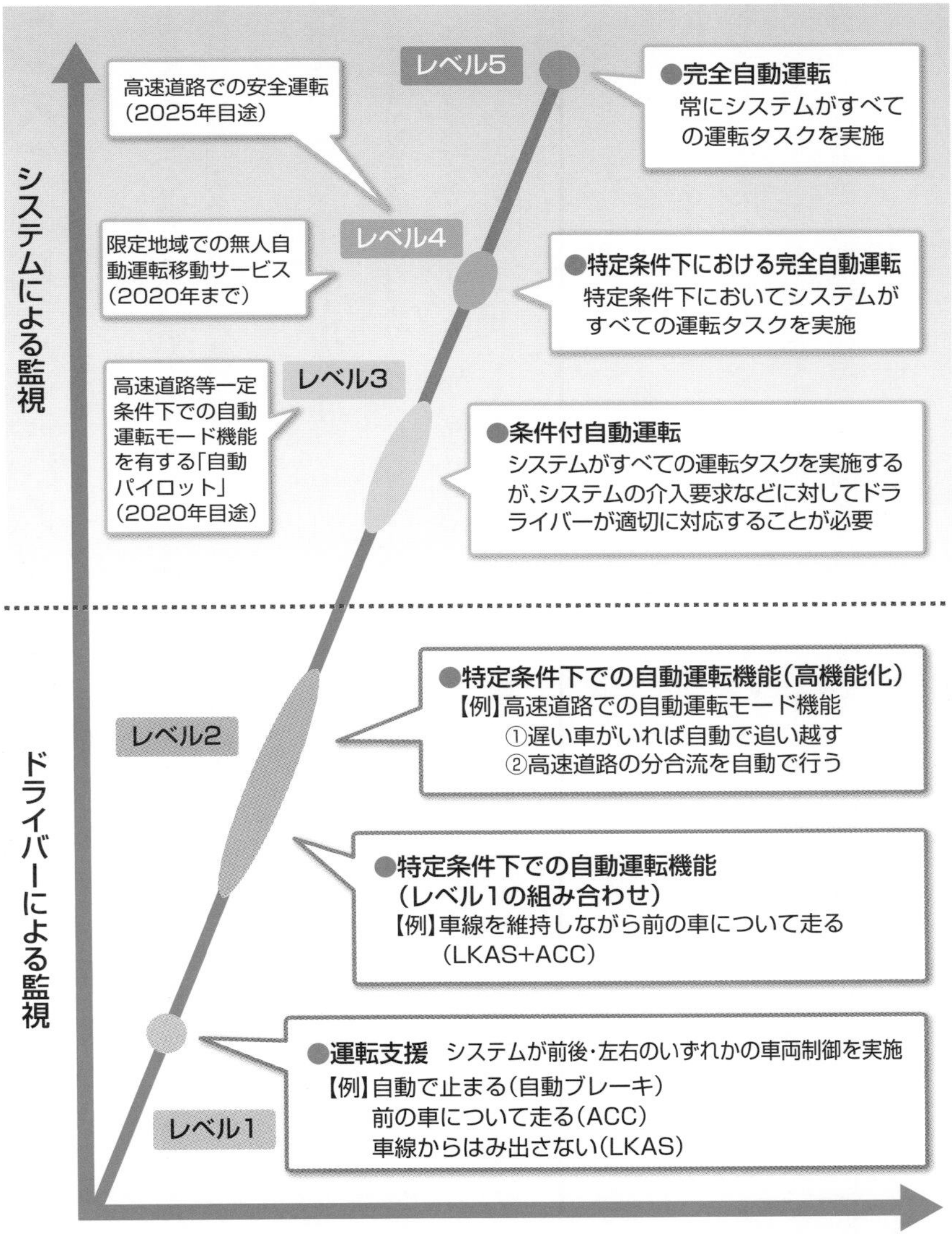
システムによる監視
ドライバーによる監視
レベル5
高速道路での安全運転（2025年目途）
●完全自動運転
常にシステムがすべての運転タスクを実施
レベル4
限定地域での無人自動運転移動サービス（2020年まで）
●特定条件下における完全自動運転
特定条件下においてシステムがすべての運転タスクを実施
レベル3
高速道路等一定条件下での自動運転モード機能を有する「自動パイロット」（2020年目途）
●条件付自動運転
システムがすべての運転タスクを実施するが、システムの介入要求などに対してドライバーが適切に対応することが必要
レベル2
●特定条件下での自動運転機能（高機能化）
【例】高速道路での自動運転モード機能
①遅い車がいれば自動で追い越す
②高速道路の分合流を自動で行う
●特定条件下での自動運転機能
（レベル1の組み合わせ）
【例】車線を維持しながら前の車について走る
（LKAS+ACC）
●運転支援　システムが前後・左右のいずれかの車両制御を実施
【例】自動で止まる（自動ブレーキ）
前の車について走る（ACC）
車線からはみ出さない（LKAS）
レベル1

出典：国土交通省の資料を基に作成

13 センターBの様々な顔ぶれ

5GではB2B2Xが注目されています（1-3節）。この中のセンターBには多様な業種が考えられます。例えば製造業、あるいは土木建築業など、5Gの用途は大きな広がりを見せると予想されています。

5Gが活躍するフィールドは？

5Gにより大きな変革がもたらされると考えられているのが工場です（3-7節）。中でも多数の器機に取り付けたセンサーをIoTデバイスとして5Gで結び、通信で制御管理する**スマート・ファクトリー**に期待が高まっています。

無線を使う5Gでは通信ケーブルが必要ありません。そのため製造ラインを容易に変更できます。これは**変種変量生産**の傾向が高まる現在の工場にとって大きなメリットになります。さらに、超高速通信による製造現場の画像のアップロードや、超低遅延通信による製造器機やロボットへの指示、センサーの多数同時接続など、5Gの特長をふんだんに活用できます。

同様のことは**土木建築現場**についてもいえます。建築現場の様子をリアルタイムかつ高品質の映像で確認するのに5Gは欠かせない通信技術です。また、工事現場の器機を遠隔で操作するケースでも、リアルタイムで低遅延の高品質映像、遅延のない遠隔操作指示と、やはり5Gの持ち味を存分に発揮できます。

さらに、これらの対応によって収集したデータは**AI**によって分析され、生産性や安全性の向上、パフォーマンスの全体最適化に活用されます。

このほかにもサービス業や教育、医療、保守管理、農業、セキュリティと、5Gの活躍の場は多様です。いずれにしても5G時代は、通信キャリア（レフトB）にとって**センターB**との協業がますます重要になることはもはや自明といえそうです。

ドイツ・テレコムのスマート工場（工場内ネットワーク）（図3.13.1）

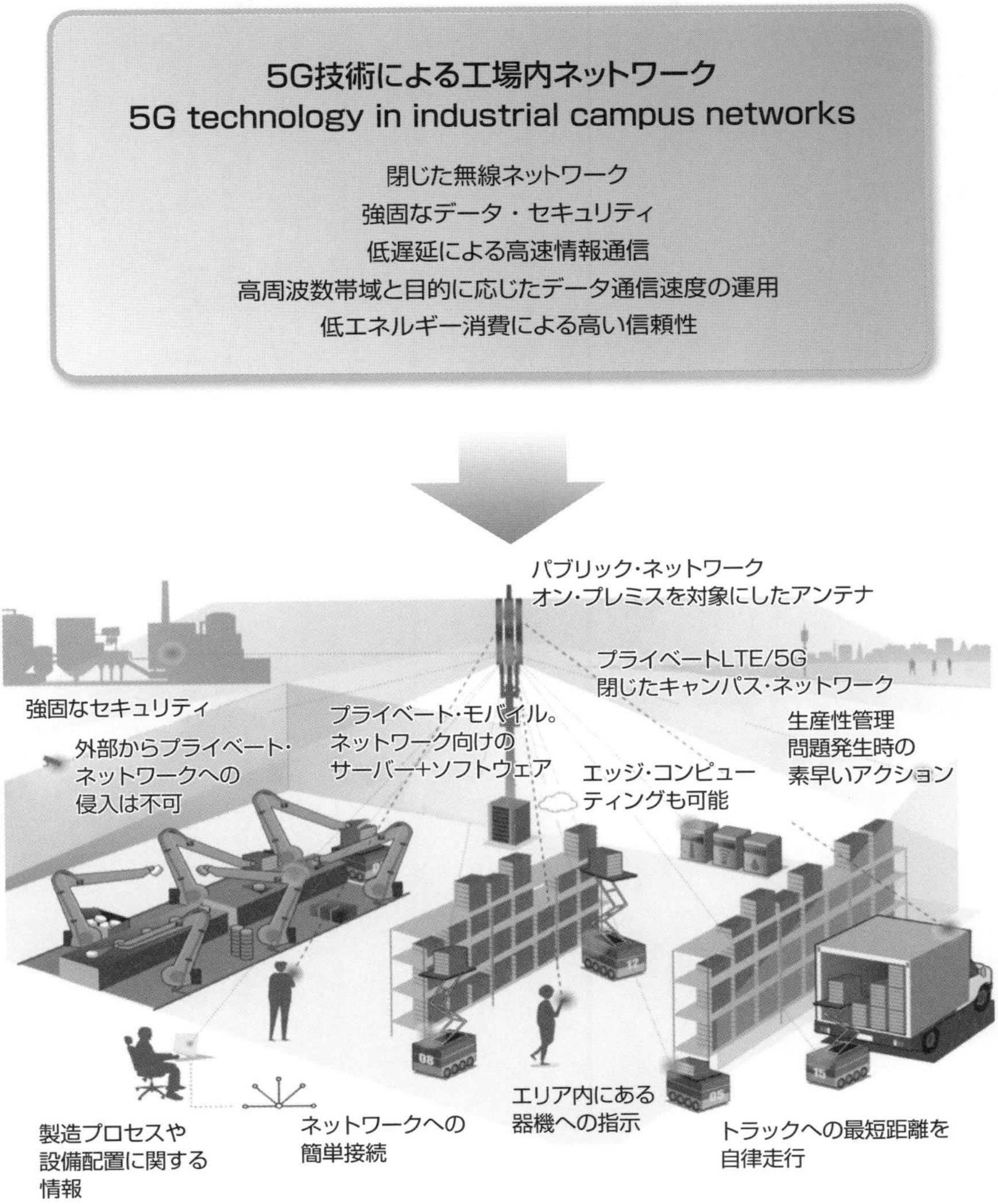

出典：Deutsche Telekom

14 ネットワーク・スライシングによる仮想化

5Gの用途が広がると、多様なデバイスが同時に多数つながるでしょう。ただしデバイスによって通信に対するニーズは異なります。この異なるニーズに対応するのがネットワーク・スライシングです。

ネットワークを仮想化する

高品質の画像をリアルタイムで視聴する場合、超高速通信が欠かせません。工事現場の器機を遠隔で操作する場合、超低遅延での現場体験が重要になります。また、大勢の人が集う場所では多数同時接続が必要になるでしょう。このように、多様なデバイスが多様なニーズのもと移動通信を利用します。

4Gの場合、メールや音声、映像などあらゆるデータは混在した状態でまとめて送信されていました。一方5Gでは、**ネットワーク・スライシング**を利用して、多様な通信ニーズに対応できるようになります。

ネットワーク・スライシングでは、5Gの無線通信区間の帯域を仮想的に分割して、仮想専用無線として利用する技術をいいます。この技術はFTTHなどの固定大容量ネットワークではすでに実践されてきました。同様のことを高速大容量が特長である5Gの無線区間でも行おうというものです。

ネットワーク・スライシングにより、スライス1では超高速通信、スライス2では超低遅延通信、スライス3では多数同時接続というように、通信ニーズに合わせたサービスを提供できます(図3・14・1)。

例えば動画配信にはスライス1、ドローンの遠隔操作にはスライス2などというように仮想ネットワークを使い分けることで、無線ネットワークの資源をより有効に活用できます。

通信ネットワークをより効率的に運用する上でネットワーク・スライシングは欠かせない技術です。

ネットワーク・スライシング（図3.14.1）

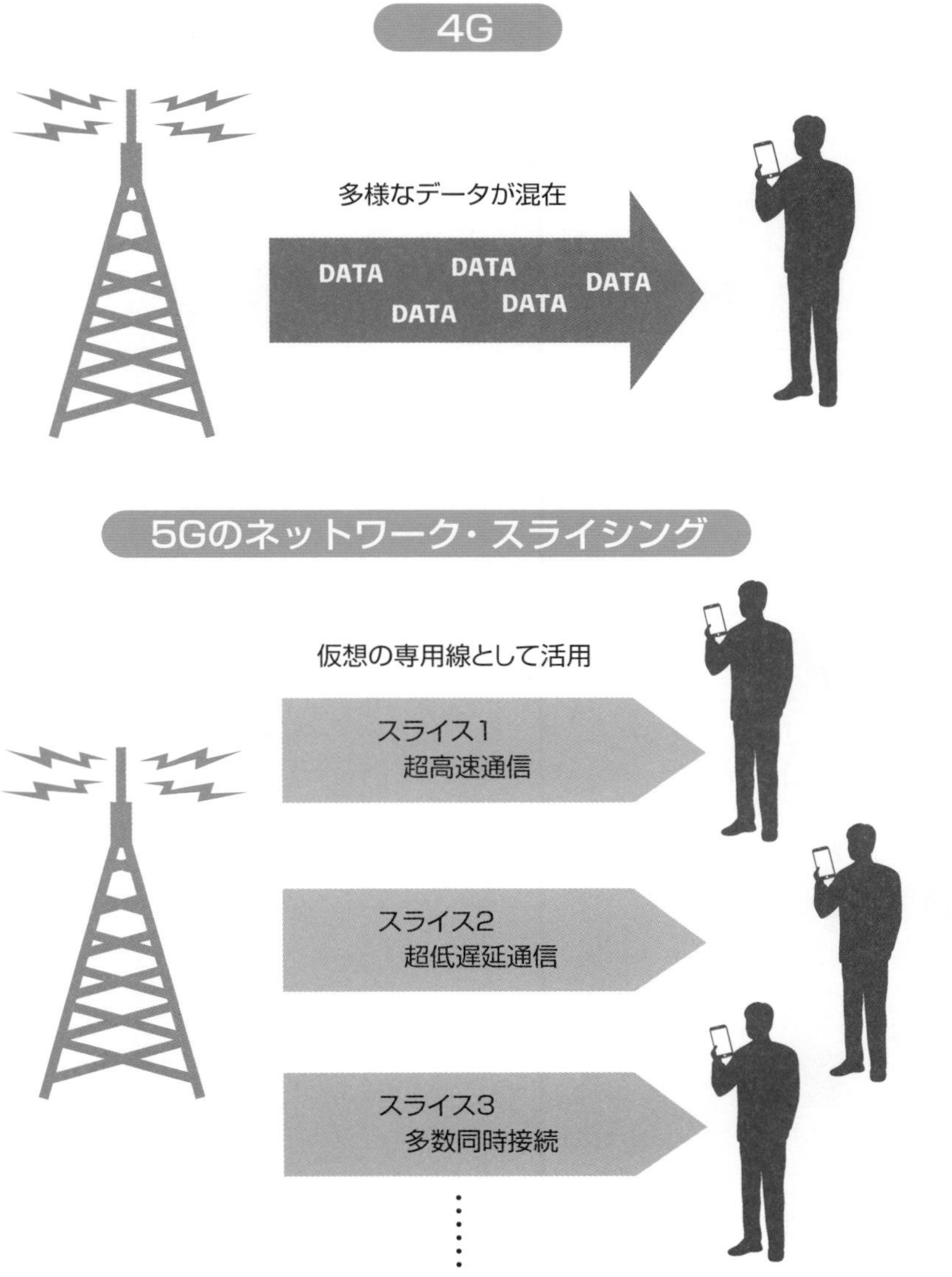

15 ローカル5Gとは何か?

5Gでは特定の周波数帯を利用して、自らの敷地内や建物内でプライベートな5Gシステムを立ち上げることができます。このような5Gによる比較的小規模な通信環境をローカル5Gといいます。

プライベートな5Gを構築

ローカル5Gは、全国系の移動通信事業者とは別に、全国地域の企業や自治体など5G利用希望者に、一部無線帯域を開放するという、総務省が設けた制度です。ローカル5Gを展開するにあたり、希望者は無線局免許を自ら取得することもできますし、免許を取得した事業者のシステムを利用することもできます。ローカル5Gに対応した周波数帯域は次の三種類です。

◎28・2GHz～28・3GHz帯(ミリ波)の100MHz幅
◎28・3GHz～29・1GHz帯(ミリ波)の800MHz幅
◎4・6GHz～4・8GHz帯(サブ6帯)の200MHz幅

ローカル5Gにより、全国系移動通信事業者によるエリア展開が遅い地域でも、独自に5Gシステムを構築できます。

例えば、地域のケーブルテレビ局では、ローカル5Gを活用して、加入者宅までのラストワンマイルを有線から5Gに切り替える計画を立てています。アメリカの移動通信事業者が5G導入当初に開始した**FWA**＊も同様の考え方でサービスが始まりました。

また、工場敷地内にローカル5Gを導入し、**スマート・ファクトリー**(3-13節)の通信インフラにする動きも、今後急速に拡大するでしょう。なお、総務省では二〇年度にローカル5Gによる地域課題解決のための実証を一九件採用しています(図3・15・1)。

用語解説

＊**FWA**　Fixed Wireless Accessの略。加入者系無線アクセスシステム。

地域課題解決型ローカル 5G 等の実現に向けた開発実証（図 3.15.1）

分野		件名	請負者	実証地域
農業	1	自動トラクター等の農機の遠隔監視制御による自動運転の実現	東日本電信電話株式会社	北海道岩見沢市
	2	農業ロボットによる農作業の自動化の実現	関西ブロードバンド株式会社	鹿児島県志布志市
	3	スマートグラスを活用した熟練農業者技術の「見える化」の実現	日本電気株式会社	山梨県山梨市
漁業	4	海中の状況を可視化する仕組みなどの実現	株式会社レイヤーズ・コンサルティング	広島県江田島市
工場	5	地域の中小工場等への横展開の仕組みの構築	沖電気工業株式会社	群馬県および隣接地域
	6	MR 技術を活用した遠隔作業支援の実現	トヨタ自動車株式会社	愛知県豊田市
	7	目視検査の自動化や遠隔からの品質確認の実現	住友商事株式会社	大阪府大阪市
	8	工場内の無線化の実現	日本電気株式会社	滋賀県栗東市
モビリティ	9	自動運転車両の安全確保支援の仕組みの実現	一般社団法人 ICT まちづくり共通プラットフォーム推進機構	群馬県前橋市
インフラ	10	遠隔・リアルタイムでの列車検査、線路巡視などの実現	中央復建コンサルタンツ株式会社	神奈川県横須賀市
観光・eスポーツ	11	観光客の滞在時間と場所の分散化の促進などに資する仕組みの実現	株式会社十六総合研究所	岐阜県大野郡白川村
	12	e スポーツ等を通じた施設の有効活用による地域活性化の実現	東日本電信電話株式会社	北海道旭川市 東京都千代田区
	13	MR 技術を活用した新たな観光体験の実現	日本電気株式会社	奈良県奈良市
防災	14	防災業務の高度化および迅速な住民避難行動の実現	株式会社地域ワイヤレスジャパン	栃木県栃木市
防犯	15	遠隔巡回・遠隔監視などによる警備力向上に資する新たなモデルの構築	綜合警備保障株式会社	東京都大田区
働き方	16	遠隔会議や遠隔協調作業などの新しい働き方に必要なリアルコミュニケーションの実現	東日本電信電話株式会社	新潟県新潟市 東京都渋谷区
医療・ヘルスケア	17	へき地診療所における中核病院による遠隔診療・リハビリ指導などの実現	株式会社エヌ・ティ・ティ・データ経営研究所	愛知県新城市
	18	専門医の遠隔サポートによる離島などの基幹病院の医師の専門外来などの実現	株式会社 NTT フィールドテクノ	長崎県長崎市 長崎県五島市
	19	中核病院における 5G と先端技術を融合した遠隔診療などの実現	特定非営利活動法人滋賀県医療情報連携ネットワーク協議会	滋賀県高島市

出典：総務省「令和２年度 地域課題解決型ローカル5G等の実現に向けた開発実証」

16 日本における5G普及の強み

ローカル5Gが普及する上で、日本の強みは何といってもバックボーン回線に相当する光回線の整備が進んでいる点です。高度な5Gを提供するには、高度な固定通信インフラが欠かせません。

5Gの無線基地局と**光回線**は切っても切れない関係にあります。それというのも、基地局やNTT局舎内などにある制御装置相互とを結ぶのに光回線が欠かせないからです。

FTTHの世帯カバー率は九八・八%

日本の場合、**FTTHの世帯カバー率**は一九年三月末時点で**九八・八%**であり、ほぼ一〇〇%に近い状況になっています＊(図3・16・1)。未整備なのはわずか六六万世帯にしか過ぎません。

また、LTE・BWAの超高速系移動通信のカバー率は**九九・九%**であり、これらの基地局にはすでに光ファイバーが届いていることになります。

加えて、**FTTHの世帯普及率**は**五二・七%**(一八年三月末現在)となっています(図3・16・2)。この数字は世帯カバー率と大きな開きがあります。この開きは、未使用の光回線、いわゆる**ダーク・ファイバー**が多数存在していることを意味しています。言い換えると、基地局とコア・ネットワークを結ぶバックボーン回線としてすぐに転用できるということです。

アメリカと韓国では日本よりも一年早い一九年四月から5Gサービスをスタートさせました。日本は一年遅れとはいえ、すでに資産として保有している光ファイバー網が5G普及に有利に働くことでしょう。

このように5Gの進展で光ファイバー網のような固定回線が不必要になるわけではありません。高度な5Gには高度な光回線が不可欠です。

日本はこの強みを活かさない手はありません。

用語解説

＊…**なっています** 総務省「ブロードバンド基盤の在り方について」(2020年4月3日)

FTTHの世帯カバー率（図3.16.1）

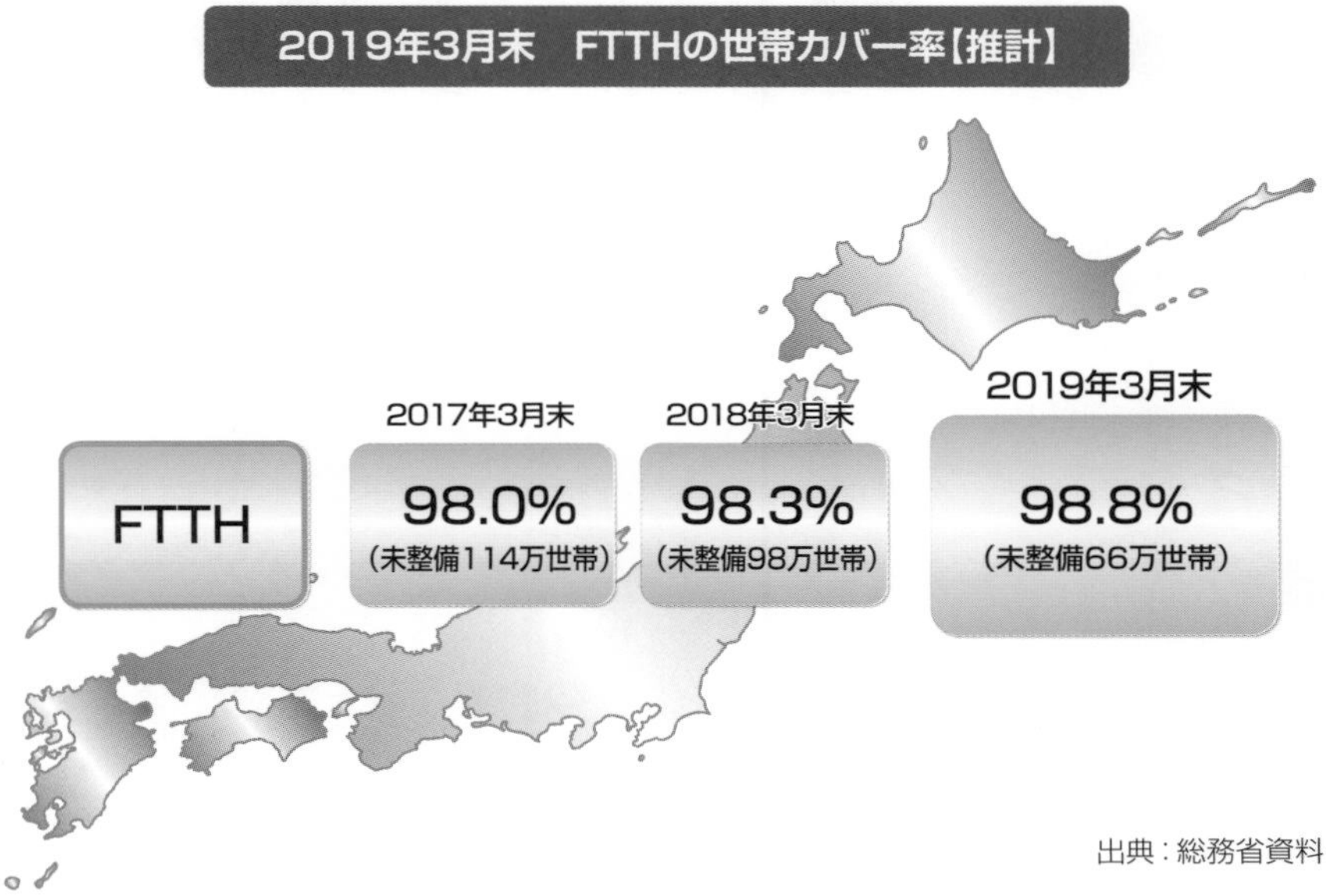

出典：総務省資料

FTTHの世帯普及率（18年3月末）（図3.16.2）

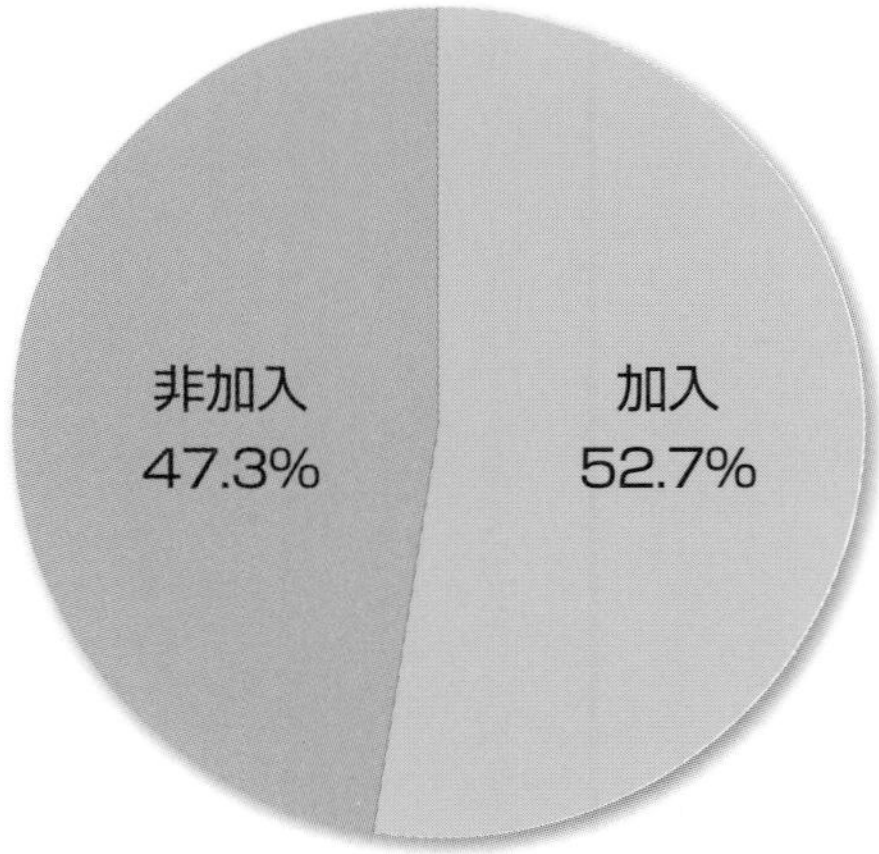

出典：総務省資料

17 ハードウェアに見る日本の弱み

前節では5Gにおける日本のアドバンテージについてふれました。しかし日本は強みばかりを持つわけではありません。意外にもハードウェアは日本の大きな弱点になっています。

モノ作りは過去のもの？

以前から「**モノ作り**」は日本のお家芸といわれてきました。ところが意外にも、5Gではこのモノ作りが後手に回り、日本の弱点の一つにさえなっています。その典型が基地局です。

図3・7・1は日本の**マクロセル基地局**＊市場におけるシェアの変化を出荷金額ベースで見たものです。一四年の総出荷額は四〇・九億ドルで、フィンランドの**ノキア**が三六・二%でトップ、二位はNECの一九・一%でした。富士通も一六・六%で四位につけています。

これが五年後の一九年になると、総出荷額は一八・七億ドルで、トップはスウェーデンの**エリクソン**の三六・一%、二位はノキアの二八・一%でした。この二強で市場の六四・二%と、ほぼ三分の二を占めています。

日本勢では**富士通**が三位の**九・四%**、NECは四位の**九・三%**でした。そのあとを韓国のサムスンが八・八%でぴたりと付いています。

この状況は世界規模の市場シェアで見ると、日本企業にとってはより悲惨です。それというのも、NEC〇・七%、富士通〇・六%と、いずれも一%にすら達していないからです。トップは中国の**ファーウェイで三〇・八%**であり、市場の三分の一近くを押さえています。

同様の傾向はスマートフォンでも見られます。サムスンが二一・二%、ファーウェイが一七・三%に対して、日本のメーカーは「その他」でひとくくりになっています（4-4節）。5Gでも日本メーカーの影は引き続き薄く、先が案じられているのが現状です。

用語解説
＊**マクロセル基地局**　LTEなどに用いられてきた広域をカバーする無線基地局。5Gではスモールセル基地局が中心になる。

マクロセル基地局の市場シェア推移（国内）（図 3.17.1）

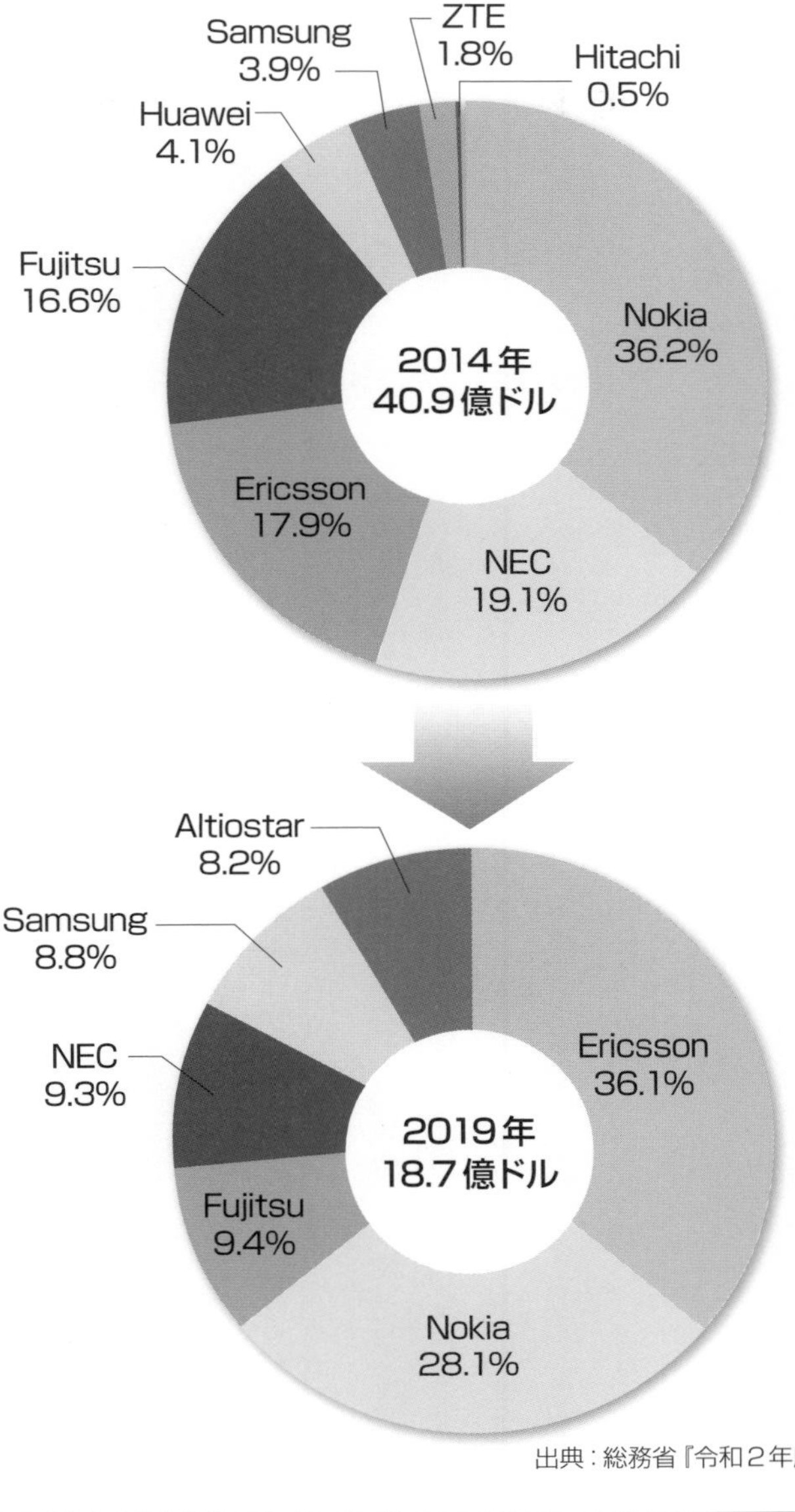

出典：総務省『令和２年版情報通信白書』

18

NTTの切り札「IOWN構想」

4G以降、移動通信市場における日本の存在感は低くなる一方でした。しかしいまや目標は6Gへと移っています。その切り札として期待が高まるのがNTTのIOWN構想です。

IOWN構想とは何か

IOWN（アイオン＊）構想は、NTTが提唱する次世代の光関連技術です。IOWNは、半導体からネットワークに至るまで、すべての情報処理基盤に光技術を活用するもので、これを**オールフォトニック・ネットワーク**と呼びます＊。核となるのはNTTが開発した光を使ったトランジスタ回路である**光電融合技術**です。従来の半導体ではシリコンの基板上に配置した電子回路に電気を流して情報を処理していました。光電融合技術では電子回路の代わりに光回路を使用し、より高速かつ低消費電力で情報を処理します。

著名な**ムーアの法則**＊により、「半導体の集積率は一八カ月で二倍になる」といわれてきました。しかし、電子回路ベースの半導体では、ムーアの法則も限界に近づいているといわれます。そのような中に登場したのが光電融合技術にほかなりません。

一九年四月に発表された光電融合技術は世界を驚かせ、二〇年一月には国際団体「**IOWNグローバルフォーラム**」が立ち上げられました。同フォーラムには、マイクロソフトやデル・テクノロジーズ、エヌビディア、エリクソンといった、世界の有力IT企業が参加を表明しています。もちろん日本からもNECや富士通、それにソニーなどが参画しています。NTTがNTTドコモを子会社化（2-8節）したのもIOWN構想に懸ける熱意の表れとも見えます。3Gでは日本の技術力が世界を席巻しました。**ポスト5G**で再びその技術力を世界に見せつけてもらいたいものです。

用語解説

＊**IOWN**　Innovative Optical and Wireless Networkの略。革新的な光無線網。
＊**…と呼びます**　NTTでは2030年前後の実用化を目指している。
＊**ムーアの法則**　インテル社の元社長ゴードン・ムーアが指摘した経験則。

オールフォトニック・ネットワークの特長（図 3.18.1）

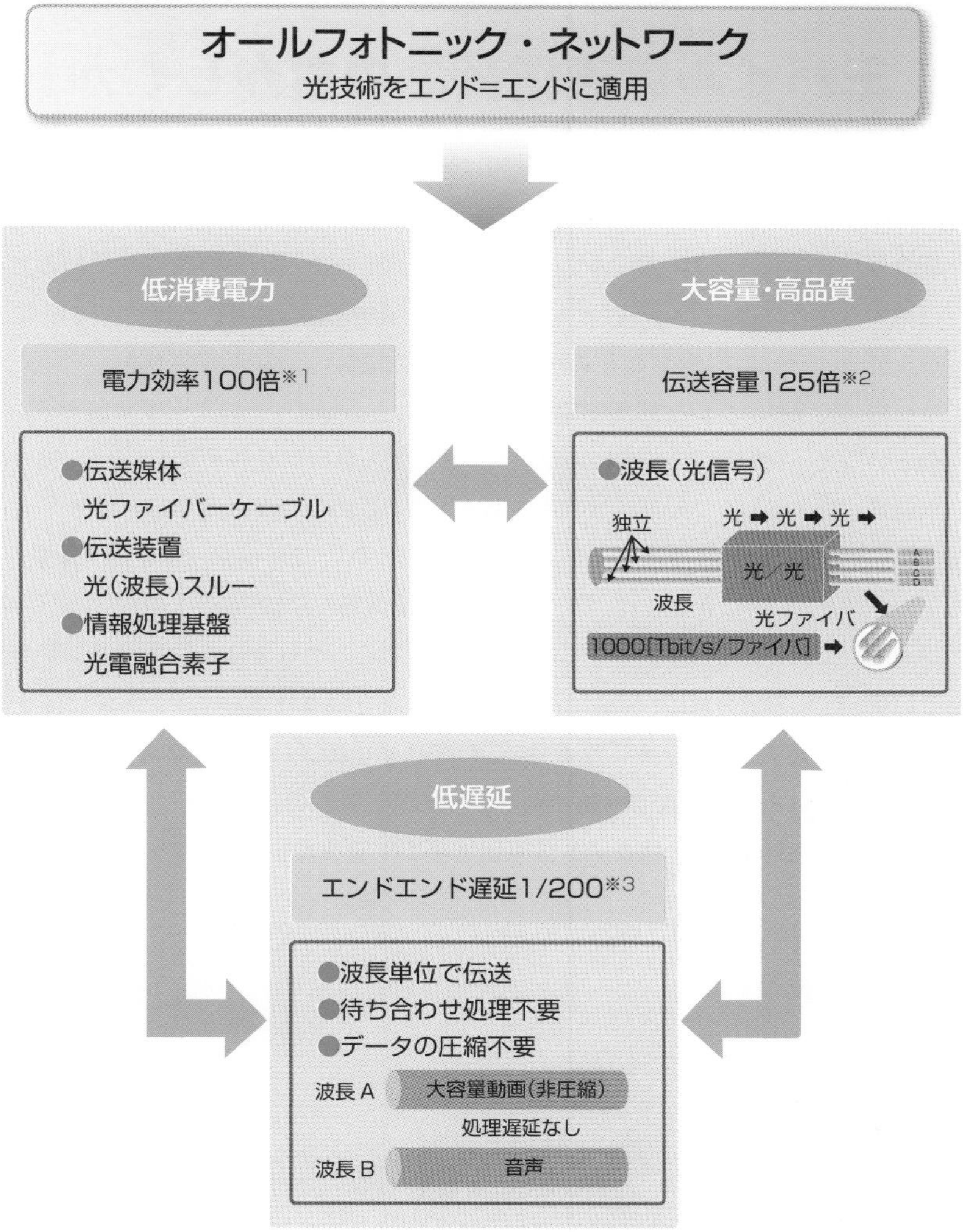

※1:フォトニクス技術適用部分の電力効率の目標値
※2:光ファイバ1本当たりの情報容量の目標値
※3:同一県内で圧縮処理が不要となる映像トラフィックでの遅延の目標値

出典:NTT「IOWN(Innovative Optical and Wireless Network)構想実現に向けた取り組み」を基に作成

column

モバイル版通信装置のむかしむかし

現代人にとって、モバイル端末の利用は当たり前になりました。では、このモバイル端末のルーツを探ると何に行き着くでしょう？　下図左は、2-1節や第2章のコラムで紹介した腕木通信機の一種です。その特徴は、道具一式を持ち運び、戦場で組み立てて使用するようになっている点です。この**モバイル版腕木通信機**は、ナポレオンによるロシア遠征（1812年）やクリミア戦争（1853～1856年）などに利用されたといいます。

一方、下図右は**ブレゲ式指字電信機**と呼ばれるもので、そのモバイル版です。電信機というと、一般的にツー・トンのモールス電信を思い浮かべます。しかし、モールス以前に、様々なタイプの電信機が存在しました。このブレゲ式指字電信機もその一つで、アナログ時計のような針が盤上の文字を指し示してメッセージを伝えます。

一方、イラストを見ると、このブレゲ式指字電信機の受信装置（上部）と送信装置（下部）がケースの中に一体となっています。そしてこのケースには開閉式のフタが付いていて、これを閉めれば、容易に持ち運びできるという仕組みです。手前にはケースの把手も見えます。ちなみに筆者は、この**モバイル版ブレゲ式指字電信機**を、かつて東京大手町にあった逓信博物館で見たことがあります。特に文化財指定にもなっていなかったと思いますが、通信史を語る上で極めて貴重な一品だと思います。

▼モバイル版ブレゲ式指字電信機*

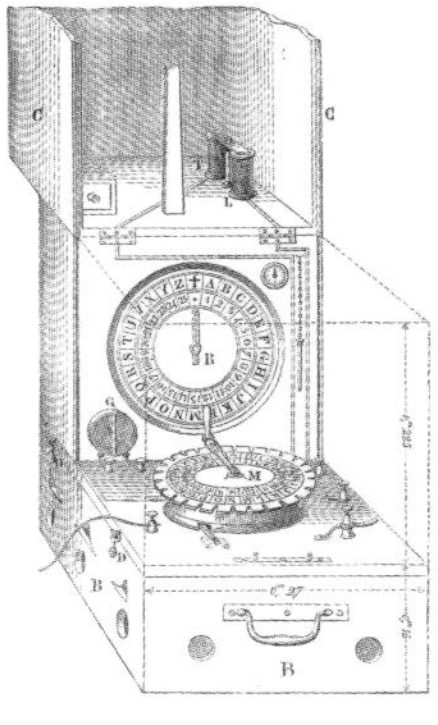

▼モバイル版腕木通信*

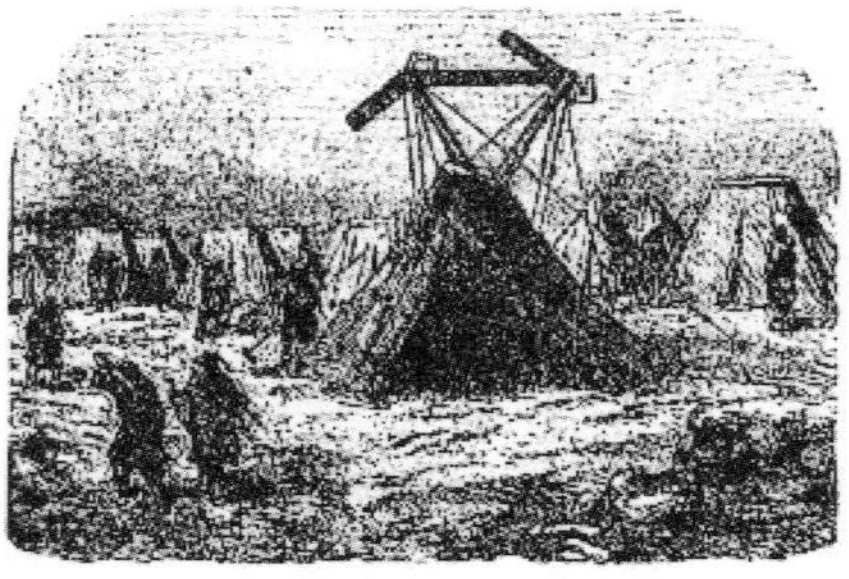

＊**モバイル版腕木通信**　ベロック『テレグラフの歴史』より。
＊**モバイル版ブレゲ式指字電信機**　フィギエ『科学の驚異』より。

第4章

移動通信業者の戦略とマーケティング動向

5Gでは楽天モバイルが新MNOとして市場に参入します。これに対してNTTドコモやau、ソフトバンクはどのような戦略を描いているのでしょうか。またMNVOはどのように対処しようとしているのでしょうか。本章では5G時代における移動通信業界のマーケティング動向について探りたいと思います。

1 移動通信市場を寡占する三強とシェアの変化

現在の移動通信市場はNTTドコモ、KDDIグループ、ソフトバンクグループの三社によって寡占されています。新たにMNOに参入した楽天モバイルのシェアは二〇年六月末時点で〇・三%でした。

三社による寡占とシェアの固定化

図4・1・1は、移動系通信の契約数における事業者別シェアを見たものです。一五年度末(一六年三月期末)以降、シェアに大きな変化は見られません。やや仔細に見ると、**ソフトバンク**と**NTTドコモ**がやや減少、**au**がやや増加といったところです。直近の二〇年六月末時点では、シェアトップのNTTドコモが三七・一%、続くauが二七・六%、ソフトバンクが二一・六%でした。楽天モバイルは〇・三%です。

また、**MVNO**(1-8節)のシェアは一三・四%になりました*。一方、自社回線を貸し出すMVNOを含めると、大手三社それぞれのシェアはNTTドコモグループが四二・八%、auグループが三二・四%、ソフトバンクグループが二五・五%になります。

のちに見るように、MVNOには、NTTドコモ、au、ソフトバンク三社の寡占に風穴を開けることが期待されました。しかしシェアの現状を見る上では、三社の寡占に揺るぎはありません。また、右のような期待は、いまや5Gに進出した楽天モバイルに移りつつあります。

楽天モバイルが今後どのようにシェアを獲得していくのか、現段階では何とも予想できません。しかしながら、楽天モバイルの取り組みによっては、移動通信ばかりか固定通信も巻き込んだ**大変動の可能性**も考えられます。その点については4-11節以降で詳しく解説することにしましょう。いずれにせよ、移動通信は三社に寡占され、シェアも大きくは変わっていない*。これが移動通信市場の現状です。

用語解説

*…**になりました**　総務省「電気通信サービスの契約数及びシェアに関する四半期データの公表（令和2度第1四半期(6月末)」

***変わっていない**　NTTドコモではアハモ開始前の予約が絶好調の模様で、2021年度はシェアに動きがでるかもしれない。

移動系通信の契約数における事業者別シェア（単純合計）（図 4.1.1）

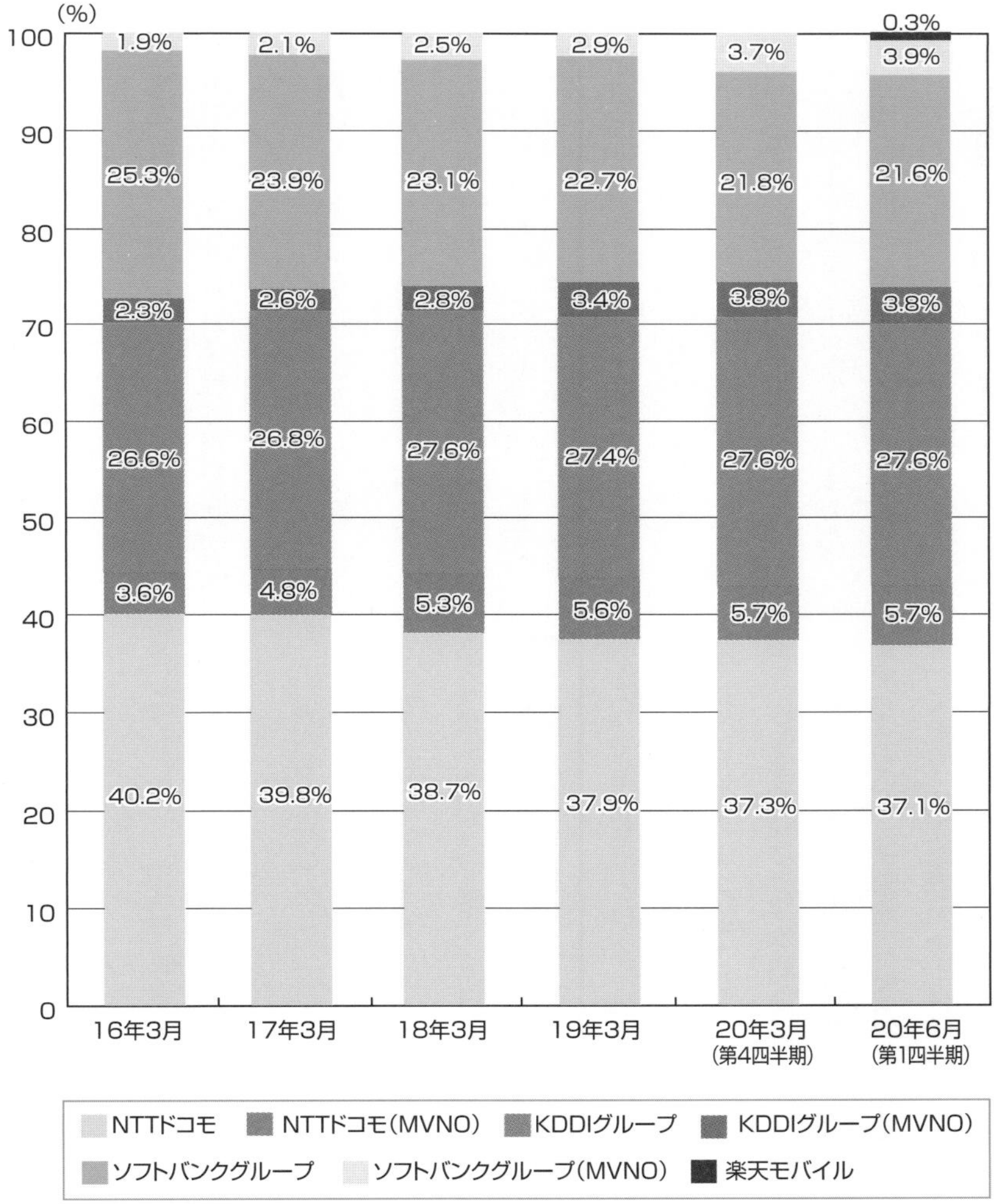

出典：総務省「電気通信サービスの契約数及びシェアに関する四半期データの公表」
令和2年度第1四半期(6月末)

2 営業収益と営業利益で見る三社の強さ比較

一九年度は営業収益、営業利益とも、ソフトバンクがトップでした。一八年度は他社を大きく引き離していたＮＴＴドコモですが、一九年度は営業収益で二位、営業利益では三位に甘んじています。

苦戦するＮＴＴドコモ

次に営業収益と営業利益で大手三社を比較してみましょう。まず営業収益ですが、一八年度はＮＴＴドコモがトップの四兆八四〇八億円、これに四兆六五二一億円のソフトバンク、四兆四三一〇億円のａｕが続きました。一方、一九年度を見ると、トップは**ソフトバンク**の**四兆八六一五億円**となっており、これにＮＴＴドコモの四兆六五一三億円、ａｕの四兆五六八〇億円が続きます。

一方、営業利益を見ると一八年度はＮＴＴドコモが一兆一三六億円と二位以下を大きく引き離していました。二位のａｕは八八四〇億円、三位のソフトバンクは八五九八億円です。しかし一九年度になると、トップは**ソフトバンク**の**九一三三億円**に入れ替わり、二位はａｕの八七二七億円、三位に転落したＮＴＴドコモは前年比一五九〇億円減の八五四六億円になりました。二年間の推移にしか過ぎませんが、ソフトバンクは好調、ａｕは手堅し、ＮＴＴドコモは大苦戦という状況が浮かび上がります。

移動通信大手は儲け過ぎ？

なお、営業利益率を見ると最も高いのは一八年度のＮＴＴドコモで**二〇・九％**、最も低いのは同じく一八年度のソフトバンクで**一八・五％**です。経済産業省によると、製造業の営業利益率は**平均四・〇％**＊で、二〇％前後という移動通信大手三社の数字が異常に高いことがわかります。この点は「移動通信事業者は儲けすぎ」の根拠になっており、**携帯電話料金下げ問題**（1-6節）へとつながっていきます。

用語解説

＊**平均4.0％**　経済産業省「商工業実態基本調査」（https://www.meti.go.jp/statistics/tyo/syokozi/result-2/h2c6klaj.html#menu0）

大手三社の営業収益（図 4.2.1）

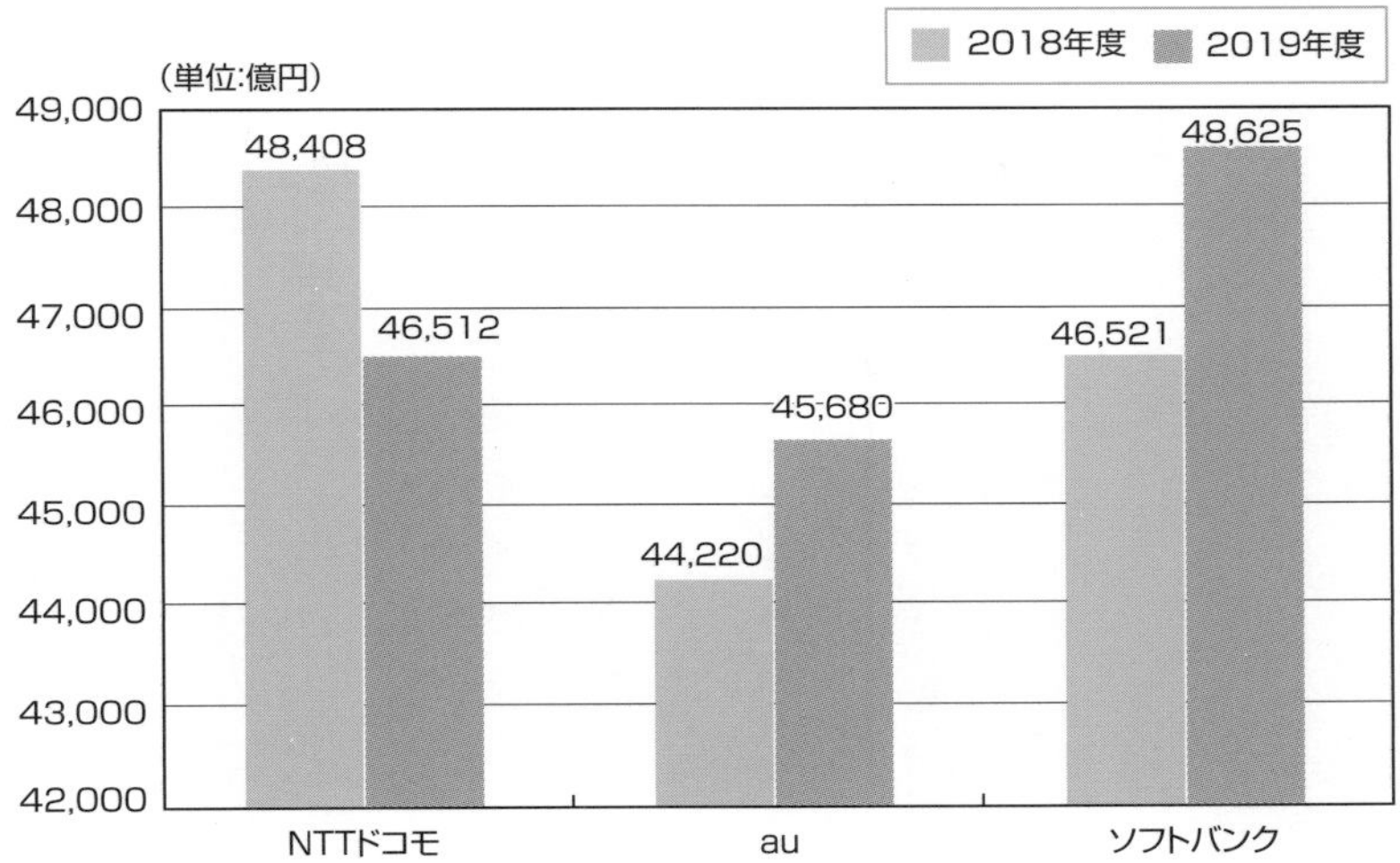

※2018年度のauは億の位で四捨五入している。　出典：各社経営データより

大手三社の営業利益と営業利益率（図 4.2.2）

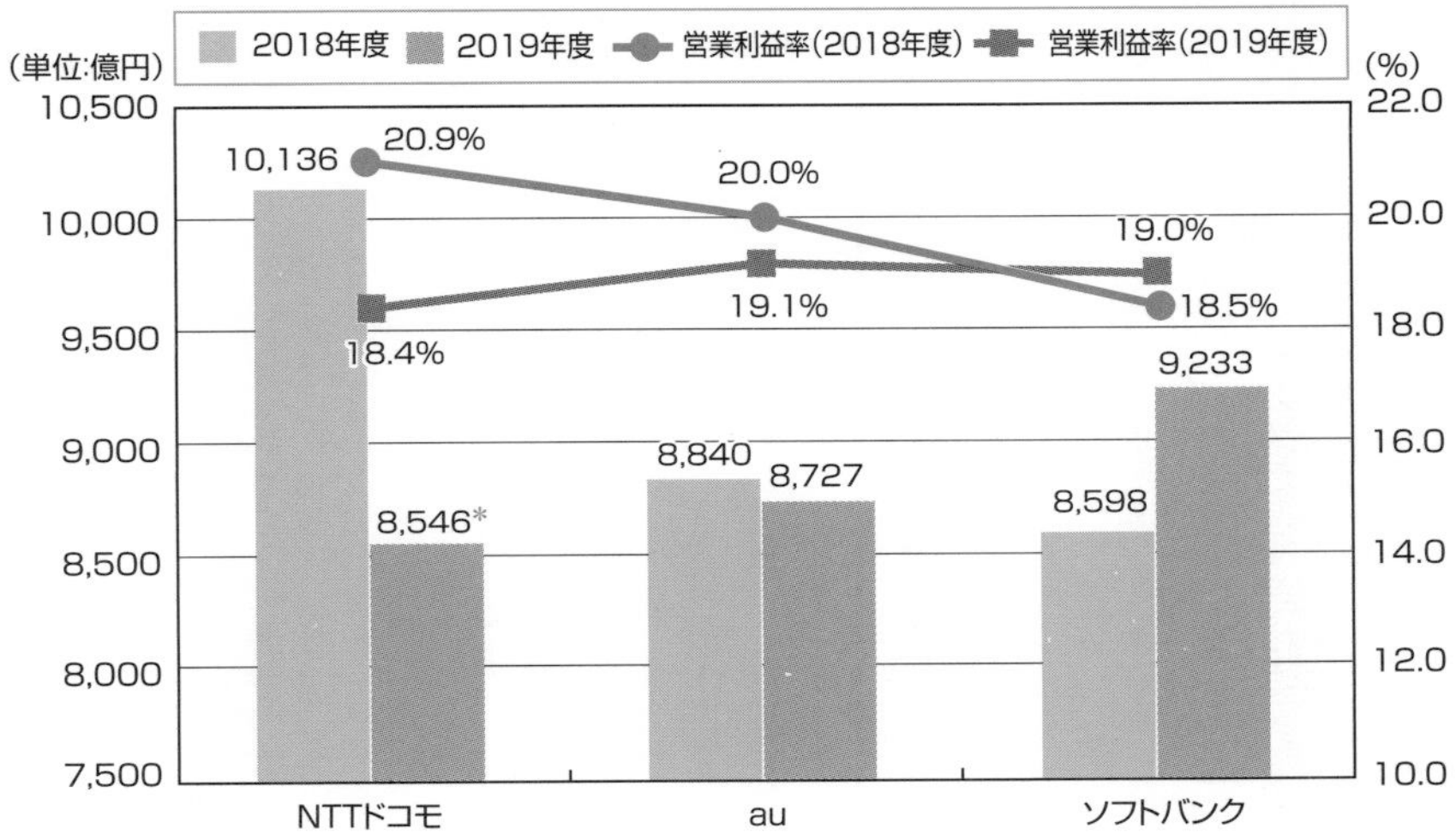

※2018年度のauは1000万の位で四捨五入している。他は切り捨て。　出典：各社経営データより

用語解説

＊**8,546**　1000万の位で切り捨てているため、P48の数字と1億の差がある。

3 ARPUで見る三社の強さ比較

MNOの経営の良否を判断する指標の一つにARPUがあります。かつて音声とデータに分かれていたARPUですが、現在では両者の区分はなくなっています。

ARPUの底上げを狙う

ARPU＊とは通信事業社の契約者一人当たりの収入を意味します。かつてARPUは大きく**音声ARPU**と**パケット(データ)ARPU**に分かれていました。前者は音声通話によるARPU、後者はデータ通信によるARPUを指します。しかし、現在では両者の区分はなく一括して取り扱われるようになりました。

3Gでは、音声通話用の回線交換網とデータ通信用のパケット交換網という二重構造になっていました。しかし、4Gでは音声通話もパケット交換網を使用する**VoLTE**＊になりました。このような変化からも、音声とデータを切り分けることにあまり意味がなくなってきたことがわかるでしょう。

図4・3・1は、大手MNO三社のARPUの推移を見たものです。もちろんARPUが高いほど経営には好影響を及ぼします。最もARPUが高いのは**au**で、一九年度は**七七六〇円**と過去最高を記録しています。二〇年度は新型コロナによる**巣ごもり消費**もあり、ARPUはさらに高くなるに違いありません。

このauに比較すると、NTTドコモとソフトバンクのARPUはどこか見劣りします。NTTドコモは**四七四〇円**、ソフトバンクは**四四二〇円**となっており、それぞれauの六一・一%と五七・〇%にしか過ぎません(いずれも一九年度)。各社では、回線に定額動画配信や定額音楽配信といった人気コンテンツを組み合わせることで、ARPUの向上に余念がありません。この取り組みは今後も続くことでしょう。

用語解説

＊ **ARPU**　Average Revenue per Userの略。
＊ **VoLTE**　Voice over LTEの略。「ヴォルテ」と読む。

大手MNO3社のARPU（音声・データ）の推移（図4.3.1）

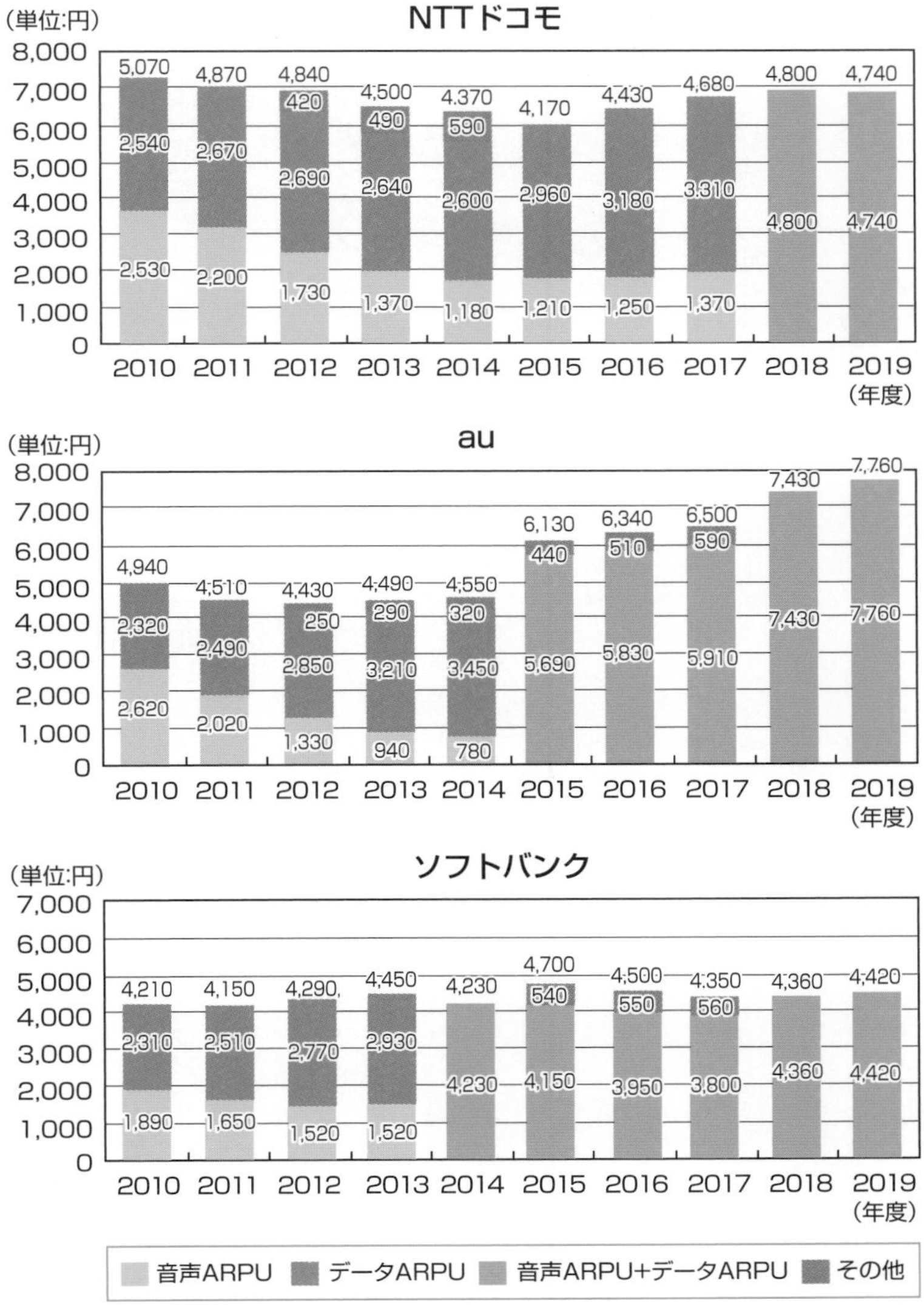

出典：各社各年度決算短信、決算説明会資料、総務省「令和２年版情報通信白書」を基に作成

4 スマートフォン市場の現状

世界のスマートフォン市場で気を吐くのが中国勢です。ファーアウェイやシャオミ、オッポなどをはじめとした中国企業五社の世界シェアはいまや四二・四%に達しており、サムスンやアップルを大きく上回ります。

中国企業がシェア四二・四%

一九年の世界におけるスマートフォン販売台数の推計は**一三・九億台**でした。そのうち日本と中国を含むアジアでの販売台数は七・三億台と五二・五%を占めました。そのうち中国は三・六億台、中国・日本以外のアジアは三・四億台と高いシェアを占めています（図4・6・1）。ただし、今後は中国での市場規模が頭打ちになる反面、アジアや中東、アフリカでの伸びると予想されています。

次に世界のスマートフォン・メーカーの現状について見てみましょう。〇九年時点でのシェアトップはブラック・ベリーの一五・五%、アップルの一一・四%、ＨＴＣの五・〇%でしたが、いまや状況は大きく変わっています。

一九年の一三・九億台のうち、トップの**サムスン**はシェア二一・二%と最大の市場シェアを確保しています（図4・6・2）。さらにこのサムスンに肉薄するのが**ファーウェイ**でシェアは一七・三%となりました。アップルは何とか三位に踏み止まり一四・一%のシェアを確保しています。

注目すべきはファーウェイを含めた**中国企業**です。四位**シャオミ**が八・九%、五位**オッポ**が八・〇%、六位**ヴィーヴォ**が七・六%となっており、〇・六%の**ZTE**も含めると、中国企業五社の市場シェアは**四二・四%**という驚くべき数字になります＊。廉価なスマホを得意とする中国企業は、今後成長が期待される中東やアフリカを虎視眈々と狙っているはずです。

用語解説

＊…**になります**　残念ながら日本企業は「その他」にひとまとめにされ見る影もない（3-17節参照）。

世界のスマートフォン出荷台数推移および予測（図 4.4.1）

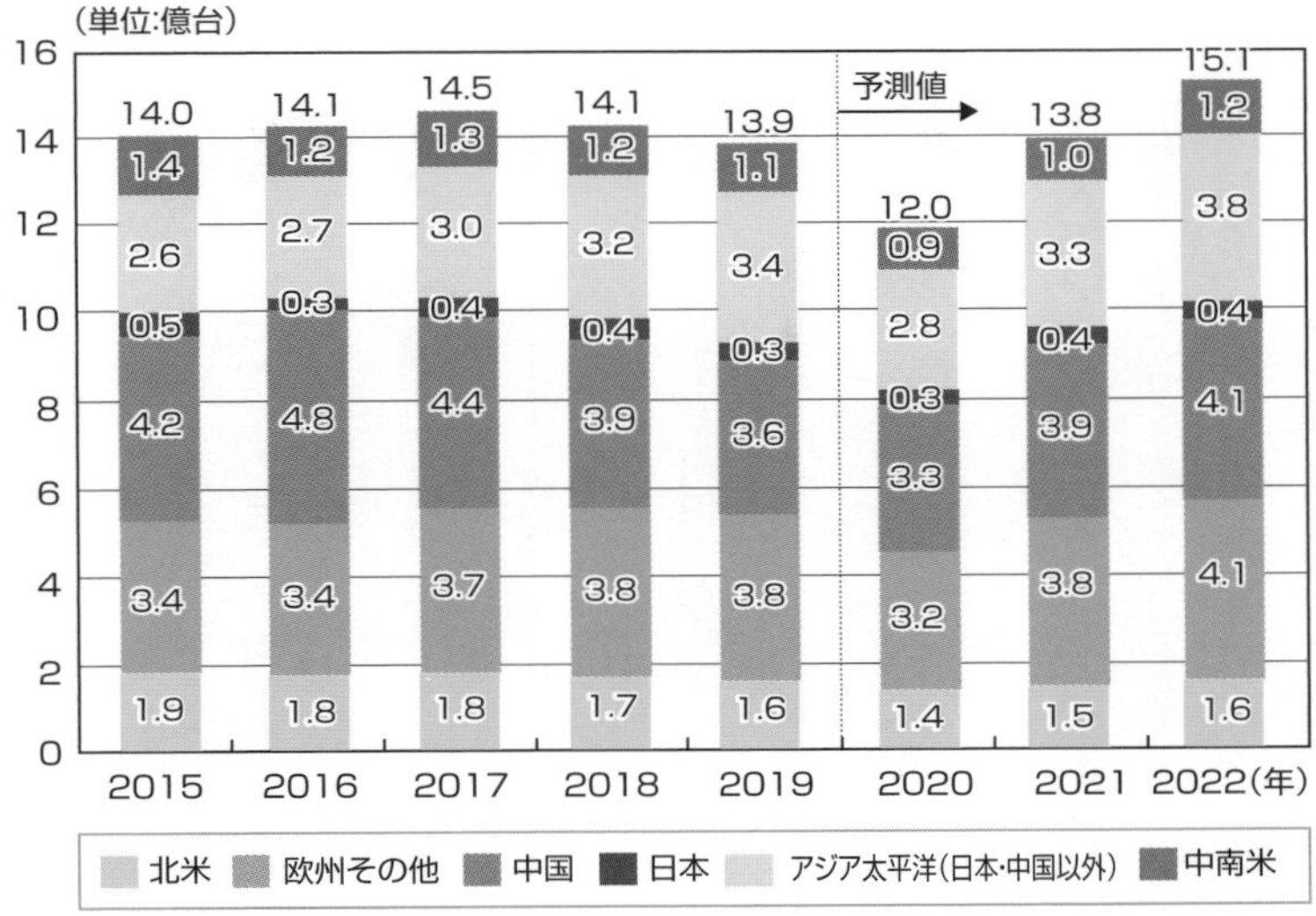

出典：総務省『令和２年版情報通信白書』

スマートフォン出荷台数事業者別シェア（図 4.4.2）

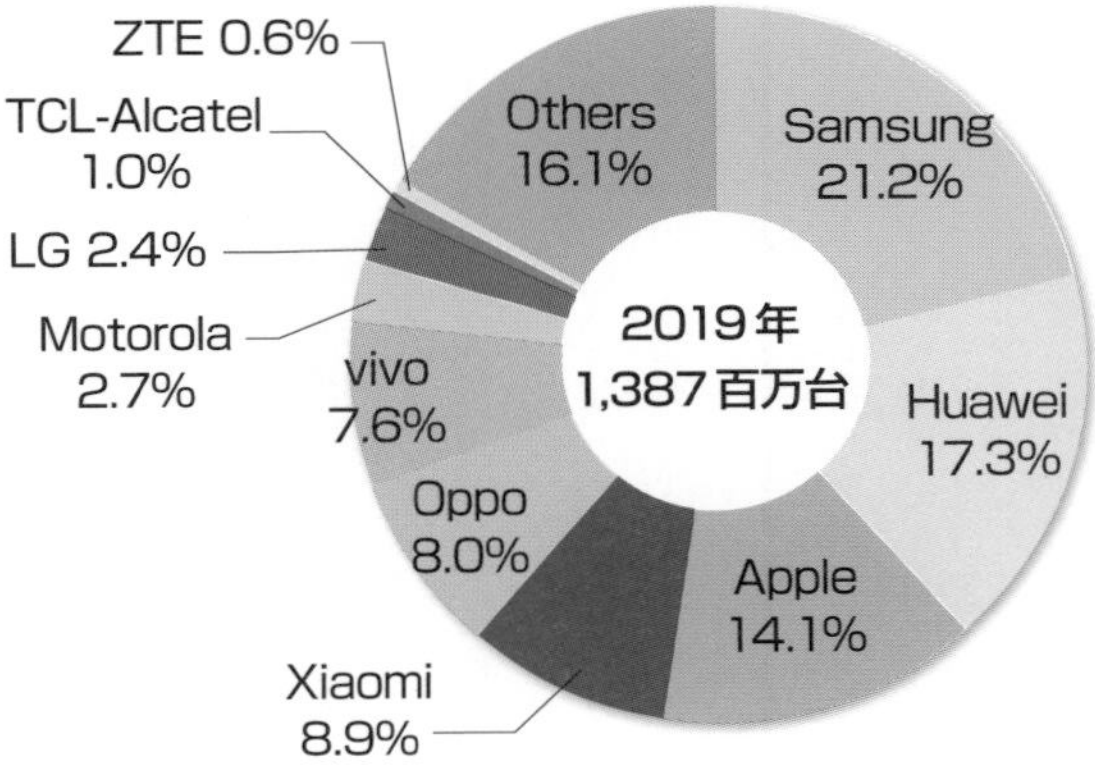

出典：総務省『令和２年版情報通信白書』

5 いまさら人に聞けないSIMロック

SIMは、携帯電話の利用者を識別するためのICカードです。従来のSIMは一部機能を無効にするSIMロックがかかっていましたが、競争を促すためSIMロックは解除されるようになりました。

SIMロック解除が進む

SIM*は、携帯電話利用者を識別するためのICで、GSM*で採用されました。利用者はカード型SIMを差し替えることで複数の端末を利用できます。つまり一契約で複数の端末を利用できるわけで、利用者にとってはとても便利です。

しかしMNOが販売する一般的な端末では、他社のSIMカードをその端末に差しても通信できませんでした。その逆もしかりでした。これはSIMに登録してある通信事業者の情報を端末側が読み取って、特定の事業者の通信網しか利用できないようにしてあるからです。このようにSIMの機能を一部不能にすることを**SIMロック**と呼びます。

政府ではSIMロックが、移動通信事業者を変更する際の支障になっていると考え、競争を促すため**一五年五月一日**以降発売の全端末からSIMロックの解除が適用されることになりました*。これにより、大手MNOからMVNOなどへ、キャリアを比較的容易に変更できるようになりました。

サービス開始当初、事業者の乗り換えは店舗で行う必要がありましたが、現在ではSIMを遠隔からアクティベーションできます。これにより利用者は、インターネットなどでMVNOに乗り換えて、SIMカードを郵便で受け取り、自宅でアクティベートできるようになりました。

なお、SIMロック解除を店舗などで依頼すると**三〇〇〇円**（税抜き）の実費がかかります*。

用語解説

＊**SIM**　Subscriber Identity Moduleの略。

＊**GSM**　Global System for Mobile Communicationsの略。欧米を中心にした2Gの一種。

SIMロック解除の手順（図4.5.1）

STEP1　ご契約中の携帯電話会社でMNPの予約申し込みを行い、「MNP予約番号」を取得。

STEP2　申し込みに必要となる、下記4点を用意する。
①運転免許、個人番号カード、パスポートなど1点
②本人名義のクレジットカード
③インターネット接続環境
④メールアドレス

STEP3　インターネット経由で申し込み。

STEP4　本人確認手続終了後、SIMカード到着。

STEP5　開通手続きを行ってSIMをアクティベートする。

MVNOの利用開始

出典：IIJmioの「他社から乗り換え」（https://www.iijmio.jp/hdd/miofone/mnp.jsp）を参考に作成

用語解説

＊…**なりました**　こうして日本でもようやくSIMフリーの端末が大量に流通する時代が到来した。
＊…**かかります**　ケースによって無料の場合もある。

6　ｅＳＩＭって何のこと？

従来のＳＩＭは小サイズのＩＣカード型で、端末に差し込んで利用します。これとは別に端末本体一体型のｅＳＩＭがじわりと広がり始めています。ｅＳＩＭとはいったい何者なのでしょうか。

キャリアの変更が容易に

ｅＳＩＭは「Embedded SIM」の略称で、端末に組み込まれた（エンベディッド）本体一体型のＳＩＭを指します。

従来のＳＩＭは取り外しができる小サイズのＩＣカード型でした。一方、ＳＩＭ機能が本体に組み込まれたｅＳＩＭでは、カードの抜き差しという面倒な作業は必要ありません。

例えば、大手キャリアからＭＶＮＯに乗り換えた場合、従来はＭＶＮＯから郵送される、利用者情報の書き込まれたＳＩＭカードを端末に差し込んで利用を始めます（４-５節）。ところがｅＳＩＭの場合、端末上のソフトでキャリアやプラン切り替えられるようになっており、ＳＩＭカードの到着を待つ必要もなく、カードの脱着も不必要です。

このようにｅＳＩＭだと、利用者のニーズに応じて通信事業者を容易に切り替えられる点が大きなメリットになっています。また、ｉＰｈｏｎｅシリーズのＸＳやＸＳ Ｍａｘ、ＸＲ以降のタイプでは**デュアルＳＩＭ**に対応しています。こちらは一台の端末で二つの電話番号を所有したり、海外に行った際に現地のキャリアを利用したりできます。

本人確認など制度上の問題があるとはいえ、ｅＳＩＭは利用者にとって利便性の高い仕様だといえます。また、移動通信事業者の競争を促したい政府としても、キャリアの変更が容易なｅＳＩＭの普及は、望むところではないでしょうか。

eSIM（図4.6.1）

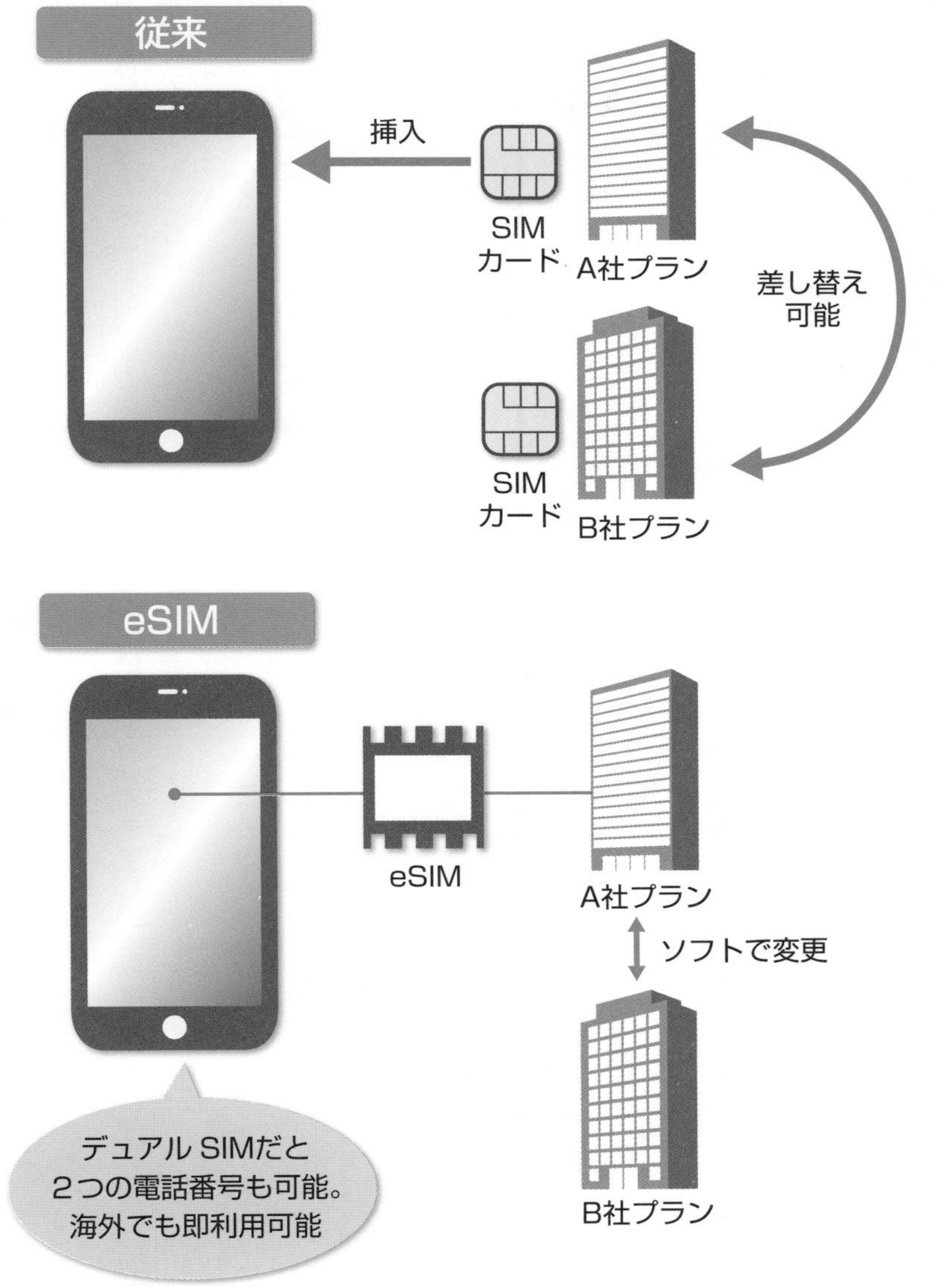
従来
挿入
SIM
カード
A社プラン
差し替え
可能
SIM
カード
B社プラン
eSIM
eSIM
A社プラン
ソフトで変更
B社プラン
デュアルSIMだと
2つの電話番号も可能。
海外でも即利用可能

7 MVNO誕生の背景

政府では移動通信事業者の競争を促進するため多様な手を下してきました。制度の見直しや新たな周波数帯の割り当て、そしてMVNOの市場参入も、移動通信市場の競争を促すためでした。

新規MNOからMVNOへ

政府にとって移動通信事業者の競争促進は長年の懸案事項でした。例えばいまから一五年以上前の〇四年、政府は携帯電話向けに一・七GHz帯と二GHz帯の周波数を割り当て、新規MNOの参入を促しました。これにより、一・七GHz帯では**イー・モバイル**と**BBモバイル**（当時ソフトバンクの子会社）、二GHz帯では**アイピー・モバイル**が免許を取得し、新規参入を果たしました。

しかしながら数年経たずしてBBモバイルとアイピー・モバイルが免許を返上しました。また、イー・モバイルもソフトバンクに吸収合併されてしまいました。一連の出来事は、莫大な費用がかかる移動通信事業で、新規参入の難しさを改めて浮き彫りにしました。

こうした背景から政府では、自社で通信インフラを所有せずに移動通信事業を営める**MVNO***を積極的に後押しするようになったわけです。MVNOならば比較的小さな初期費用で参入できるため、市場の競争が進むだろうという考えです。

日本のMVNOの草分けである**日本通信***が、NTTドコモの回線を用いてサービスを提供したのが〇八年のことです。以後、事業者の数は大きく増え、二〇年六月末現在のMVNOの事業者数は**一四二八社**になっています*（4-10節）。MVNOをはじめ**携帯電話番号ポータビリティ**（**MNP***）、**クーリングオフ制度**の導入、**SIMロック解除**（4-5節）の義務化など、いずれも移動通信市場の競争を促すための施策だったわけです。

用語解説

* **MVNO**　Mobile Virtual Network Operatorの略。仮想移動通信事業者。

* **日本通信**　同社では2001年よりPHSを用いたMVNO事業に参入している。これが日本で最初のMVNOサービスだといわれている。

移動通信新規参入の顛末（図4.7.1）

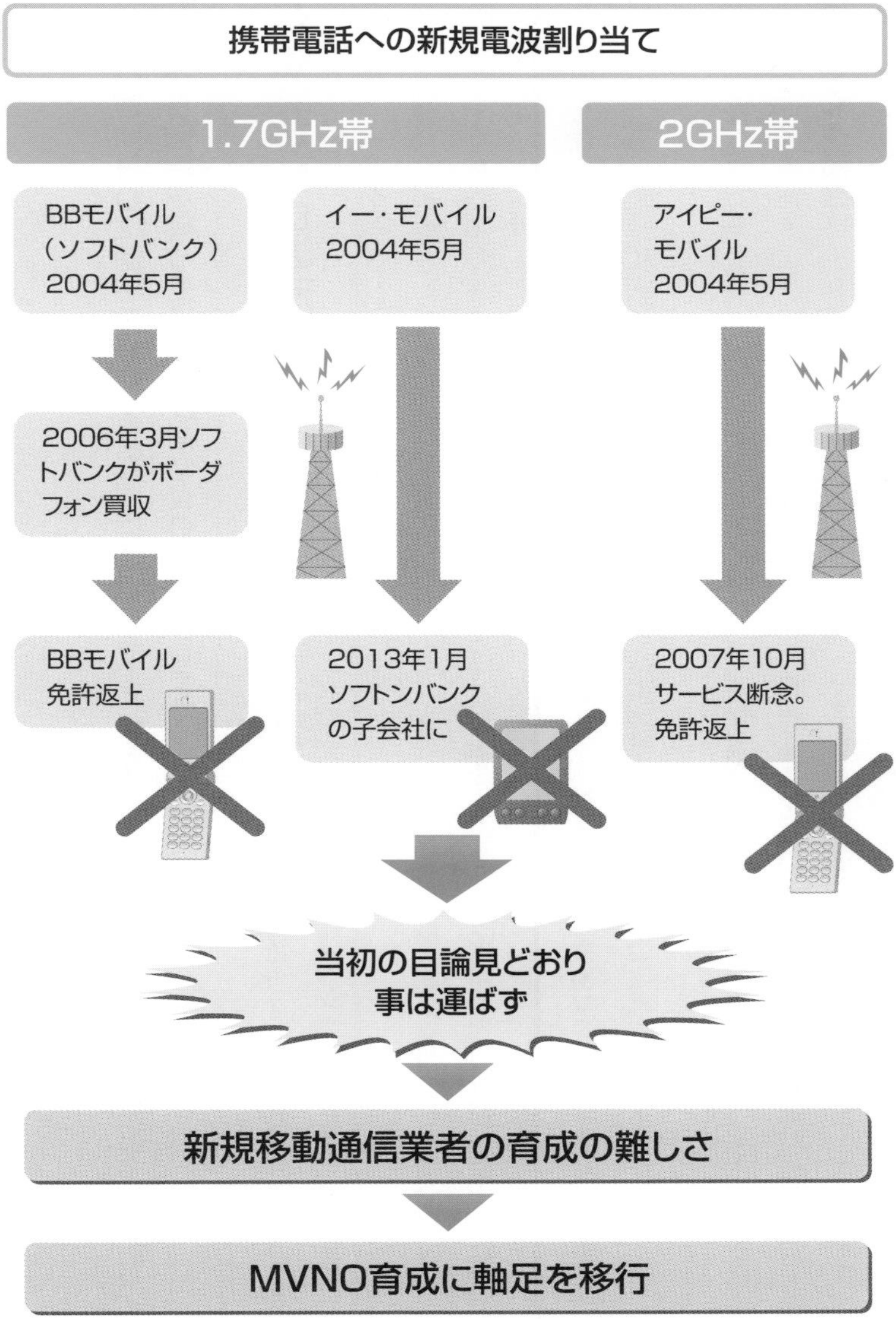

用語解説

＊…**なっています**　総務省「電気通信サービスの契約数及びシェアに関する四半期データの公表（令和2度第1四半期(6月末)」

＊**MNP**　Mobile-phone Number Portabilityの略。日本では2006年から始まった。

8

MVNOにも種類がある

MVNOがMNOに回線を接続する形態にはレイヤー2接続とレイヤー3接続があります。また、一次MVNOから回線を借り受ける二次MVNOも存在します。

様々なMVNOの形

現在、多様な企業がMVNO事業に参入しています。MNOとの回線接続形態という技術面から見るとMVNOには大きく二種類あります。

MVNOがMNOと回線を結ぶ場合、**レイヤー2接続**と**レイヤー3接続**があります（図4・8・1）。両者の違いは、中継パケット交換機をMVNOが所有するか否かにあります。MVNOが中継パケット交換機を自ら所有する場合はレイヤー2接続、所有しない場合はレイヤー3接続となります。

中継パケット交換機は、IPアドレスの発行、IPアドレスの認証、セッションの管理などを行う装置です。この装置を自ら所有していると、IPアドレスの払い出しなど、MVNOは柔軟なサービスを提供できます。現状ではレイヤー2接続するMVNOが多数を占めています。

また、MVNOには**一次MVNO**と**二次MVNO**という区分もあります。一次MVNOはMNOから直接回線を借り受けてサービスを提供する事業者です。これに対して二次MVNOは一次MVNOからさらに回線を借りてサービスを提供する事業者です*。

このようにB2Bで二次MVNOを支援する事業者を**MVNE***と呼びます。MVNOの大手である**日本通信**や**IIJ***は、MVNOであると同時にMVNEとしても事業を展開しています。なお、MVNOとNTTドコモの間では回線使用料の水準が問題となっており、二〇年にはドコモが値下げに応じています。

* **…事業者です**　例えばイオンは当初二次MVNOとして格安スマホを提供していた。しかし現在では一次MVNOになっている。
* **MVNE**　Mobile Virtual Network Enablerの略。仮想移動通信サービス事業者。
* **IIJ**　日本通信とIIJは現在のMVNO市場を牽引する二大企業といってよい。

レイヤー2接続とレイヤー3接続（図4.8.1）

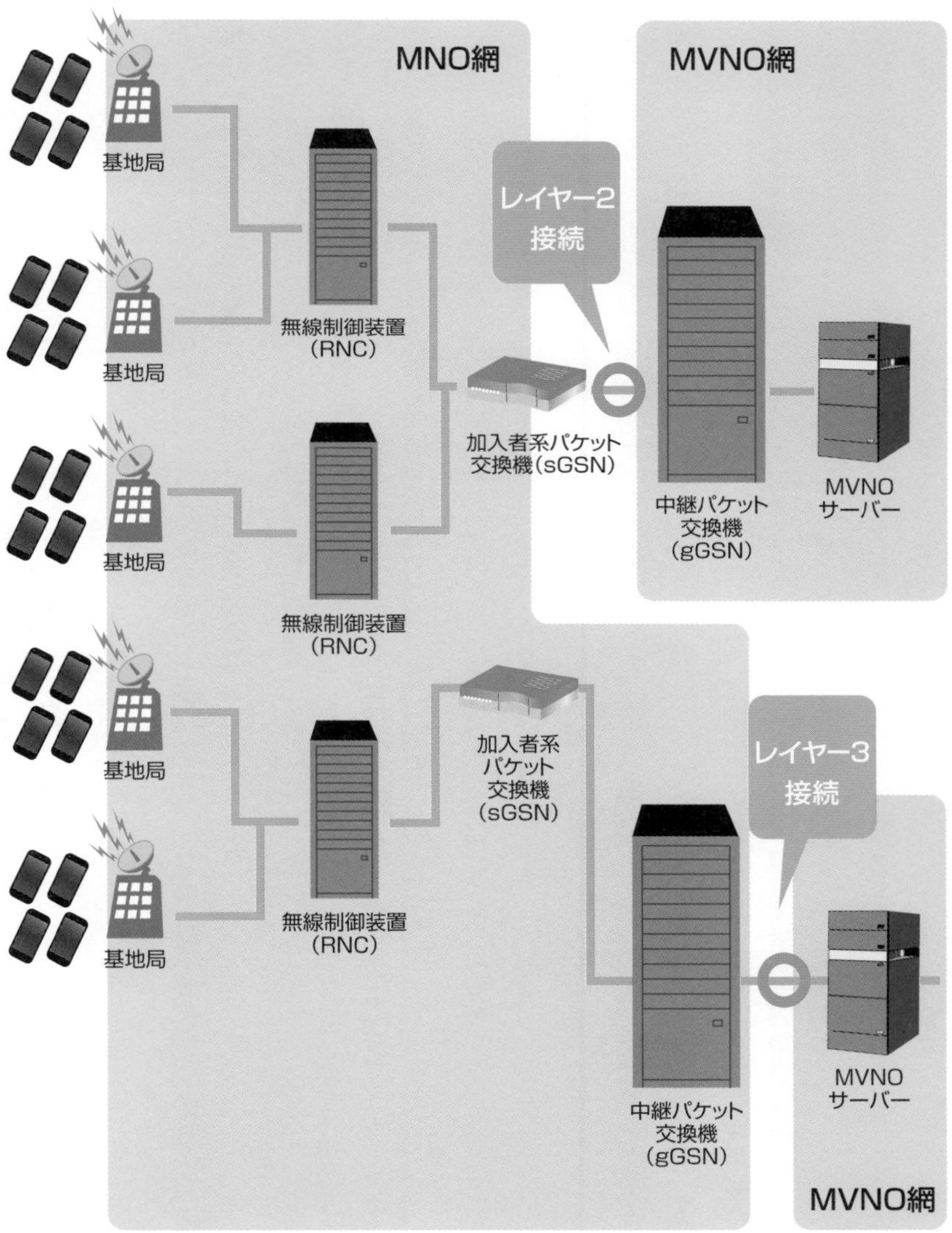

出典：総務省「電気通信設備の接続に関する現状と課題」（平成26年6月）

9 フルMVNOとは何か

SIMカードの発行が可能なMVNOをフルMVNOと呼びます。MVNO事業者間の差別化が難しい現在、フルMVNOを目指す動きが活発になって活発になってきました。

自らSIMカードを発行する

格安SIMの認知度が広がり、MVNOの存在が広く認められるようになったいま、MVNO対MSOのみならず、MVNO間の競争も激しさを増してきました。そもそもMVNOはMNOの回線を借りてサービスを提供するので、事業者間の差別化を行いにくいという事情があります。そのため、MVNO自身がSIMカードの発行者になる動きが出はじめてきました。

従来のMVNOはMNOから支給されたSIMカードを利用して移動通信サービスを提供していました。一方、MVNOを自らがSIMカードを発行しようと思うと加入者管理機能とも呼ばれる「**HLR／HSS***」を保有する必要があります。

スマホのSIMカードには、加入者データベースの認証に用いる**IMSI***や携帯電話番号、SIMカードのシリアル番号などが記録されています。これらのID番号や通信を暗号化するための鍵が登録されているのがHLR／HSSです。

SIMカードを発行できるようになると、例えば海外のキャリアと提携して、渡航先では設定フリーでその提携キャリアの回線を使用できるサービスなどを提供できます。また位置情報を使ったビジネスも可能です。このように自らSIMカードを発行できるMVNOを**フルMVNO**と呼びます。

IIJではNTTドコモと交渉の末、HLR／HSSを保有することになり、フルMVNOのサービスを一八年から開始しています*。

用語解説

＊**HLR／HSS**　Home Location Register / Home Subscriber Serverの略。加入者管理機能とも呼ぶ。

＊**IMSI**　International Mobile Subscriber Identityの略。

＊**…開始しています**　IIJでは従来のMVNOをフルMVNOに対して**ライトMVNO**と表現している。

ライトMVNOとフルMVNO（図4.9.1）

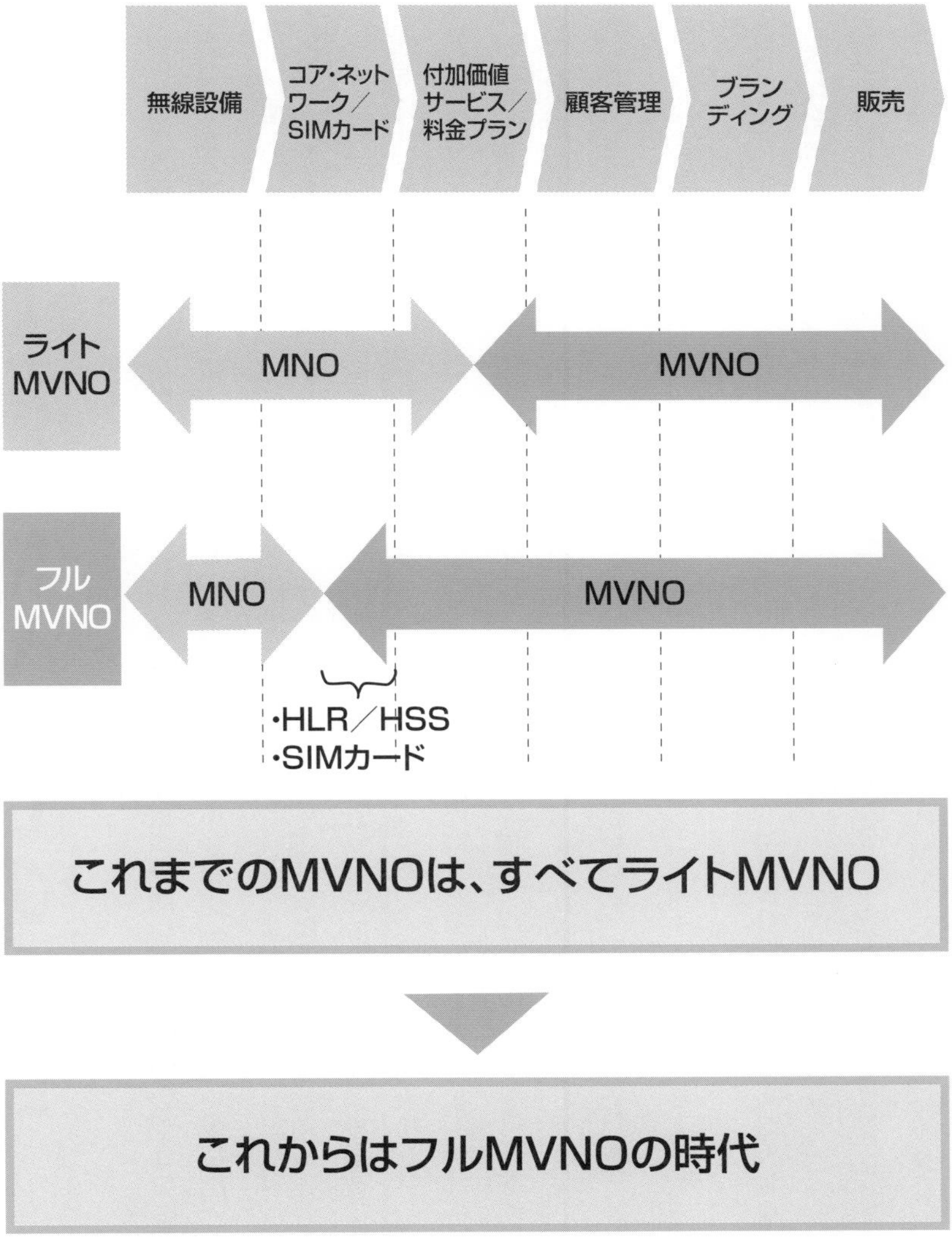

出典：IIJの資料を基に作成

10

先が見通せないMVNOの今後

MVNOは移動通信市場の競争を促す切り札として期待されました。しかし、MVNOのシェアは一三・四%と大手三社の牙城を切り崩すまでには至っていません。しかも不安材料が突如出現しました。

競争促進には力不足か

携帯電話番号ポータビリティや**SIMロック解除**の義務化などの政策後押しもあり、日本通信をはじめIIJやイオンがMVNO事業に参入しました。価格が明らかに安いことなどから、大手三社からMVNOに転出する一定の動きは確かに見られました。

もっとも大手三社も利用者の流出を黙って見ているだけではありませんでした。auでは**UQモバイル**、ソフトバンクでは**ワイモバイル**の格安サブブランドを立ち上げて、MVNOに対抗しました*。

二〇年六月末のMVNOサービス契約者数は**二五三二万**(1-8節)、事業者数も**一四二八事業者**まで伸びています(図4・10・1)。しかし、移動系通信の全契約数に占めるMVNOの割合は**一三・四%**と当初期待されたほどの効果は見られません(図4・10・2)。純増数は概して大手MNOのほうが多く(1-8節)、大手三社の寡占はいまだに続いているのが現状です。しかも、MVNOは大手から回線を借りているわけですから、回線使用料は大手の懐に入る点も注意が必要です。

さらにMVNOにとって大きな懸念材料になるのが、大手三社による二〇GBで月額三〇〇〇円を割るサービスの投入です(1-7節)。これらのサービスは格安を売りにしていたMVNOにとって、極めて大きな脅威となるでしょう。

もはやMVNOにとって状況は看過できないところにまで来ています。MVNOの今後は視界不良なのが現状だといわざるを得ません。

用語解説

*…**対抗しました**　UQモバイルもワイモバイルもサブブランドの位置付けでありMVNOとは一線を画している。ただし「**格安スマホ**」というくくりではMVNOのサービスと正面から競合する。

MVNOサービスの事業者数推移（図4.10.1）

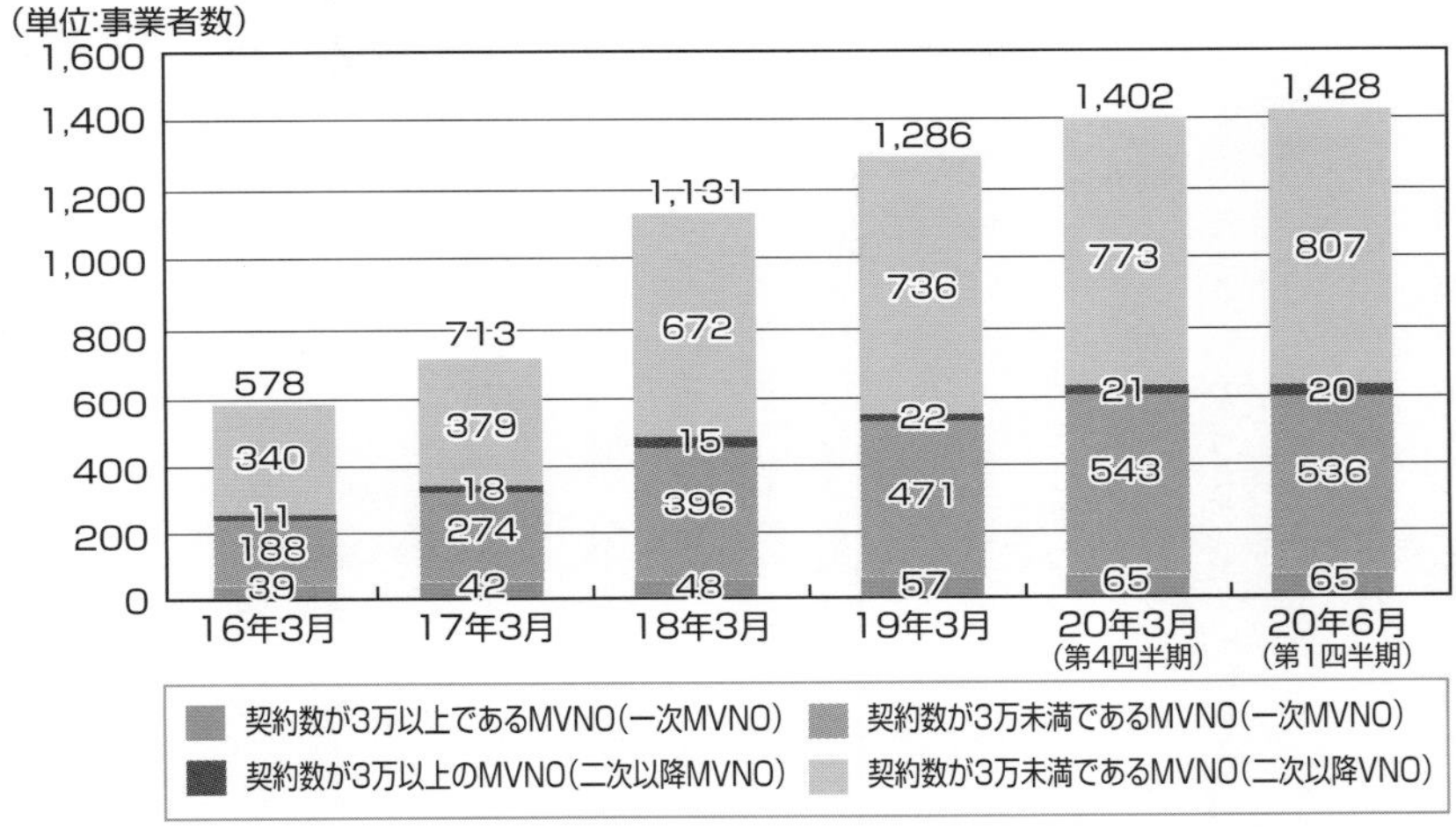

出典：総務省「電気通信サービスの契約数及びシェアに関する四半期データの公表（令和２度第１四半期（6月末）」

移動系通信の契約数に占めるMVNOサービスの契約数比率（図4.10.2）

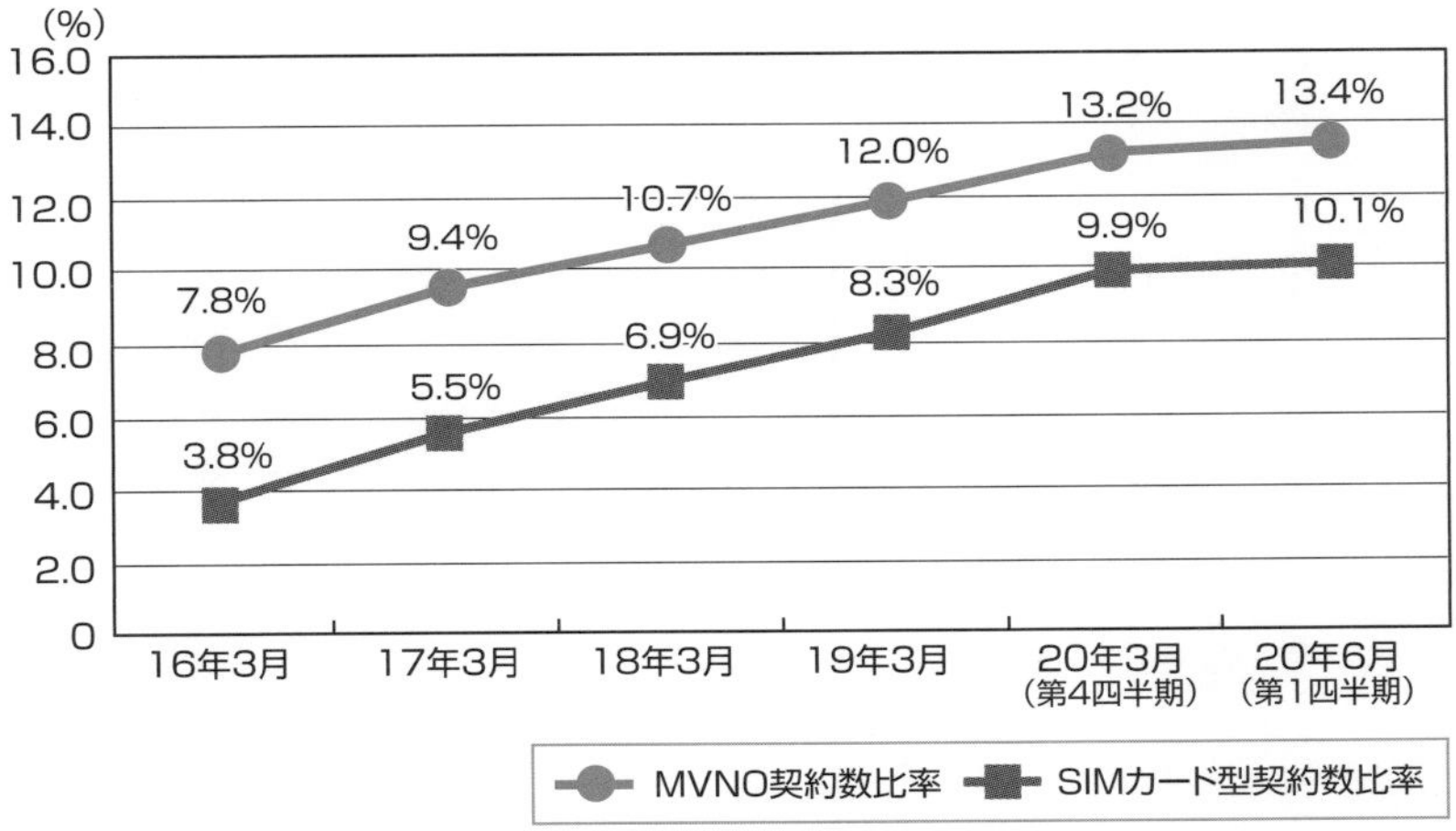

出典：総務省「電気通信サービスの契約数及びシェアに関する四半期データの公表（令和２年度第１四半期（6月末）」

11 楽天モバイルの5G参入

二〇年四月＊、楽天モバイルが移動通信のＭＮＯとして公式にサービスを開始しました。さらに同年9月には5Gもスタートさせました。料金は月額二九八〇円と非常に割安なのが特長です。

驚きの低価格を実現

従来、楽天では、移動通信市場への参入を虎視眈々と狙っていました。かつて移動通信事業者イー・アクセスと合弁でモバイル・データ通信サービスを提供したり、楽天モバイルの名でＭＶＮＯサービスを提供したりもしてきました。今回のＭＮＯへの参入はまさに満を持しての印象を受けます。しかも参入のタイミングが**5G**のサービスインと軌を一にしており、5Gでの存在感を高めるのが狙いなのは明らかです。

新規参入とあって**楽天モバイル**の5G向け料金は非常に意欲的です。料金プランは「Ｒａｋｕｔｅｎ ＵＮ-ＬＩＭＩＴ Ｖ」の一種類のみで**月額二九八〇円**という驚きの価格でした。通話は専用のアプリを利用することで国内かけ放題です。また、楽天モバイルが独自で構築した通信エリアであれば、データ通信も正真正銘の使い放題で、二〇ＧＢが過ぎれば通信速度が落ちるなどの縛りもありません。

さらに驚くのは**テザリング**に対する縛りもないことです。テザリングとは、親機になるスマートフォンに、ＷｉＦｉなどで別のデバイスからアクセスしてインターネットに接続する形態を指します。スマートフォンをあたかもルーター代わりにしてパソコンと結び、インターネットにアクセスすることもできます。

さらにその後、楽天モバイルではデータ通信二〇ＧＢ以下について使用量に応じた料金を設定しました。例えば月間データ使用量が一ＧＢ以下だと無料です（図4・11・1）。大手三社との競争が楽しみです。

用語解説

＊**20年4月**　2019年10月1日より先行サービスを行っていた。

Rakuten UN-LIMIT Vのアップグレード（図4.11.1）

「Rakuten UN-LIMIT VI」新プランの公表

データ 1GB まで 0 円

どれだけ使っても無制限 2,980 円（税込 3,278 円）

※楽天回線エリア外は最大 1Mbps で使い放題。

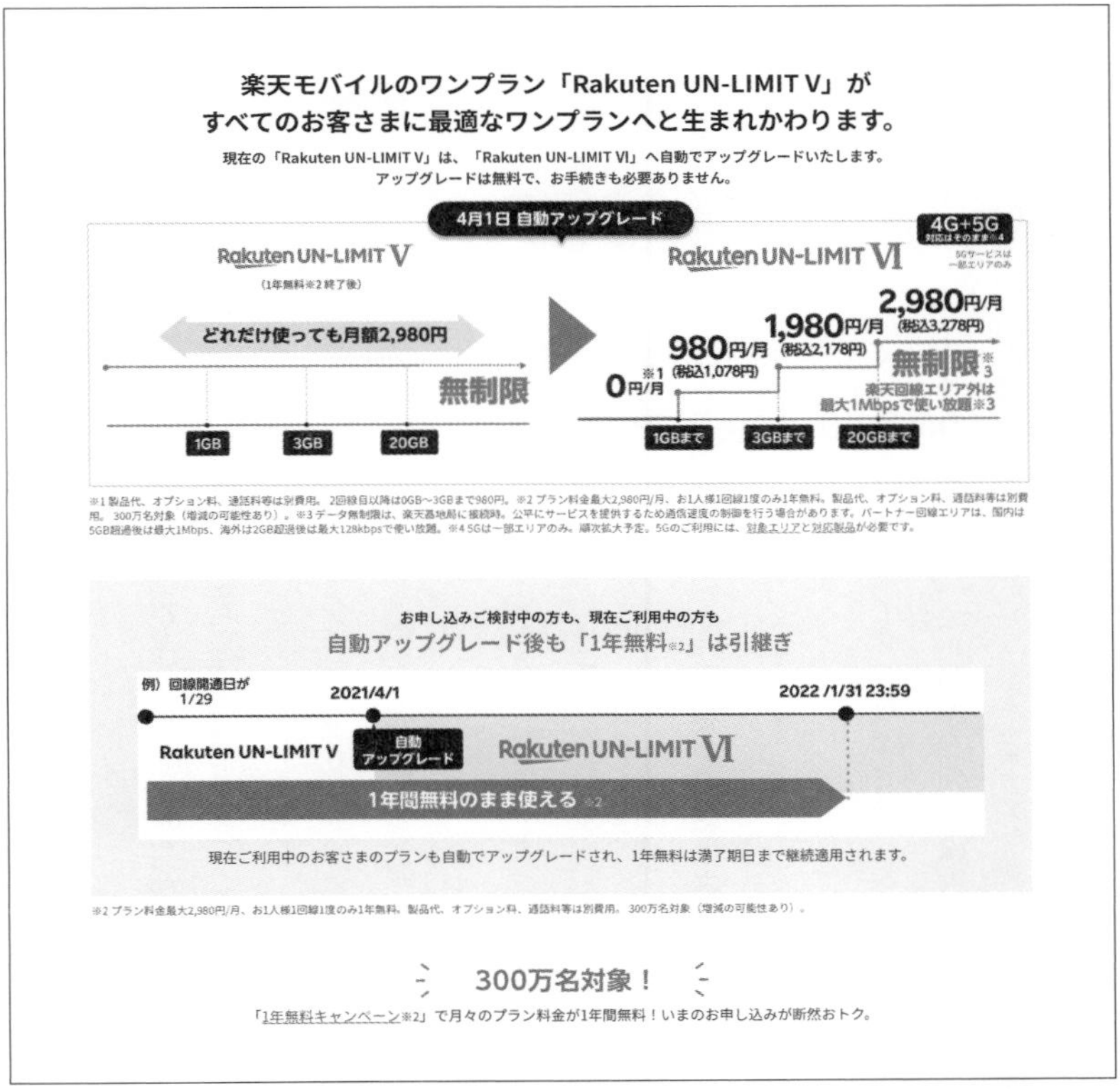

出典：楽天モバイルホームページを基に作成

12 楽天モバイルが廉価な理由

楽天モバイルが容量制限なしで二九八〇円という意欲的な価格を提示できるのには理由があります。それは専用の通信設備は導入せず、汎用機でネットワークの完全仮想化を実現した点にあります。

プラットフォームを海外展開

楽天モバイルは、容量制限なしで驚きの低価格を実現しました。この背景には技術的要因が隠されています。

従来の移動通信事業者は、ネットワークを整備するにあたり、専用の通信設備や器機を導入していました。もちろんこれらの装置は移動通信に特化したハードウェアであるため価格も非常に高価でした。

これに対して楽天モバイルでは、移動通信サービスに必要なすべての機能を、汎用コンピューターの上で稼動するソフトウェアで実現します。楽天モバイルではネット通販事業と同じ仕様の汎用機を使用するため、専用機を導入するよりも費用を劇的に下げられるわけです。

また、パフォーマンスの向上も、ソフトウェアのアップグレードで対処できるというメリットがあります。これが楽天モバイルの料金の安さに反映されているわけです。

もっとも、コア・ネットワークの一部をソフトウェアで対処する手法は従来から存在しました。このような手法を**仮想化**と呼んでいます。しかし楽天の場合は、**無線アクセスネットワーク**（RAN）の部分まで仮想化で対応します。そのためこの手法は**完全仮想化ネットワーク**と呼ばれています。楽天ではこのプラットフォームを**楽天コミュニケーションズ・プラットフォーム**＊と呼んでいます。

RANまで仮想化するのは世界でも初めての試みです。これは楽天モバイルが過去の設備資産を所有しないがためのメリットだといえます。また楽天モバイルでは、構築した楽天コミュニケーションズ・プラットフォームの海外展開も計画しています。

用語解説

＊**楽天コミュニケーションズ・プラットフォーム**　正式にはRakuten Communications Platform。仮想モバイルネットワークのソリューション。

完全仮想化次世代ネットワークの特長（図4.12.1）

高価なハードウェアからの脱却

これまでの携帯ネットワークは、特定の専用ハードウェアに依存していたが、楽天モバイルは仮想化技術によってソフトウェアとハードウェアを分離。ネットワークは汎用ハードウェアで構成され、大幅なコスト削減が実現する。

✕

シンプルな基地局構成

従来の屋外基地局アンテナ設置には、複数の設備が必要だった。楽天モバイルは、無線アクセス機能をエッジデータセンターに移行させ、シンプルな基地局構成を実現。基地局建設に自由度と柔軟性が生まれ、建設・運用コストを大幅に削減する。

✕

5G対応のシステム構築

楽天モバイルは、コア・ネットワークや無線ネットワークをソフトウェアの更新だけで4Gから5Gに迅速に移行することで早期に本格的な5Gの運用をスタートする。

↓

廉価な5Gサービスを実現

出典：楽天モバイルホームページを基に作成

13 楽天モバイルの挑戦状

楽天モバイルが提供する「Ｒａｋｕｔｅｎ ＵＮ-ＬＩＭＩＴ Ｖ」には移動通信市場ばかりか固定通信市場も揺るがす可能性を秘めていると筆者は考えています。どういうことか説明しましょう。

データ通信量に上限を設ける

４-11節では、「Ｒａｋｕｔｅｎ ＵＮ-ＬＩＭＩＴ Ｖ」だと**テザリング**でも**データ通信容量は無制限**だと記しました。一見地味ですが、実はこの点が楽天モバイルの**破壊的**＊セールスポイントになっています。

同サービスに加入しているスマートフォンがあれば、ＰＣやノートＰＣ、タブレット端末、ウェラブル端末、ビデオ端末、ＸＲ端末、家庭内のあらゆるＩｏＴ端末をテザリングで接続しインターネットにアクセスできます＊。これは言い換えると、現在家庭に入っているＦＴＴＨなどの**固定回線を無用**にし、**５Ｇで代替**できることを意味しています。５ＧがＦＴＴＨと同様の超高速通信だったことを思い出してください。

これは既存のキャリア、中でもＦＴＴＨを所有するＮＴＴとＫＤＤＩにとっては極めて不都合です。５Ｇのサービス開始時点でａｕが始めた「**データMAX5G**」では「データ使い放題」となっていますが、但し書きで「テザリング等の上限３０ＧＢ＊」とあり、これを超えると通信速度は**128kbps**へとガタ落ちになります。また、ＮＴＴドコモが始めた「**5Gギガホ**」では、１００ＧＢ＊のデータ容量制限がありました＊。

５Ｇでは「二時間の映画をわずか三秒でダウンロードできる」と夢のように語られますが、存分に利用できるのは、テザリングも含めてデータ容量の制限がない場合です。この点で楽天モバイルのサービスはやはり画期的だと言えます。しかし大手も黙っていません。動いたのはＮＴＴドコモでした。

用語解説

＊**破壊的**　ここでの「破壊的」とはdestructiveではなく、「破壊的イノベーション」を世に問うた経営学者クレイトン・クリステンセンがいうdisruptive（秩序を乱すような＝破壊的）を念頭に用いている。

＊**アクセスできます**　もちろん端末側がデザリング対応でなければならない。

スマホが通信ハブになる（図4.13.1）

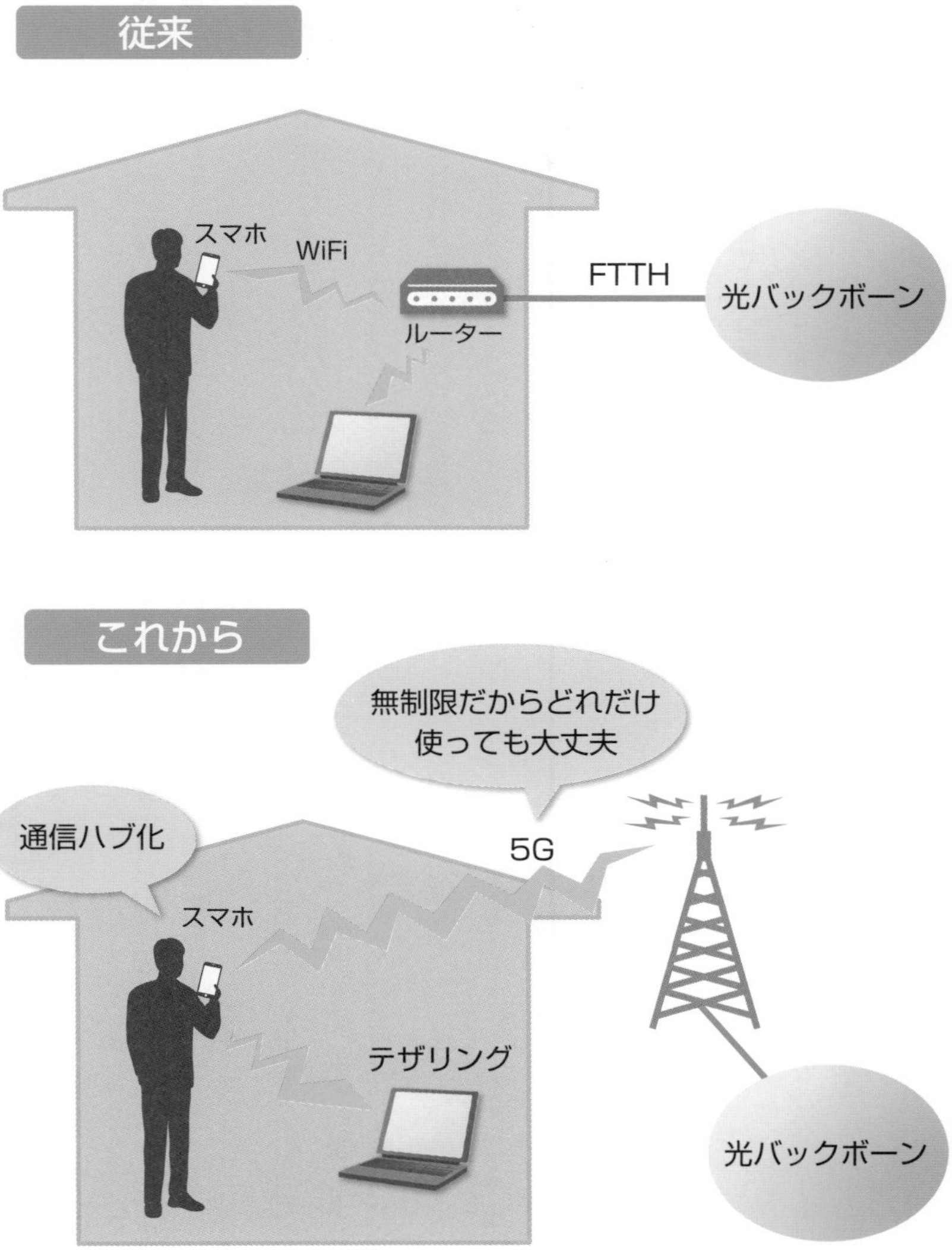

用語解説

＊**30GB**　定額動画配信とのセットメニューではデザリングの上限が異なる。
＊**100GB**　NTTドコモ『提供条件書「料金プラン（5G ギガホ等）」』による。
＊**…ありました**　キャンペーン期間中はデータ容量無制限。ただし、「キャンペーンは期間限定で、予告なく終了する場合があります」と但し書きがあった。

4-14 ＮＴＴが「楽天モバイル潰し」に動いた理由

4-11節から4-13節を念頭に置くと、ＮＴＴドコモがなぜ月額二九八〇円のアハモを投入したのか、その背景が見えてきます。背景には「楽天モバイル潰し」の意図があるのは明らかです。

ＦＴＴＨを死守するのか？

ＮＴＴドコモが**アハモ**（1-7節）の投入を表明する前より、菅総理大臣は移動通信各社に携帯電話料金の引き下げを強く要請していました。そのため、アハモの投入は政府の要請を呑んだ結果のように映ります。

しかし、月額二九八〇円という、楽天モバイルの料金プランと同じ価格を提示したことから、明らかに楽天モバイルをライバル視しているのがわかります。その背景には、楽天モバイルによる**ＦＴＴＨ無用化**＊に対する危機感があったものだと考えられます。

仮に楽天モバイルの通信インフラ整備がスムーズに進み、どこでもサービスが利用でき、品質にも問題ないというイメージが形成されたならば、利用者の流出は避けられないでしょう。そのような中、多くの利用者が、アクセス回線は5Ｇのみで問題なく、固定回線は不要だと気づいたら――。一般家庭では雪崩を打ったようにＦＴＴＨの回線の解約が進むでしょう。

現在、ＦＴＴＨを寡占しているのが**ＮＴＴ東西**です。そのため同社、引いては持株会社であるＮＴＴへの打撃ははかりしれないでしょう。グループ全体の最適化を考えた場合、多少ＮＴＴドコモに損失が出たとしても、出鼻で楽天モバイルを叩いておけば、ＮＴＴの出血は最低限で食い止められるだろう――。

このような経緯でアハモ投入になったと筆者は考えていました。しかしながら、この判断は必ずしも正しくはなかったようです。というのも、ＮＴＴドコモがさらに驚きのサービスを投入したからです。

用語解説

＊**FTTH無用化**　すべてのFTTHが無用というわけではない。アクセス回線のFTTHであり、バックボーン回線には不可欠な存在だ。

FTTHアクセス回線が無用に？（図4.14.1）

15 「5Gギガホプレミア」でどうなるFTTH

二〇年一二月一八日、NTTドコモはデータ容量無制限の5Gプラン「5Gギガホプレミア」の投入を発表しました。しかも現行プランから一〇〇〇円値下げした料金になっています。

NTT自らが変革の先頭に立つ

二〇年九月にNTTがNTTドコモの子会社化を公表し、間髪置かず井伊基之副社長*が社長に就任すると、驚きの動きが続いています。その第一弾が楽天モバイルと同一価格の**アハモ**の投入です。さらにそれから半月後には、再び業界を驚かせるサービスの投入を発表しました。**「5Gギガホプレミア」**がそれです。

現行の「5Gギガホ」は月額七六五〇円で、データ容量は一〇〇GBとなっていました。一方、後継の5ギガプレミアでは月額料金が一〇〇〇円下がって六六五〇円、さらにデータ容量は一〇〇GBから**無制限**になりました。

では、**テザリング**はどうなのでしょうか。実は5Gギガホプレミアムの「ご注意事項」にはテザリングに関する記述は何もありませんでした。ただし、NTTドコモでは5Gギガホのキャンペーン期間中、データ容量無制限にしており、テザリングについても特に制限をかけていませんでした。その後、5Gギガホプレミアでもテザリングに制限が設けられないことが正式に公表されました*。

このように、5Gギガホプレミアは、NTT自らがアクセス回線の**FTTHを無用化***する驚くべきサービスになります。実際、中期的に見るとアクセス回線の無線化は必至でしょう(5-10節)。家庭向けFTTHの延命をはかるのではなく、自ら変革の先頭に立って無線化に打って出たことは、NTTドコモの大英断だと思います。

サービス開始は二一年四月一日です。また他の大手二社も類似サービスの投入を公表し足並みを揃えました。日本の通信環境は大きく変わる予感がします。

用語解説

* **井伊基之副社長**　2020年6月にNTT持株会社からNTTドコモの副社長に就任していた。井伊氏は澤田純NTT社長の懐刀といわれている。

* **…公表されました**　https://www.nttdocomo.co.jp/charge/5g-gigaho-premier/

5Gギガホプレミアの料金（図4.15.1）

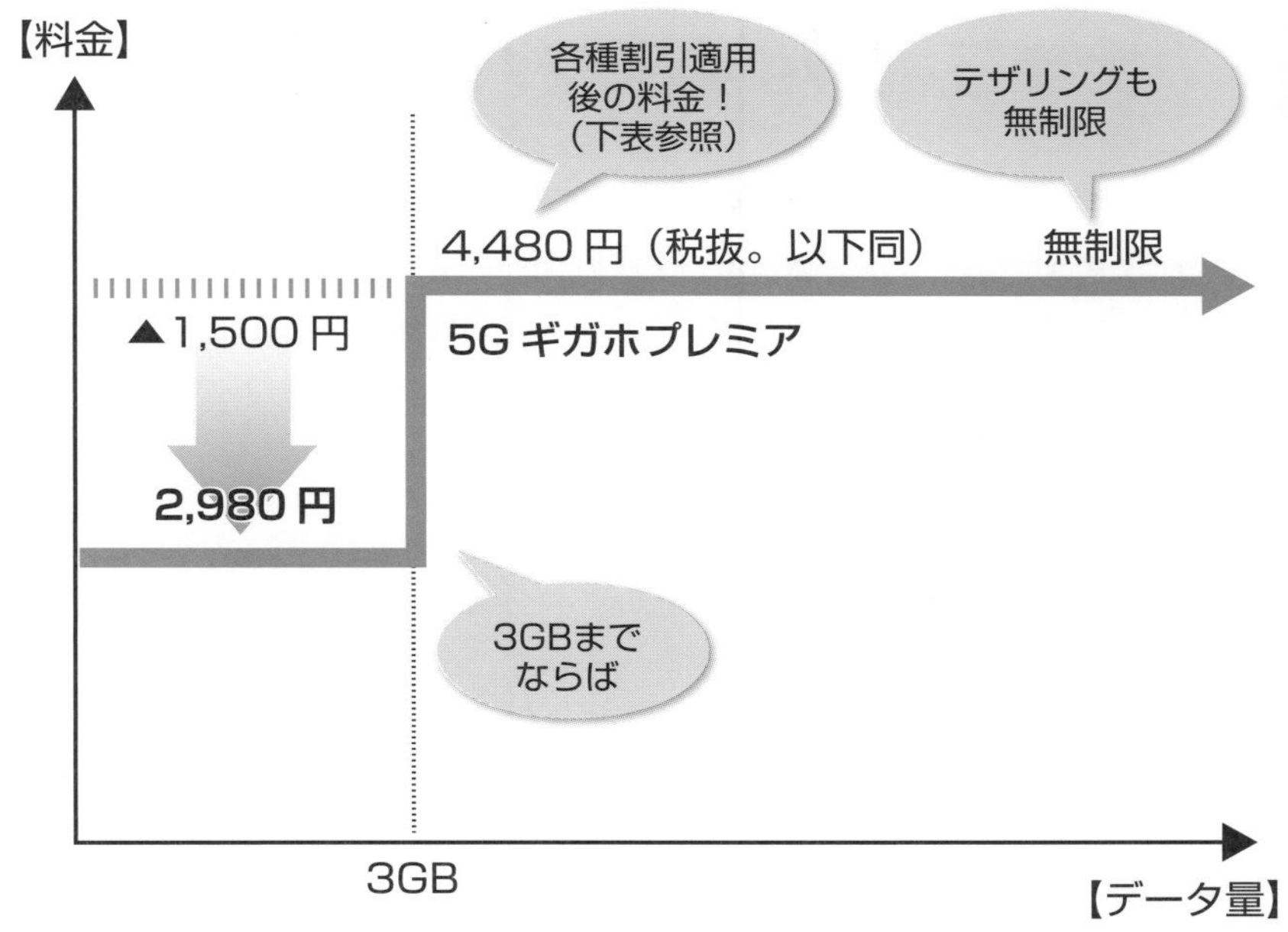

※「みんなドコモ割（3回線以上）」「dカードお支払割」および「ドコモ光セット割」適用後の料金です。
※表記の金額はすべて税抜です。

【割引適用前・割引適用後料金】

適用プラン	（現行プラン）5Gギガホ		（新プラン）5Gギガホ プレミア	
利用可能データ量	100GB		無制限	～3GB
各種割引適用前の料金	7,650円	➡	6,650円	5,150円
みんなドコモ割3回線以上	-1,000円	➡	-1,000円	-1,000円
ドコモ光セット割	-1,000円	➡	-1,000円	-1,000円
dカードお支払割	-170円	➡	-170円	-170円
お支払料金	5,480円	➡	4,480円	2,980円

出典：NTT ドコモのホームページを基に作成

用語解説

＊**FTTHを無用化**　あくまでもアクセス回線であって、バックボーン回線の光回線ではない。

column

大手三社 vs 楽天モバイルの行方は

●ahamo VS Rakuten UN-LIMIT V

NTTドコモの「ahamo」、楽天モバイルの「Rakuten UN-LIMIT V」、いずれも月額2,980円です。ソフトバンク、auも同様のサービスを提供するとアナウンスしました。ここでは、アハモと楽天のサービスに絞り込んで考えてみましょう。一体どちらの方が得なのでしょうか。

まず、通信品質やサービス提供範囲が「両社とも同等」だと仮定しましょう。

品質や提供範囲が同等ならば、お得なのは明らかに楽天モバイルのサービスです。すでに述べてきたように、楽天モバイルのサービスだと、家庭に引き込んでいるFTTHを無用にできるからです。

これに対してアハモの場合、同サービスとは別にFTTHなどの固定回線を自宅に引き込まなければなりません(もちろん20GBもデータ通信をしないのならその限りではありませんが)。つまりアハモの2,980円と同時に、固定回線の費用が必要となり、結果、楽天モバイルのサービスよりそのぶんが割高になるわけです。

●5Gギガホプレミア VS Rakuten UN-LIMIT V

家庭に固定回線を引きたくない場合、「Rakuten UN-LIMIT V」に対抗するNTTドコモの商品は「5Gギガホプレミア」になるでしょう。しかし、こちらの価格は6,650円、割引後でも4,480円となっており、やはり楽天モバイルが断然お得ということになります。

もっとも、楽天モバイルの将来が光り輝いているかというと、そうとも限りません。ソフトバンク、auとも対抗商品を出し、競争は激しさを増しています。また、先着300万名限定で、契約から一年間を無料にする楽天モバイルのキャンペーンは、20年12月時点でまだ160万名程度にしか達していない模様でした。おそらく利用者にはサービスエリアやサービス品質に対する懸念があるのでしょう。現状では、楽天モバイルのエリアや品質が、先行企業と同等と考えるのにはいささか無理があります。

楽天モバイルが今後利用者を増やすには、他社と競争すると同時に、早急に自社のインフラを整備し、信頼あるサービスを届ける必要があります。しかしこれは一朝一夕でいかない難事です。

5Gの顧客争奪戦はどのような展開を見せるのでしょうか。

第5章

固定通信業界の現状と最新動向

　いま固定通信が大きな変化を遂げようとしています。キーワードは加入電話のメタルIP電話化でしょう。これにより日本の固定電話はオールIPが主流となります。その先にはアクセス回線がオール無線化する未来が控えています。本章では固定系通信を取り巻くこれらの動向について解説したいと思います。

1

多様化する電話の種類

固定通信の柱の一つに加入電話があります。加入電話とは、NTTが提供するアナログ電話およびISDNを指します。一方、現在では直収電話やCATV電話、0ABJ番号型IP電話との違いが曖昧になっています。一口に電話といっても様々です。

加入電話からIP電話まで

従来、**加入電話**とは、NTTから電話加入権を購入した電話を意味し、いわゆるアナログ電話およびデジタル統合サービス網（**ISDN***）を用いた電話がこれに相当しました。

現在、この加入電話に加え、多様な形態の固定電話が存在します。

●直収電話

NTT東日本・西日本以外の通信事業者が提供する0ABJ番号型の固定電話のことです。代表的な直収電話としては、KDDIのケーブルプラス電話やソフトバンクのおとくラインなどがあります。

●CATV電話

ケーブルテレビ回線を利用した電話で、ケーブルテレビ事業者が提供します。近年はIP電話に置き換わり、加入者数は減少しています。

●IP電話

インターネット・プロトコルを用いた電話サービスのことで、一般的にIP電話と呼ばれています。IP電話には、番号が050から始まる、やや品質の劣る**050番号型IP電話**と、一般的な電話番号が利用できる高音質の0ABJ番号型IP電話とがあります。後者の0ABJ型IP電話は加入者を増やしつつあります。

このように一口に電話といっても様々な種類があることをまず念頭に置いておきたいものです。

用語解説

* **ISDN**　Integrated Services Digital Networkの略。NTTでは1977年からINSネット64や1500の商品名でサービスを提供してきた。一時は次世代の通信インフラとして期待されたが、ブロードバンドの進展で急速に存在感が薄くなった。

一口に電話といっても（図5.1.1）

加入電話

●本来はNTTが提供するアナログ固定電話とISDNを指す。
●これらをまとめて一般加入電話と呼ぶこともある。

ISDN

●Integrated Services Digital Networkの略でデジタル統合サービス網ともいう。
●NTTでは、1977年から「INSネット64」や「INSネット1500」の商品名でサービスを提供してきた。一時は次世代の通信インフラとして期待されたが、FTTHなどの進展であまり顧みられなくなった。

直収電話

●NTT東日本・西日本以外の通信事業者が提供する電話のこと。
●KDDIのケーブルプラス電話やソフトバンクのおとくラインなどがある。

CATV電話

●ケーブルテレビ回線を利用した電話の総称。
●ケーブルテレビ事業者が提供するもので、近年はIP電話に置き換わり、加入者数は減少している。

IP電話

●インターネット・プロトコルを用いた電話サービスのこと。
●番号が050から始まる050番号型IP電話と、一般的な電話番号が利用できる0ABJ番号型IP電話とがある。

一口に電話といってもその種類は多様だ

2 減少著しい固定電話

固定電話の加入者数は長期的に減少しており、二〇年六月には五三四三万件になりました。中でもNTT東西の加入電話の減少が著しく、一三年度にIP電話の利用者数を下回りました。

加入電話はピーク時の約四分の一

図5・2・1は、総務省が電気通信事業分野の競争状況について四半期ごとに公表しているデータをもとに見た**固定電話**の契約数の推移*です。

固定電話の契約数は九七年度末が六二八五万件でピークでした。その後、漸減傾向が続き〇四年度末には六〇〇〇万加入を割り込みます。そして、一五年度（一六年三月期）末には五六〇〇万件を割り、最新の二〇年六月のデータでは**五三四三万件**にまで減少しています。

中でもＮＴＴの**加入電話**の落ち込みは大きく、〇三年度末に六〇〇〇万件を割り込むと、その二年後の、〇五年度末には五四二五万件となり、たった二年間で五〇〇万件強の減少となりました。さらに、一二年度末には三〇〇〇万件、一七年度末には二〇〇〇万件を割り、二〇年六月時点では**一六六三万件**となっています。ＮＴＴでは二五年頃に加入電話設備の維持が限界に達すると公表しています（1-9節）。

急激に進展する0ABJ番号型IP電話

かつて一定の加入者を集めた**直収電話**や**CATV電話**も漸減傾向にあります。ＣＡＴＶ電話については一七年度以降、統計の対象から外されました。

一方、飛躍的に伸びているのが０ＡＢＪ番号型ＩＰ電話です。一一年度には二〇〇〇万加入を超え、一三年度は二六五〇万加入となるばかりか、とうとう加入電話の契約数も上回りました。二〇年六月末は**三五二九万加入**でした。

用語解説

*…**固定電話の契約数の推移**　ここでの固定電話は、NTT加入電話（ISDN含む）、直収電話、CATV電話、0ABJ番号型IP電話の合計を指す。

固定電話契約数の推移（図 5.2.1）

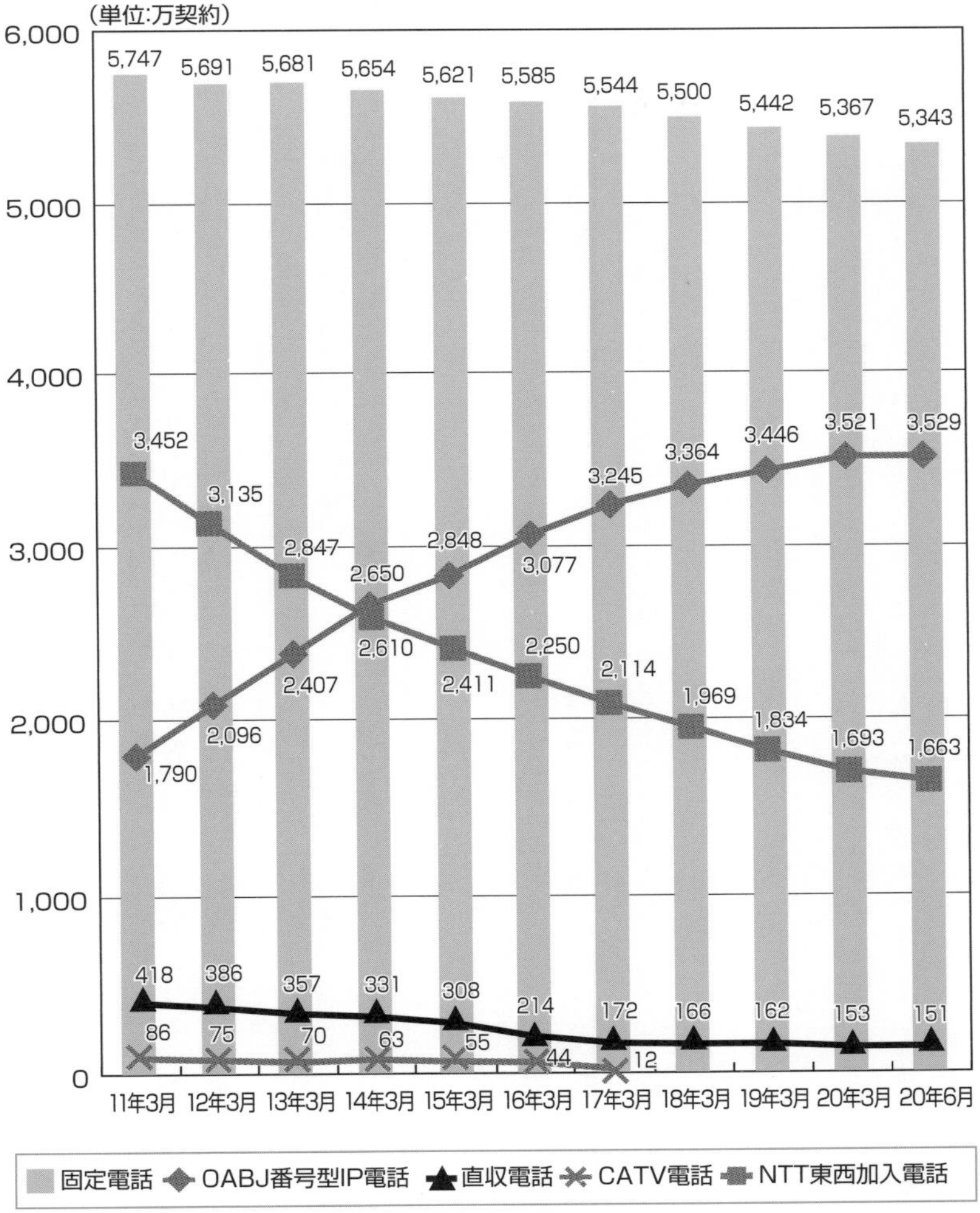

注1：固定電話とは、NTT東西加入電話（ISDNを含む）、直収電話（直加入、新型直収、直収ISDNの合計）0ABJ番号型IP電話、CATV電話をいう。
注2：0ABJ番号型IP電話は、利用番号数をもって契約数とみなしている。
注3：各契約数は四捨五入を行っているため、合計値が合わない場合がある。
注4：2014年3月以前の数値は「電気通信サービスの契約数及びシェアに関する四半期データの公表」（平成28年度第4四半期）を用いた。

出典：総務省「電気通信サービスの契約数及びシェアに関する四半期データの公表」令和2年度第1四半期（6月末）、平成28年度第4四半期を基に作成

3

二種類ある「IP電話」

インターネットで標準的に用いられている通信規約IPを利用した電話をIP電話と呼びます。従来の加入電話が契約数を減らしているのに対して、IP電話の契約者数は急増しています。

いまや固定電話の定番、IP電話

すでに述べたように、**IP***とは、インターネットで用いられている通信規約の一つであるインターネット・プロトコルのことです。そして、通信手法にこのIPを利用した電話のことを**IP電話**と呼びます。

IP電話では従来の電話網で用いた電話交換機を用いません。サーバーとルーターがその代わりになります。電話交換機を使わないぶん、ネットワークの構築費が廉価になるという特徴があります。

日本で本格的にIP電話のサービスが始まったのは、ADSL*が普及して間もない〇二年頃*で、当初は、電話番号に050番を付けた**050番号型IP電話**というタイプが一般的でした。同サービスは、提携するプロバイダー間での通話が無料という特徴を持ちますが、緊急通報を利用できない、音声品質がやや劣る、などのデメリットがありました。

その後、**FTTH***が普及するに従って、通常の電話と同じ電話番号を利用する**0ABJ番号型IP電話**が登場しました。こちらは加入電話と同等の音声品質を実現し、緊急通報にも対応しています。二〇年六月末時点で、〇五〇番号型は**九〇一万契約**になっています。これに0ABJ型の**三五二九万契約**を加えると、IP電話はトータルで**四四三〇万契約**になります。

ちなみに、総務省の統計では、固定電話の中に〇五〇番号型IP電話を含めていません(5-2節)。〇五〇番号型を加えるとIP電話の数はさらに増えることがわかると思います。

用語解説

* **IP**　Internet Protocolの略。

* **ADSL**　Asymmetric Digital Subscriber Lineの略。デジタル加入者線の一種で、高速インターネット接続が可能。

IP電話の利用番号数の推移（図5.3.1）

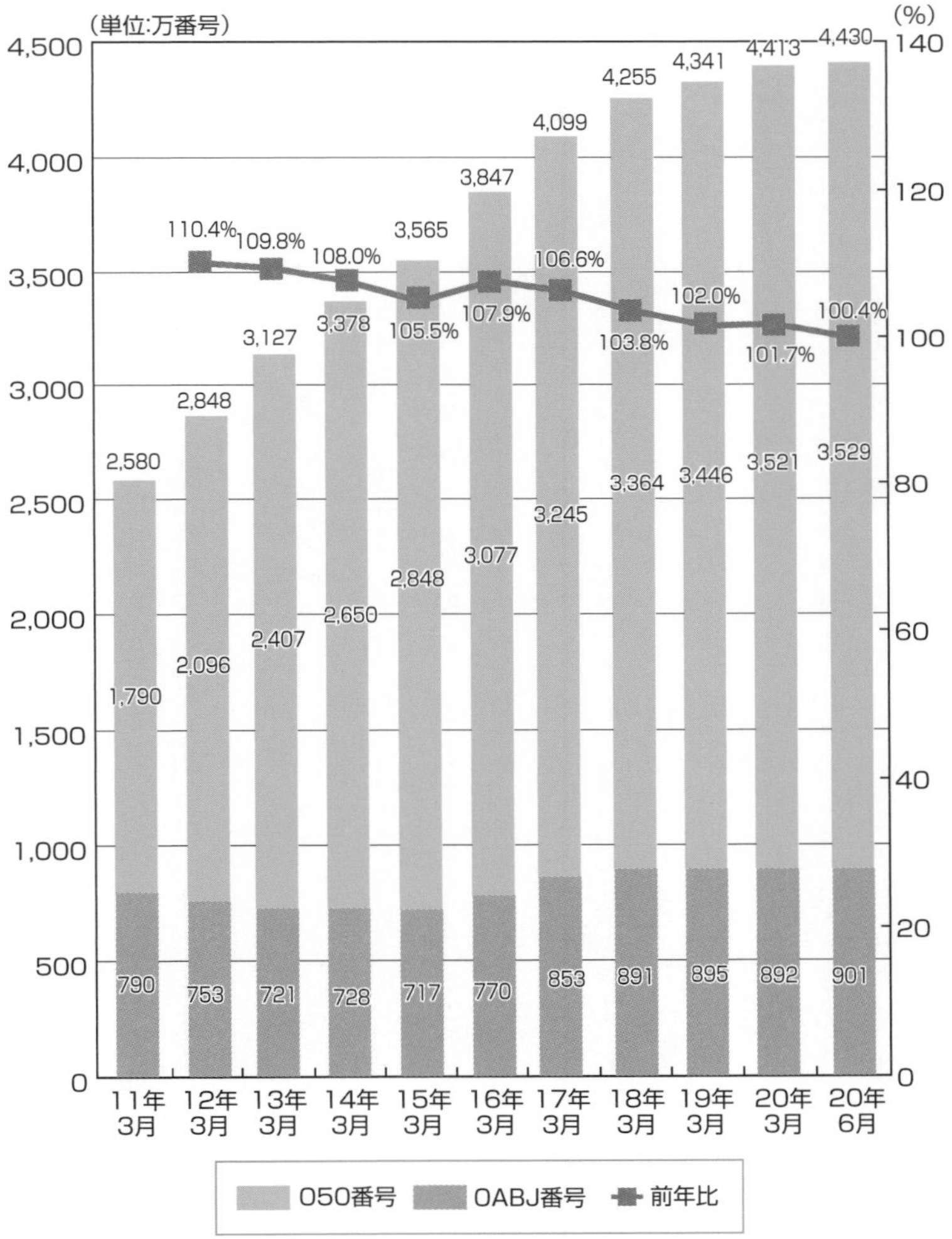

出典：総務省「電気通信サービスの契約数及びシェアに関する四半期データの公表」
（令和2年年度第1四半期、平成28年度第4四半期）

※2014年3月以前の数値は「電気通信サービスの契約数及びシェアに関する四半期データの公表」（平成28年度第4四半期）を用いた

用語解説

* **02年頃**　この年に、ソフトバンクBBがBBフォンの商用サービスを始めている。
* **FTTH**　Fiber to the Homeの略。単に光回線などとも呼ぶ。

メタルIP電話と破壊的イノベーション 4

1-9節で述べたように、NTT東西では維持が困難なことから、二〇二五年までに加入電話を廃止して、メタルケーブルを利用したメタルIP電話へ移行する考えを明らかにしています。

現実化した破壊的イノベーション

ＮＴＴ東西などが提供する**0ABJ型IP電話**（5-3節）はＦＴＴＨを利用しています。一方、従来の**加入電話**はメタルケーブル（銅線）を使用しています。このネットワークをＦＴＴＨに一挙に置き換えるのは困難なため、ＮＴＴ東西では加入電話廃止後も既存のメタルケーブルを利用して**メタルIP電話**を提供する予定です（1-9節）。メタルＩＰ電話の登場により、固定電話の大部分がＩＰ電話に置き換わります（図5・4・1）。

アメリカの経営学者クレイトン・クリステンセンは、性能は低いものの価格が安い技術を**破壊的技術**と位置づけました。破壊的技術はその特徴から、当初は主流市場からはずれた周辺市場で利用されます。ところが、周辺市場での利用が進むと、破壊的技術は短期間で洗練され、価格は安いままなのに、高い性能を得るようになります。その結果、主流市場でもこの破壊的技術による製品が利用されるようになり、やがて旧製品にとって変わります。クリステンセンはこのような状況を**破壊的イノベーション***と呼びました。

一方、一九九〇年代半ばに実用化されたＩＰ電話は当初**VoIP***と呼ばれていました。音声品質が悪く、接続にも手間がかかりましたが、インターネットを使用するため通話料はかかりません。つまりＶｏＩＰは破壊的技術だったわけです。その後、ＶｏＩＰは内線電話や市外通話に利用され、とうとう加入電話を淘汰するまでになりました。「ＶｏＩＰ＝ＩＰ電話」はまさに破壊的イノベーションを巻き起こしたのです。

用語解説

* **破壊的イノベーション**　disruptive innovation。そもそもイノベーションとは破壊的なものなので、「秩序を乱すイノベーション」と表現するほうがふさわしい。

* **VoIP**　Voice over Internet Protocolの略。

メタルIP電話への移行イメージ（図5.4.1）

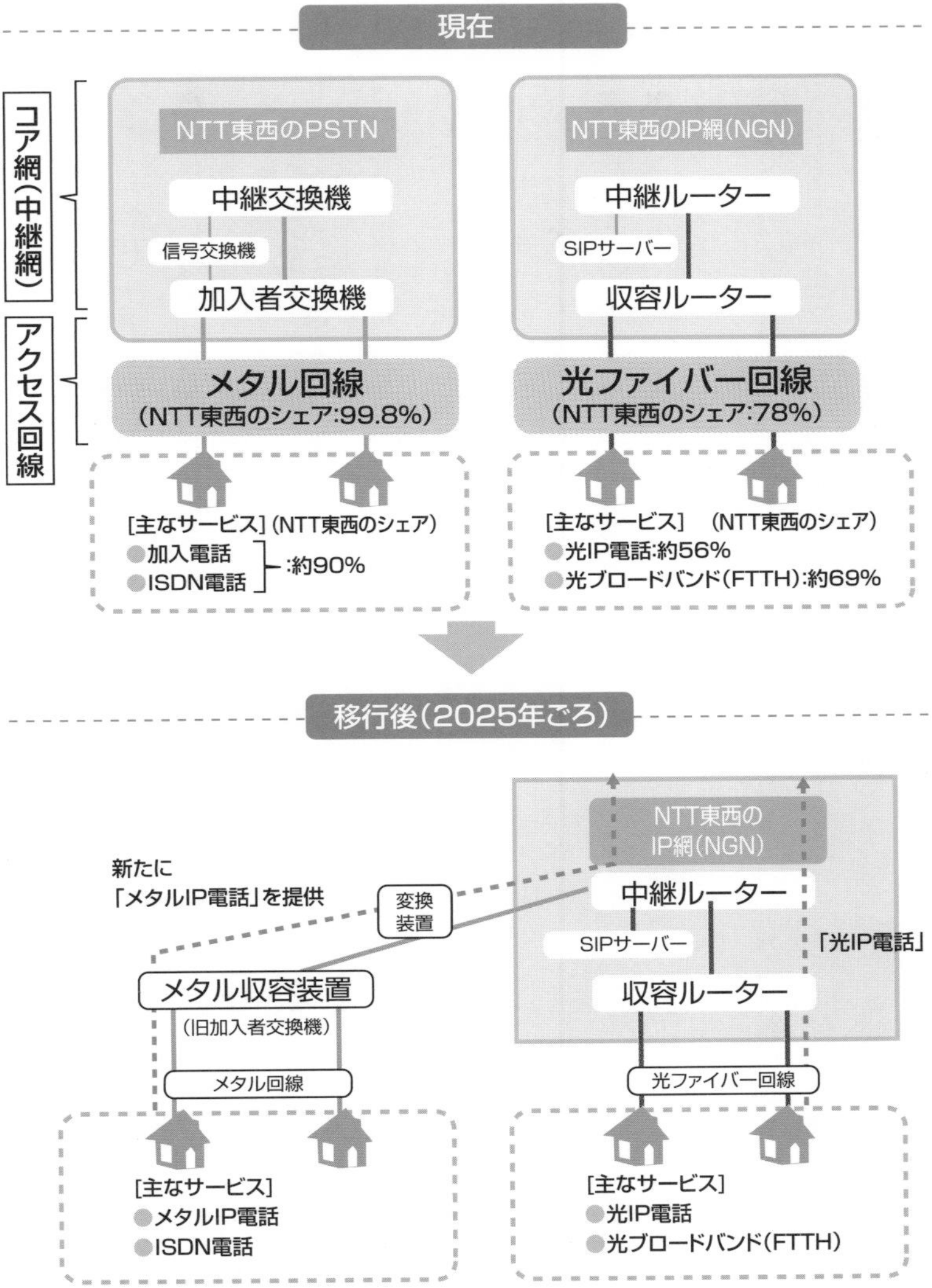

NTTは、「アクセス回線」については、「メタル回線」を維持し、加入者交換機を「メタル収容装置」として利用することを表明

出典：情報通信審議会「固定電話網の円滑な移行の在り方
　　　一次答申～移行後のIP網のあるべき姿～〈概要〉」を基に作成

5 なぜFTTHではなくメタルIP電話なのか

FTTHが普及する中、なぜメタルケーブルを温存してメタルIP電話を提供するのか、という疑問が頭をよぎります。これにはやはり理由があります。

過渡期に生じる典型的な現象

総務省やNTT東西にとって**メタルIP電話**への移行には苦渋の決断があったように思います。今後の情報通信を考えた場合、固定通信網は**FTTH**の利用が既定路線です。ですからメタルケーブル（銅線）を使用する従来の加入電話を、FTTHを使用する**0ABJ番号型IP電話**へ一挙に置き換えたいというのが、サービスを提供する当事者の思いではないでしょうか。

しかしながら、0ABJ番号型IP電話は一般にFTTHのブロードバンド（5-6節）によるインターネット接続とセットで提供されています。この場合、月々の基本料は五二〇〇円程度になります（FTTHが四七〇〇円、光IP電話が五〇〇円*）。

これに対して加入電話の基本料金は月額一七〇〇円程度です。ネットワークをメタルケーブルからFTTHに置き換えると、この差額料金の負担を利用者に強制することになります。こうして既存のメタルケーブルは残し、通信手法のみをIPに変更するメタルIP電話が登場したわけです。

ところで、2-1節やコラムでふれた**腕木通信**が、電信に置き換わる過渡期に、**腕木式電信機***が現れました。これは腕木通信が電信に置き換わることで、腕木通信に従事していた通信士の職が無くなるため、彼らの技術を生かせるようフランス政府がとった措置です。しかし短期間で腕木通信型の電信機は姿を消し、**モールス電信機**に置き換わりました。メタルIP電話も腕木通信型電信機と同じ道を歩むのかもしれません*。

用語解説

* **…が500円**　NTT東日本のフレッツ光でFTTHは戸建ての定額プラン、IP電話は基本プランの場合。プロバイダー料金は別。

* **腕木式電信機**　電気通信で2本の腕木を動かして信号を送信する。1845年に開発されたが1855年までになくなっている。正式名称を**フォア・ブレゲ電信機**と呼ぶ。

メタルIP電話移行の検討スケジュール（図5.5.1）

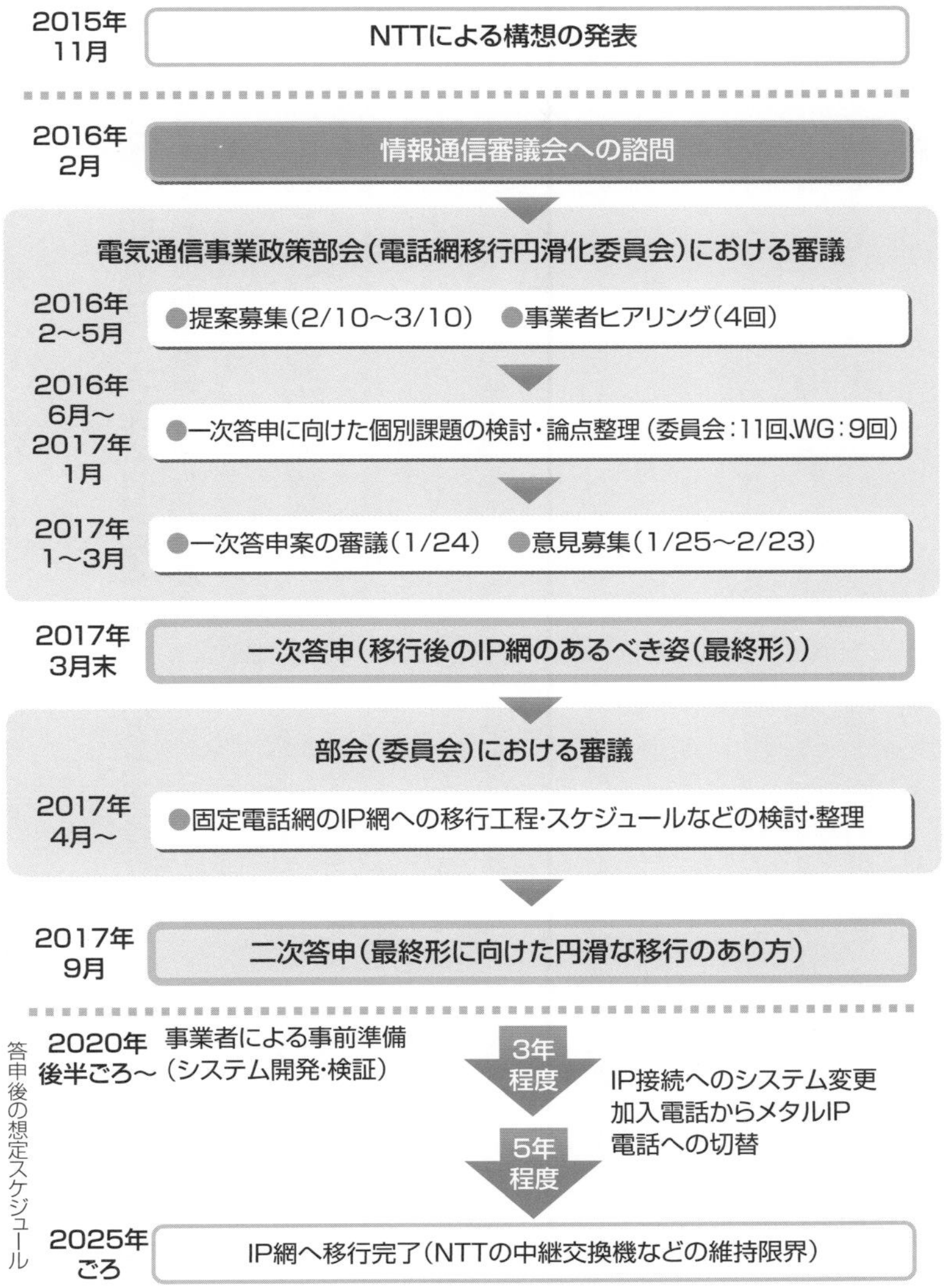

出典：情報通信審議会「固定電話網の円滑な移行の在り方
一次答申～移行後のIP網のあるべき姿～〈概要〉」を基に作成

用語解説

＊…**歩むのかもしれません**　情報通信審議会もメタルIP電話をFTTHに直ちに移行できない利用者に対する補完的措置として位置付けている。

6 緩やかに伸び続ける固定ブロードバンド

ブロードバンド利用件数は、二〇年六月末時点で二億六九七三万件、うち固定系ブロードバンドは四一五七万件となり、いまだに利用者を増やしています。

固定系ブロードバンド契約者数は四一五七万件

ブロードバンドとは、高速回線を用いたインターネット接続サービスです。図5・6・1は、無線通信も含めた高速ブロードバンドの契約件数の推移を見たものです。一一年三月末時点のブロードバンド契約件数は三四九三万件でした。それがほぼ一〇年後の二〇年六月末時点では**二億六九七三万件**になっています。

また、そのうち固定系ブロードバンドの契約数*を見ると**四一五七万件**になりました。無線通信に比較してブロードバンドでも固定系は劣勢の立場です。

なお、ブロードバンドには超高速ブロードバンドと呼ばれるものがあります。これは通信速度が三〇Mbps以上を指しており、FTTHとケーブル(CATV)・インターネットの一部が含まれます。二〇年六月末時点、超高速ブロードバンドの利用者は**三八二二万件**で、うちFTTHが三三五八万件、ケーブルテレビ・インターネットが四五三万件となっています。

かつて固定系ブロードバンド契約数は、年間に三〇〇万件や四〇〇万件で増加した時期がありました。さすがにいまやそれほどの勢いはありませんが、それでも年間に九〇万件ほど増加しているのが現状です。

ちなみに、国内のブロードバンド利用可能世帯率は一〇〇%です。また、FTTHなどの超高速ブロードバンドに限っても、利用可能世帯率は九九・八%にも上ります。総務省によると、日本のブロードバンド環境は速度と料金を総合すると世界最高水準にあるといいます。

用語解説

*…**契約数**　固定派ブロードバンド、FTTH、ケーブルテレビ・インターネット、DSLの合計を指す。

ブロードバンド契約者数の推移（図5.6.1）

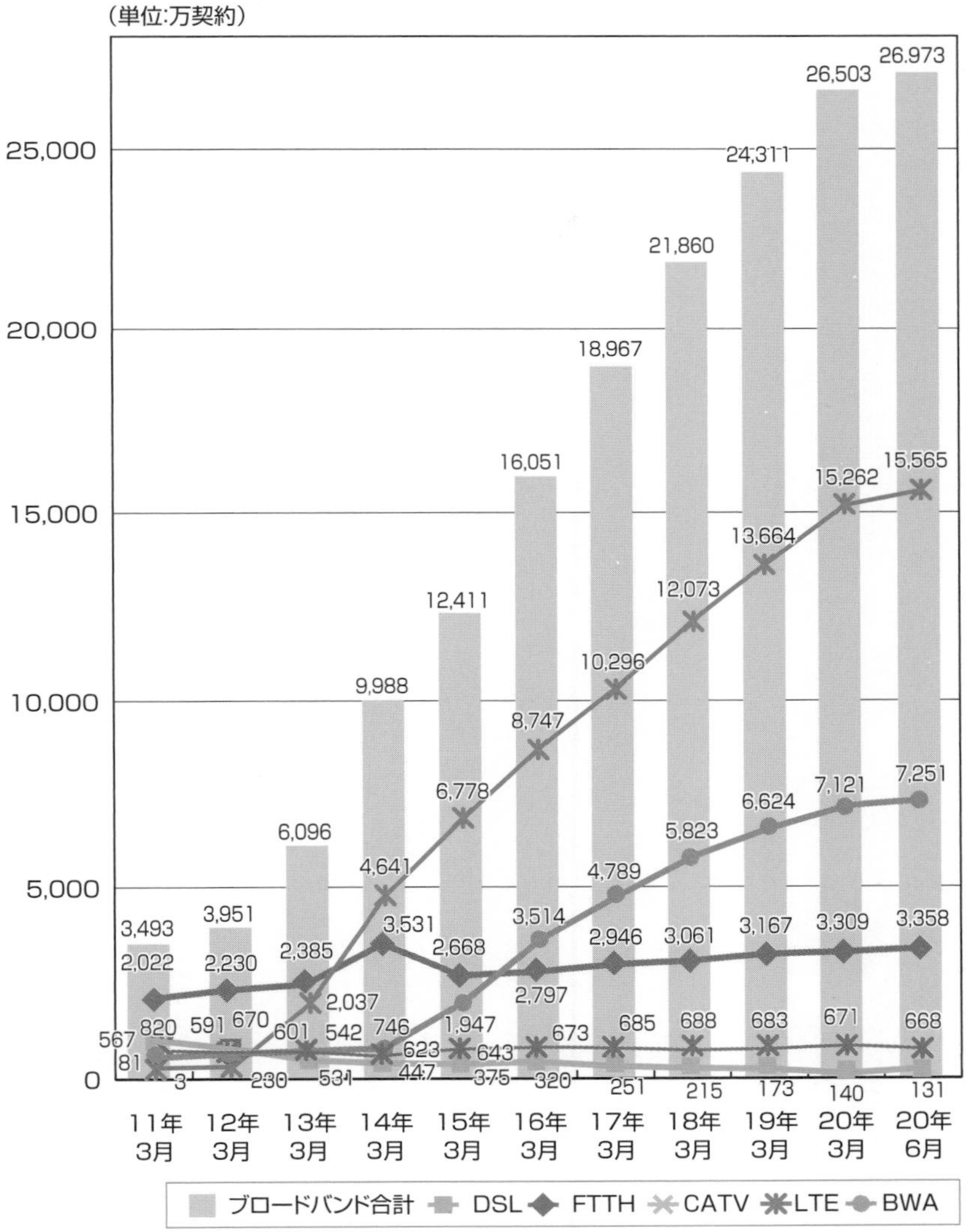

出典：総務省「電気通信サービスの契約数及びシェアに関する四半期データの公表」（令和2年度第1四半期、平成28年度第4四半期）

※2014年3月以前の数値は「電気通信サービスの契約数及びシェアに関する四半期データの公表」（平成28年度第4四半期）を用いた

7 光コラボが好調なNTT東西

FTTH市場ではNTT東西が存在感を見せつけており市場シェアは六五・二%となっています。また、NTT東西が光回線を卸販売する光コラボレーションモデルも順調に伸びています。

FTTHで圧倒的なパワーを見せつける

前節でも見たように、国内の固定ブロードバンド契約者数は二〇年六月末時点で四一五七万になりました。そのうち**FTTH**の契約者数は**三三五八万**に達しています（図5・7・1）。一方、事業者別のFTTH市場シェアを見ると、NTT東日本が三六・九%、NTT西日本が二八・三%と、両社合わせて**六五・二%**＊ものシェアを誇っています（図5・7・2）。巨人NTTに続くKDDIの市場シェアはわずか一二・九%で、これに関西圏では一定の知名度を得ているオプテージが四・六%で続いています。

なお、グラフをよく見ると、NTT東西双方とも「卸」という項目があります。これは一五年二月から始まった、両社の所有する光回線を卸売りする**光コラボレーションモデル**の割合を示しています。これによりドコモなどの移動通信事業者らが、移動通信サービスと光回線をセットで販売できるようになりました。

現在、NTTドコモは**ドコモ光**、ソフトバンクは**ソフトバンク光**という名称でサービスを展開しています。もともと移動通信と固定回線のセット販売は、傘下にケーブルテレビ会社をもつａｕが得意としていた分野でしたから、同社にとっては痛手だったでしょう。

二〇年六月末時点では、NTT東西のFTTH契約数は二一九二万で、そのうちの**六五・〇%**の**一四二六万契約**が光コラボ契約でした（図5・7・3）。このように光コラボがFTTH契約者数を押し上げているのがわかります。

用語解説

＊**65.2%**　卸販売（光コラボレーションモデル）も合わせた数字。

FTTH契約数の推移（図5.7.1）

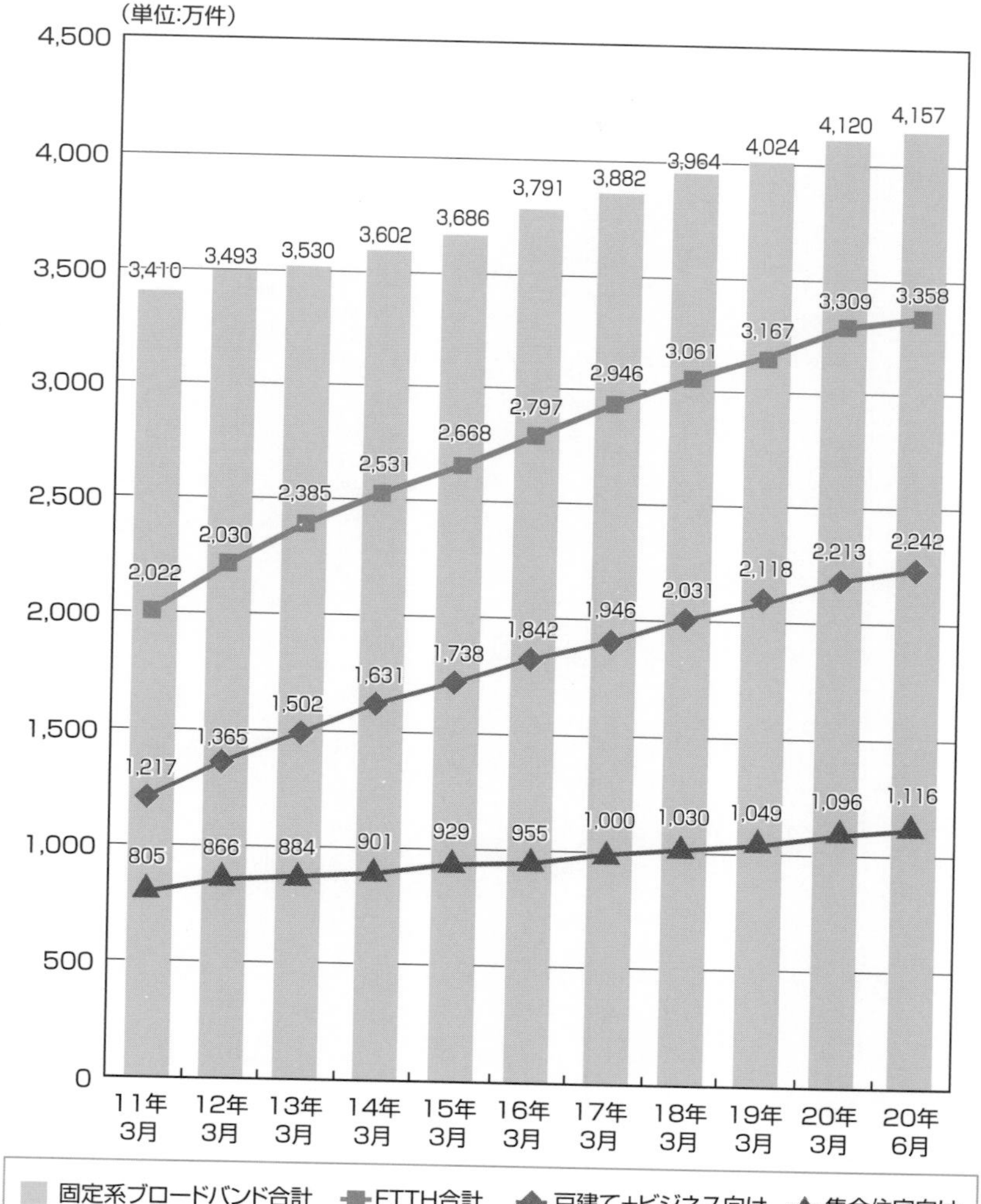

出典：総務省「電気通信サービスの契約数及びシェアに関する四半期データの公表」
（令和2年度第1四半期、平成28年度第4四半期）
※2014年3月以前の数値は「電気通信サービスの契約数及びシェアに関する
四半期データの公表」（平成28年度第4四半期）を用いた

FTTHの契約数における事業者別シェアの推移（図5.7.2）

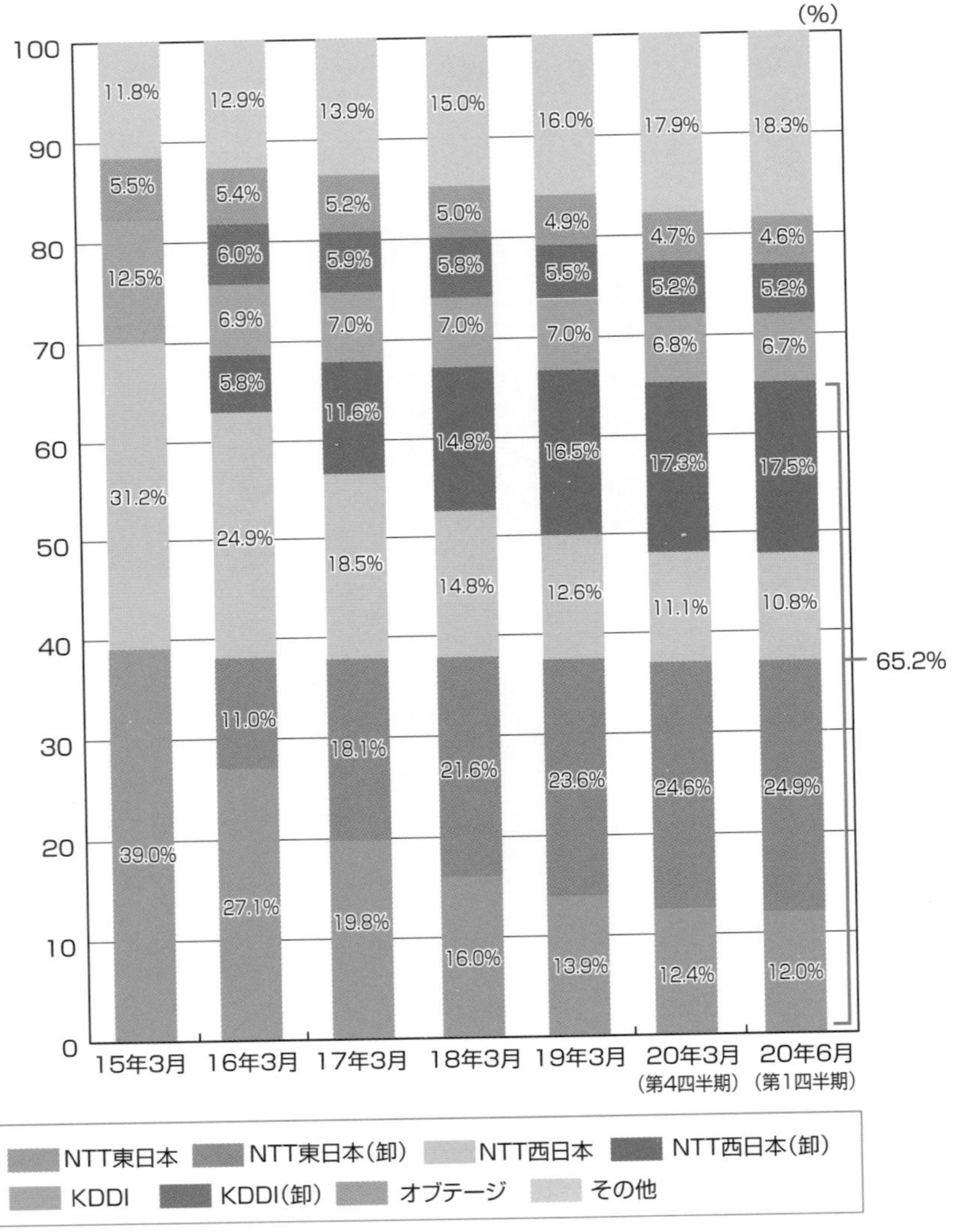

出典：総務省「電気通信サービスの契約数及びシェアに関する四半期データの公表（令和2年度第1四半期）」

FTTH契約数の事業者別シェアの推移（図5.7.3）

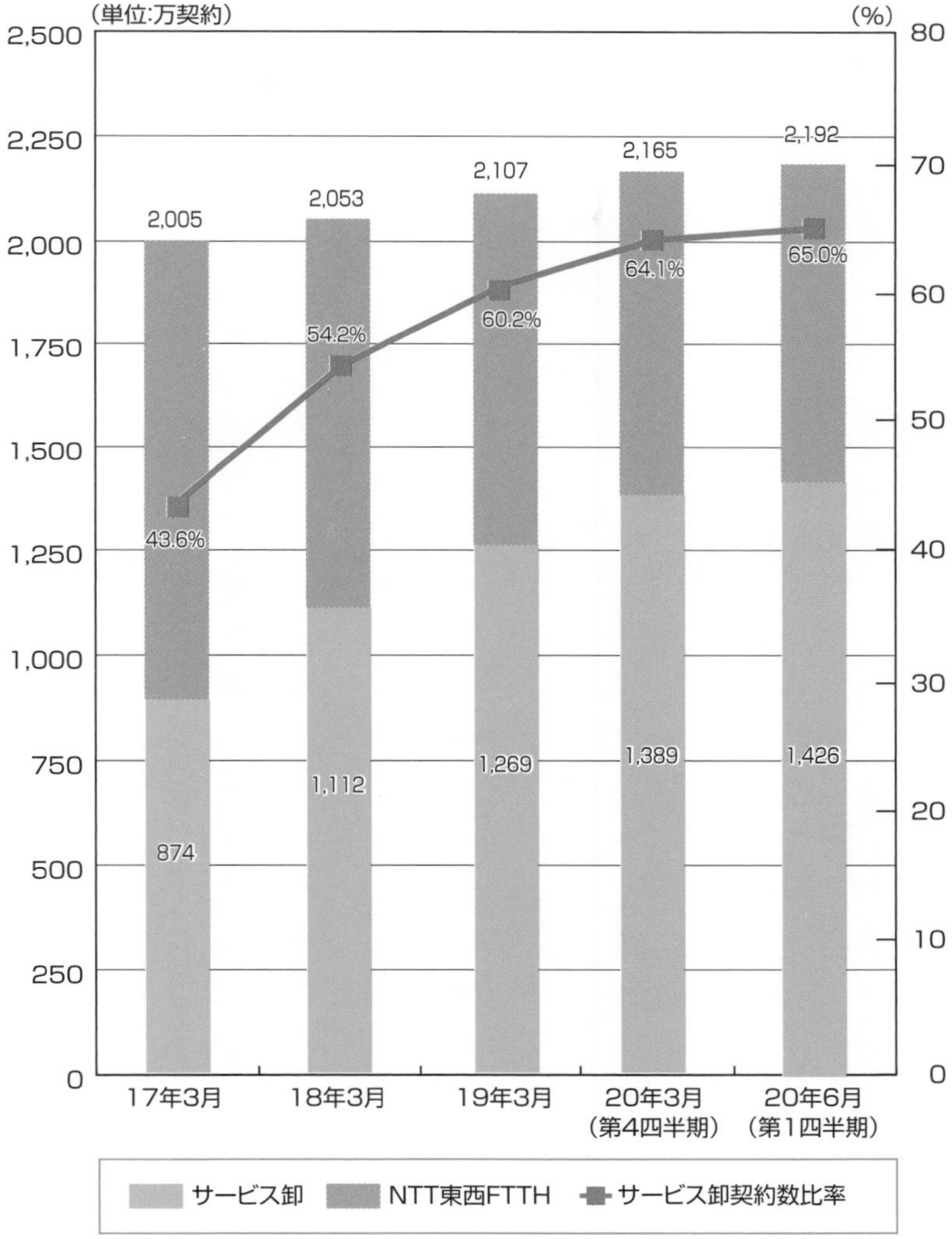

出典：総務省「電気通信サービスの契約数及びシェアに関する四半期データの公表（令和2年度第1四半期）」

8 NTT東日本と西日本の経営状況

前節で見たように、FTTHで圧倒的な力を見せるNTT東日本とNTT西日本ですが、では、その経営状況はどのようになっているのでしょうか。その概要を確認しておきたいと思います。

経営内容が大幅改善したNTT東西

FTTHで圧倒的な存在感を示すNTT東日本とNTT西日本について、グループ内の他の企業と比較してみましょう(図5・8・1)。

まず、グループ内で突出した営業収益と営業利益を叩き出しているのがNTTドコモです。一九年度の営業収益は**四兆六五一三億円**、営業利益は**八五四七億円**、営業利益率は**一八・四%**と、他を圧倒する経営成績を達成しています*。

これに対してNTT東日本を見ると、営業収益が**一兆六七七一億円**、営業利益が**二五六〇億円**、営業利益率は**一五・三%**となっています。またNTT西日本は、営業収益が**一兆四三四三億円**、営業利益が**一三二一億円**、営業利益率は**九・二%**となっています。NTTドコモと比較すると、その経営内容は見劣りしますが、東西を合わせると営業収益が**三兆一一一四億円**、営業利益が**三八八二億円**、営業利益率は**一二・五%**と、いまだグループの大きな柱であることに変わりはありません。

また、グラフには示していませんが、中長期推移を見ると、NTT東西の営業収益は漸減傾向にあります。しかし例えば一三年三月期と比較すると、この間に営業利益率が飛躍的に改善しているのがわかります。NTT東日本が三・五%から一五・三%、NTT西日本が一・二%から九・二%へと急上昇しています。

これは**光コラボレーションモデル**(5-7節)の導入により、営業コストをかけずFTTH契約を獲得できた点が寄与していると考えられます。

用語解説

***…を達成しています** しかしながら前年比では営業利益が急落している(4-2節)。

NTTグループ主要企業の営業収益と営業利益・営業利益率（図5.8.1）

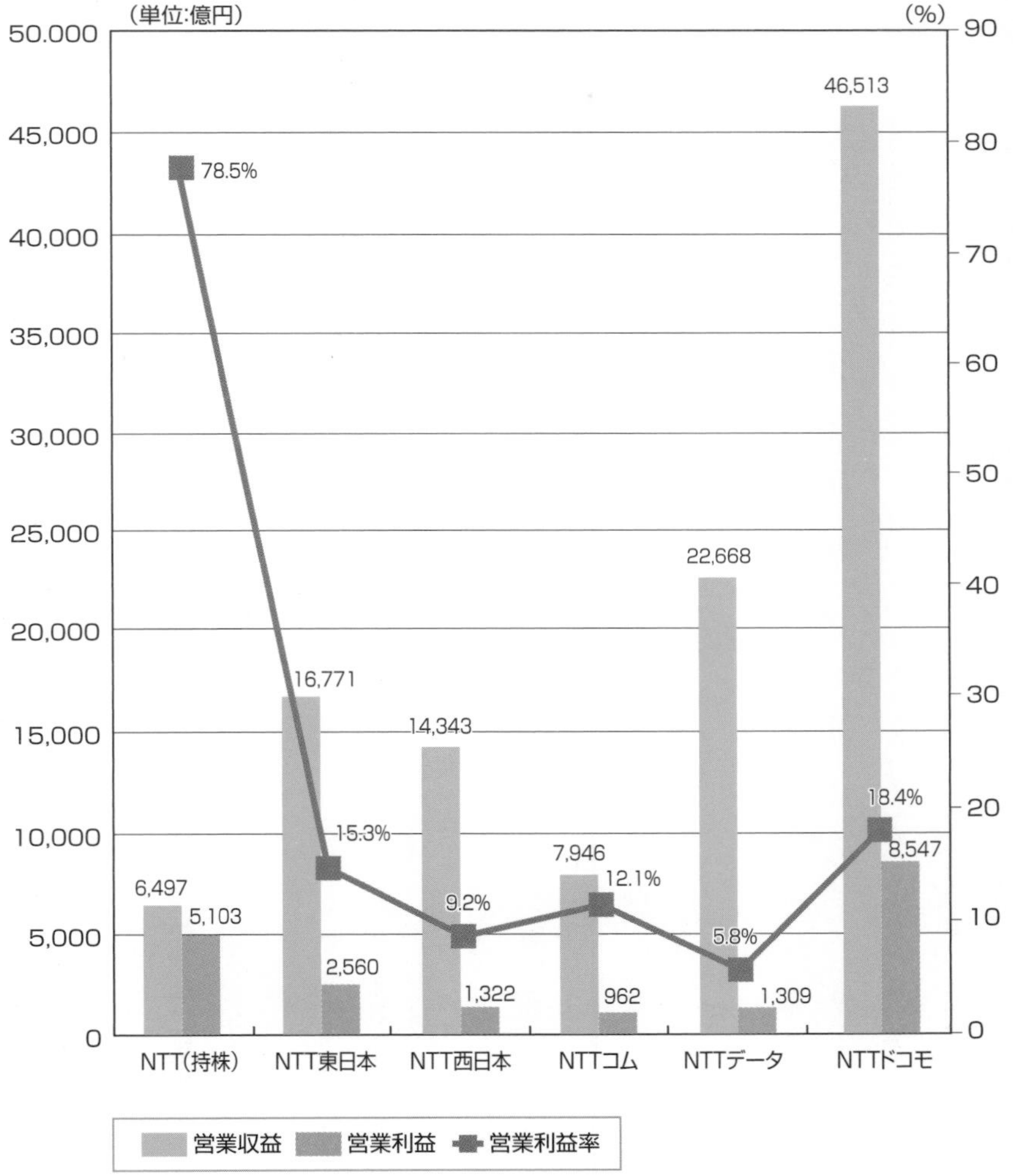

出典：NTTホームページ「グループ会社について」、「アニュアルレポート2020」を基に作成

9 ケーブルテレビの巨大MSO

日本でケーブルテレビがスタートしたのは、テレビ放送の本放送開始からわずか二年後の一九五五年です。現在では巨大MSOがケーブルテレビ市場に君臨しています。

ケーブルテレビの巨人ジェイコム

MSO＊とは多施設所有事業者とも呼ばれ、主に都市部で複数のケーブルテレビ局を統括・運営する事業者をいいます。日本最大のMSOは、関東や近畿などを中心に事業展開する**ジュピターテレコム**（J:COM／ジェイコム）です。同社は一三年にKDDIの連結子会社になりました。サービス加入世帯数は**五五五万世帯**（二〇年九月末）で、グループ内ケーブルテレビ局は全国に一一社七〇局を有しています。

ジェイコムではテレビ放送の再送信のほか、自主番組、多チャンネルテレビ、ケーブル・インターネット、ケーブル電話と、放送から通信までを提供しています。これを**フルサービス**と呼んでいます。

図5・9・1は、一三年度から一九年度にかけてのジュピターテレコムの加入世帯数の推移を見たものです。一三年度は三七四万七〇〇〇世帯だった契約世帯ですが、その後順調に伸び、一九年度は**五五三万六〇〇〇世帯**となっています。ただし、近年の契約数の伸びは鈍化しており、成長率は決して高くありません。

これに対して売上高の推移を見ると、契約世帯数以上に右肩上がりで推移しているのがわかります（図5・9・2）。特に一六年度は前年比三三％増という高い成長率を達成しています。

直近の一九年度の売上は**七八二一億円**、前年比で一〇三・四％となりました。契約数の成長率より高いのは、既存の契約者がより高付加価値のサービスを受ける傾向にあることを意味している模様です。

用語解説

＊**MSO**　Multiple Systems Operatorの略。

ジュピターテレコムの加入世帯数推移（図5.9.1）

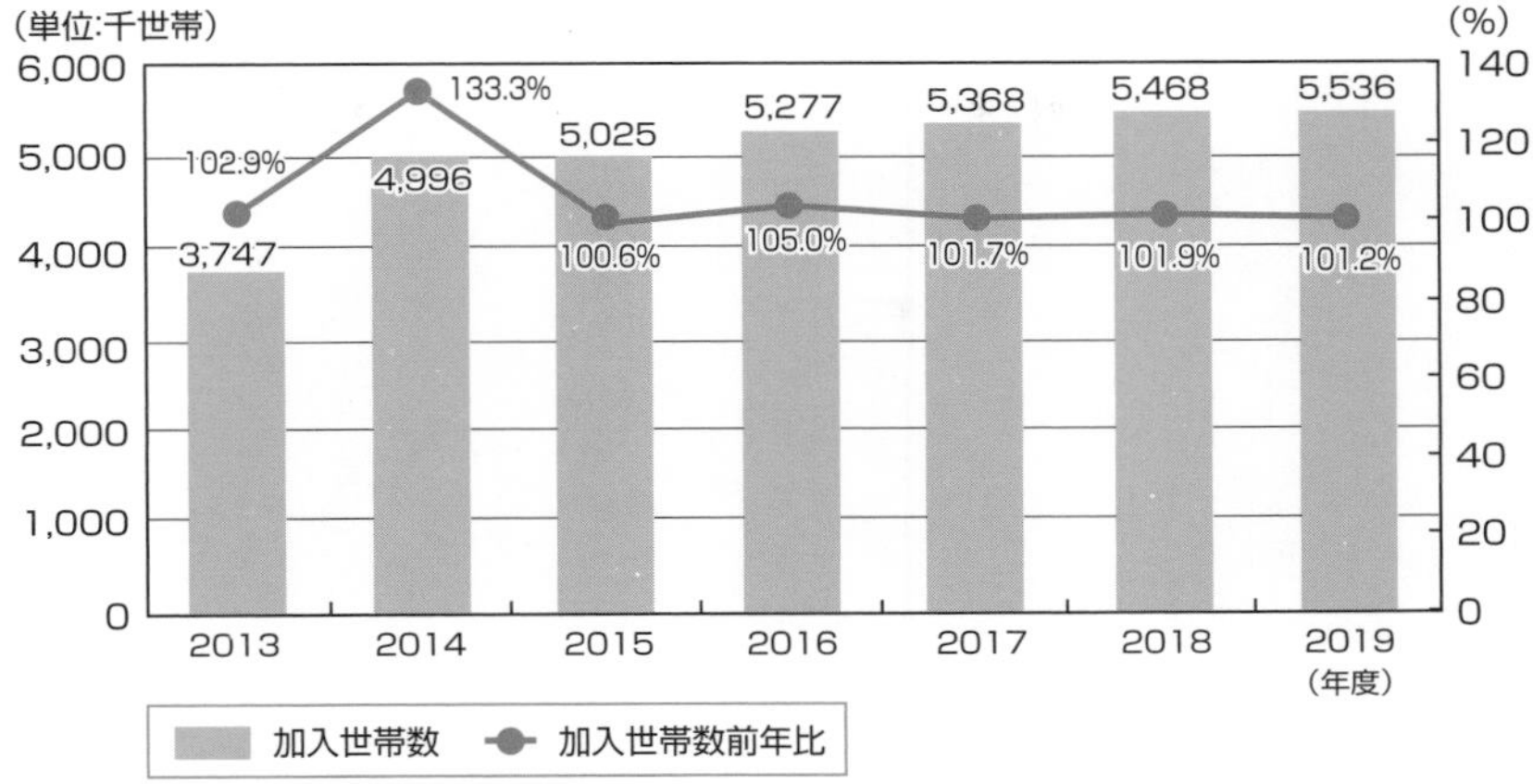

出典：ジェイコムのホームページ

ジュピターテレコムの売上高推移（図5.9.2）

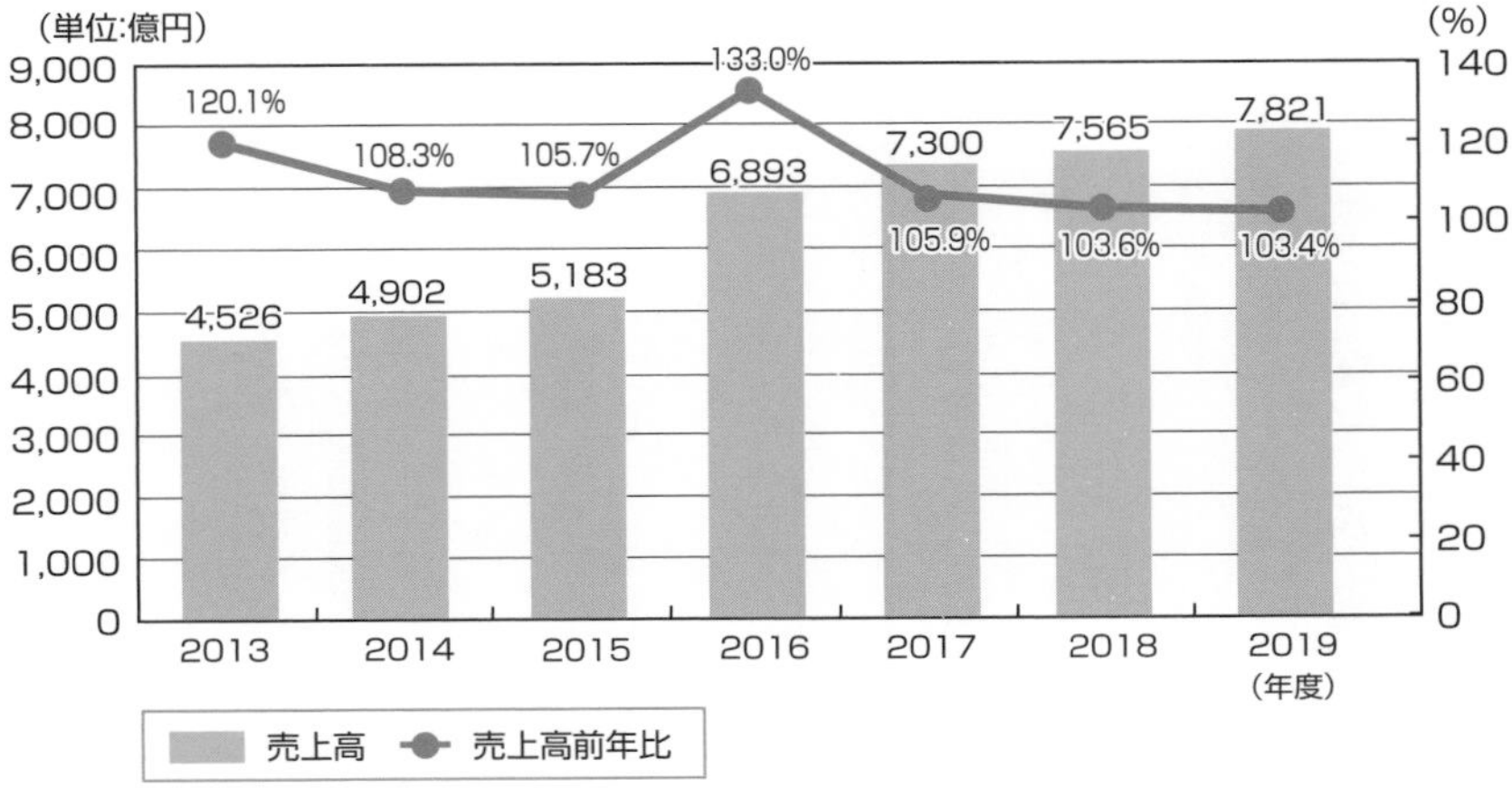

出典：ジェイコムのホームページ

10 アクセス回線の無線化が進む

移動通信の高速化、移動端末の高度化により、我々は固定と無線の境を意識することなく通信サービスを受けられるようになってきました。特にアクセス回線の無線化に向けてこれからの通信環境は大きく変化するのではないでしょうか。

すべて無線でまかなう

増大するインターネット・トラフィック、中でもインターネットへのメインアクセスがパソコンからスマホに置き換わり、また5Gの開始により、モバイル・データ・トラフィックが劇的に増大するでしょう。これは何を意味しているのでしょうか。

従来、インターネットにアクセスしようと思うと固定回線を利用するのが一般的でした。これは固定回線に比べて無線回線の通信性能が明らかに劣っていたからです。それが**LTE**の普及、さらにはパソコンと同等の性能を持つスマホの登場により、環境は大きく変わりました。固定通信と同等の環境で無線通信を利用できるようになってきたわけです。さらに**5G**のサービスが今後普及していけば、固定と無線の区別はもはや無意味になるでしょう。

これが現実だとすると、屋内外を問わずあらゆる端末から5Gおよび5Gへの**テザリング**でインターネットにアクセスすることも決して夢物語ではありません*。おそらくこのような方向で未来を描いているのが楽天モバイルであり、NTTもそちらの方向に顔を向けているように見えます（4-15節）。

もちろん、通信基盤に光ファイバー網は欠かせません。しかしながら、ことアクセス回線については、5Gの普及により、固定通信から無線通信への移行が徐々に進むのではないでしょうか。

用語解説

*…**ありません** 特に固定回線を引かない若い世代では、このような環境にスムーズに対応できるだろう。

アクセス回線の無線化（図5.10.1）

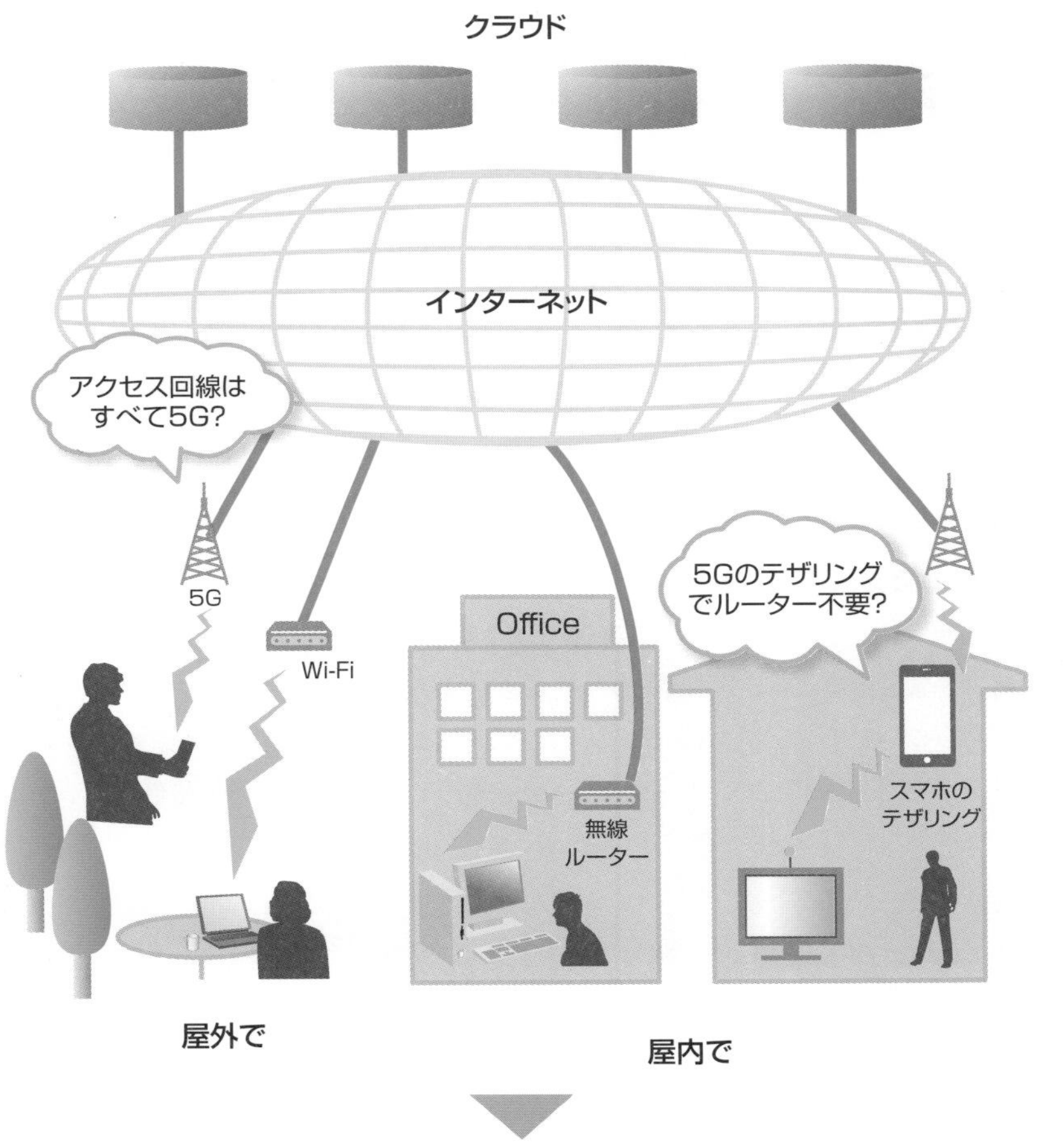

5Gの普及により、一般的なアクセス回線が

5Gに置き換わる可能性もある。

column

デジタル化で価値観は変わるのか？

●かつて音楽は所有するものだった

筆者は音楽が好きで、原稿を書いているいまも音楽がかかっています。筆者が音楽を聴きだした当初、ラジオから流れてくる音楽をカセットテープに録音していました。中学生の頃になると小遣いをレコードの購入に充てるようになりました。このレコード収集趣味は以後長く続き、CDが世の中に現れて普及したのちもレコードを購入していたものです。

これには理由があって、レコードのジャケットはアートであり、音楽と一体のものだという考えが筆者にはあったからです。対するCDのジャケットはサイズが小さくてあまりにも貧弱でした。

しかしやがてレコードからCDを買うようになり、さらに音楽のダウンロード・サービスが普及するにしたがってCDも買わなくなりました。

さらにいまやアップル・ミュージックのように、月額の定額料金で音楽がストリーミングで聞き放題となるサービスが人気を集めています。もちろん筆者もアップル・ミュージックのユーザーです。

●いまや音楽は聴く権利を所有するもの？

音楽ソフトを中心にしたこの40年あまりの変遷を考えると、まずアナログ・レコードの頃の音楽は、ジャケットと一体になった物体としてのレコードを所有することに価値がありました。ところがCDの登場により物体としての価値は減少します。これがダウンロードになると、その価値はまさに音楽そのものということになります。

しかし音楽のダウンロードでも、デジタルデータを「所有する」という点では、アナログ・レコードと変わりがありません。ところが、定額のストリーミング・サービスになると、聞く権利を行使するだけで、手元には手に取れる物体はおろか楽曲のデジタルデータすらありません。

このようにデジタル化は、音楽に対する価値観をも変えているように思えます。

第6章

インターネットとプラットフォーマーの動向

世界のインターネット利用者は49億人を超えました。このインターネット上で寡占的なポジションを占めているのがGAFAなどのプラットフォーマーです。本章ではインターネットの現状を確認した上で、プラットフォーマーの動向に迫りたいと思います。

How-nual
図解入門
業界研究

利用者が四九億人を超えたインターネット　1

二〇年九月における世界のインターネット利用者は四九億二九九二万人で、人口普及率は六三・二％に達しました。日本のインターネット利用者も一億人を超えています。

インターネット人口四九億二九九二万人

現在の通信業界を語る上で外せないのが**インターネット**です。以下数節では、インターネット関連のデータについて言及しましょう。

インターネット・ワールド・スタッツ・ドットコムの調査によると、世界のインターネット利用者は二〇年九月末時点で**四九億二九九二万人**に達しました（図6・1・1）*。

地域別で見ると、アジアが二五億五五六三万人で、全体の五一・八％を占めています。それに続くのがヨーロッパで、利用者数は七億二七八四万人、全体に占める割合は一四・八％となっています。

驚くのはアフリカの急増で、一七年の三億四五六七万人から、六億二二九四万人に伸びており、ヨーロッパに次ぐ第三位になりました。

図6・1・2は、地域別に見たインターネット利用者構成比を示したものです。一七年にはアジアが全体の五〇・二％を占めたのに対して、二〇年には五一・八％とさらにシェアを拡大しました。また、同じく伸びている地域にアフリカがあります。一七年時は九・三％でしたが、二〇年時には一二・八％になっています。

一方、総務省の調査によると、日本における一九年のインターネット利用者の割合が全体の**八九・八％**と九割に迫っていることがわかりました（6-2節）。中でも六～一二歳、六〇歳以上の伸びが顕著になっており、これが全体に占める割合を押し上げた格好です。

引き続き、日本のインターネット利用者の動向について、次節でふれたいと思います。

世界のインターネット利用者数（図 6.1.1）

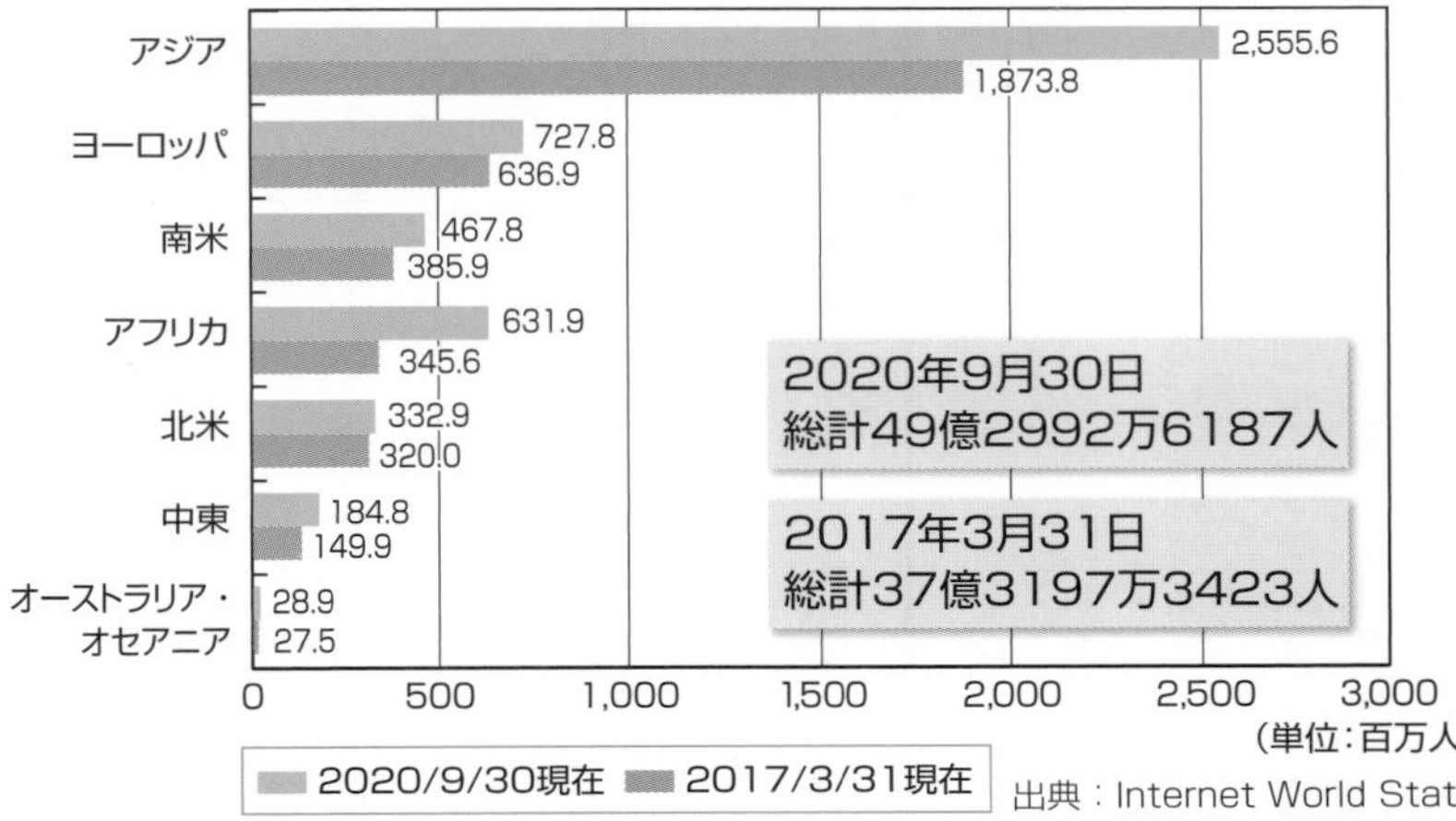

出典：Internet World Stats

インターネット利用者構成比（図 6.1.2）

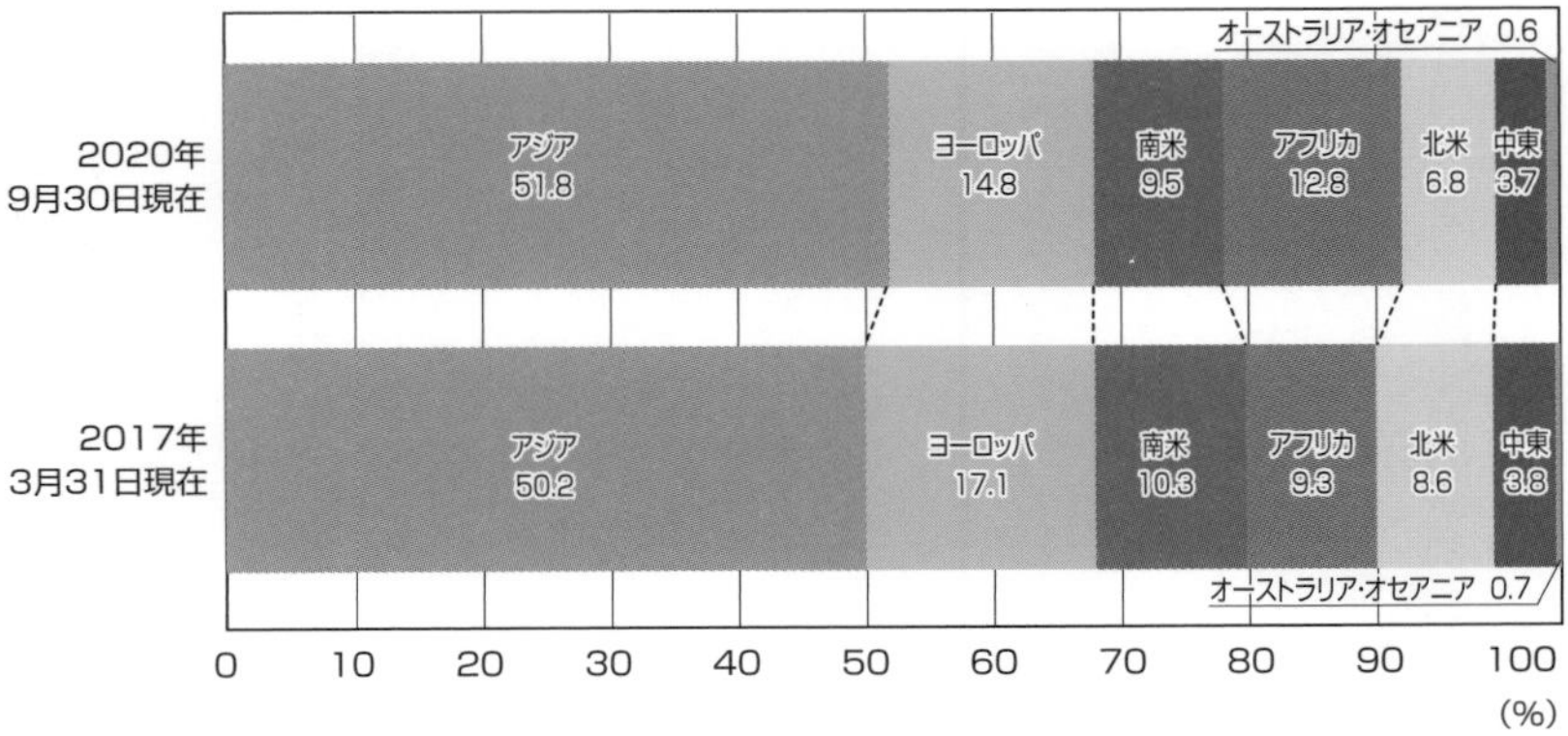

出典：Internet World Stats

2 日本のインターネットの現状

一九年における日本のインターネット利用率は八九・八%でした。単純に計算すると一億一三〇〇万人以上の人がインターネットを利用していることになります。一三歳から六九歳では九〇%を超える利用率になっています。

日本のインターネット利用者数

日本でインターネット元年といわれたのは一九九五年のことでした。日本ではこの年の一一月にウィンドウズ95が発売され、多くの人がパソコンにふれるようになる年でもありました。

総務省「令和元年通信利用動向調査の結果」によると、それから約四半世紀たった二〇一九年、日本におけるインターネット利用率は**八九・八%**になりました（図6・2・1）。単純計算では**一億一三二九万人**＊の人がインターネットを利用していることになります。

一九九七年末時点の日本のインターネット人口が一一五五万人で、普及率はわずか九・二%でした。この点からも、インターネット人口の激増ぶりがよくわかるというものです。

また、図6・2・2は年齢階級別で見たインターネットの利用率です。一三歳～六九歳については、その**九〇%以上**がインターネット利用者であることがわかります。二〇歳代では九九・一%と最も高い割合になっています。

さらに、経年変化で見ると六〇歳以上の年代での増加が目立ちます。中でも一九年における七〇～七九歳は前年比一四五・五%の七四・二%、八〇歳以上に至っては、前年比二六七・四%の五七・五%となりました。また、六～一二歳でも八〇・二%と高い割合になっています。

まさに若年層から高齢者まで、インターネットは誰もが使うものになったことがわかります。

用語解説

＊1億1,329万人　日本の総人口1億2,616万人（19年10月1日現在）を基に計算。

日本のインターネット利用者数の推移（図 6.2.1）

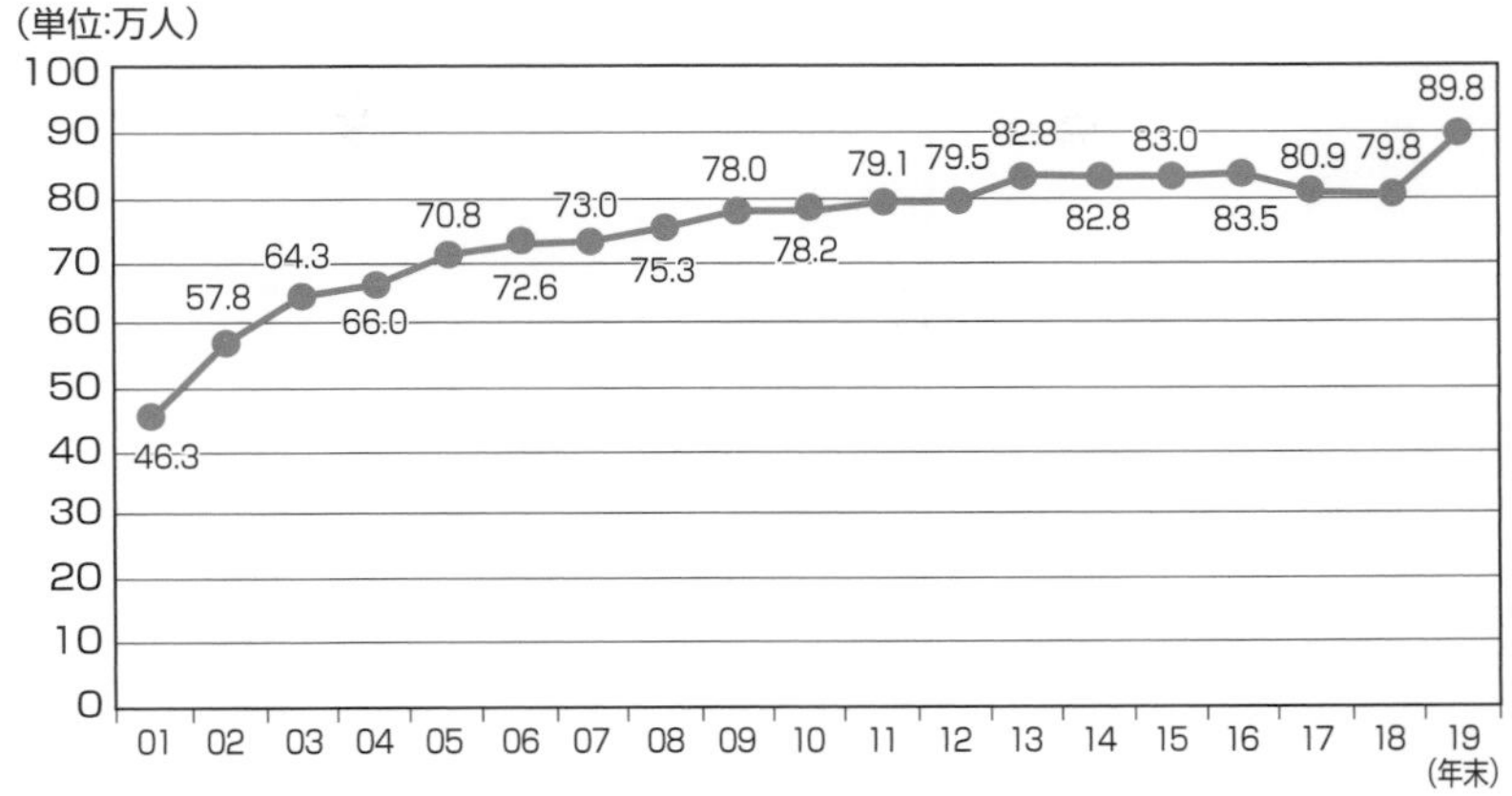

出典：総務省「令和元年通信利用動向調査の結果」を基に作成

年齢階級別インターネット利用率（個人）（図 6.2.2）

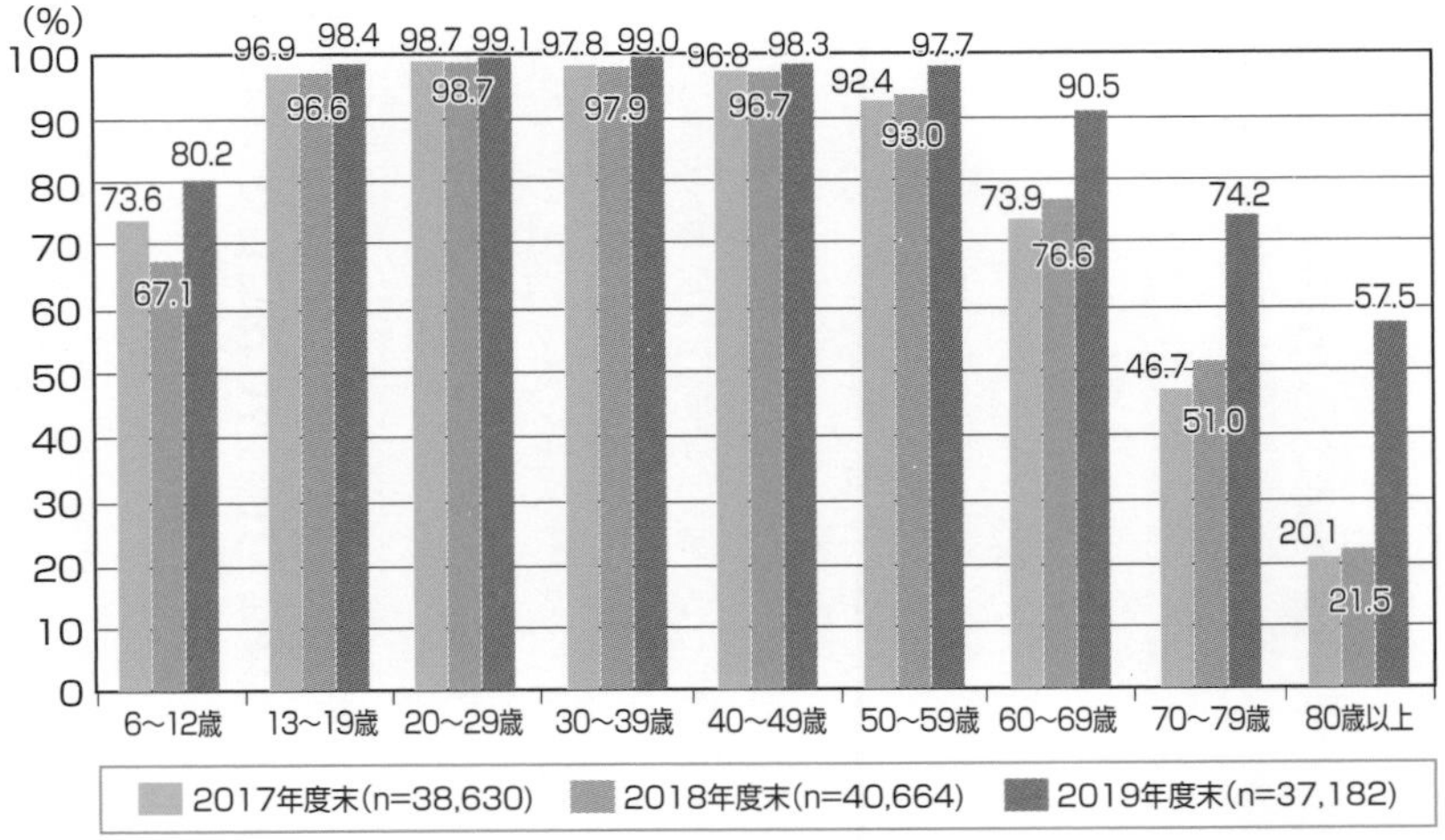

出典：総務省「令和元年通信利用動向調査の結果」を基に作成

3　インターネットへのアクセスの仕方

かつてインターネットへのアクセス手段として最も多かったのはパソコンでした。しかし、スマートフォンが急速に普及することで、いまやインターネットへのアクセスはスマホが主役になっています。

スマホ利用は六六・三%

総務省「平成二七年通信利用動向調査」によると、一五年時点でのインターネット利用者の割合は八三・〇%でした。このうちインターネットへのアクセス手段で最も多かったのはパソコンで、利用者全体の五六・八%を占めました（図6・3・1）。

これに続くのがスマートフォンの五四・三%、タブレット型端末の一八・三%、そして携帯電話（PHSを含む）の一五・八%でした。

一方、前節でふれた「令和元年通信利用動向調査」を見ると、右の調査から四年後の一九年時点で、インターネット利用者の割合は**八九・八%**と、九割に迫っている点はすでにふれました。

またアクセス手段を見ると、トップはスマホの**六三・三%**と、五〇・四%のパソコンと入れ替わっています（図6・3・1）。さらに、タブレット端末は二三・二%に増加する一方で、携帯電話（PHS含む）は一〇・五%へ大幅低下となりました。いまや、インターネットへアクセスするメインデバイスは、明らかにパソコンからスマホへと置き換わっています。

もっともパソコンVSモバイルで見ると、すでに一五年時点で主役は交代していました。一五年時点でのスマホ、タブレット、携帯電話によるインターネットへのアクセスは**八八・四%**とパソコンを大きく上回っています。その数字は一九年には**九七・〇%**に拡大しています。いつでもどこでからでも、インターネットにアクセスできるモバイル端末が支持されているのがわかります。

端末別インターネット利用（2015年と2019年）（図6.3.1）

●2015年

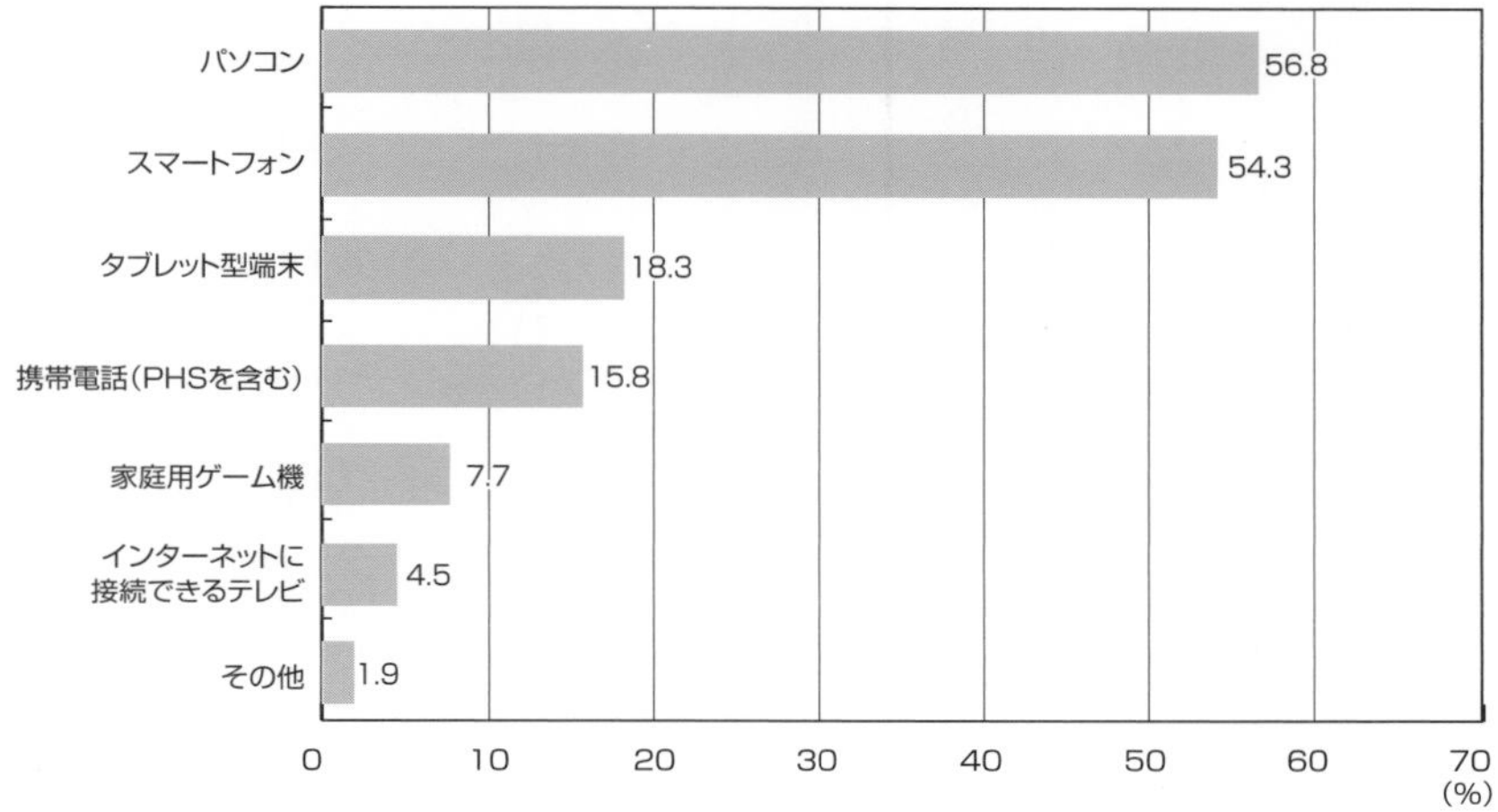

出典：総務省「平成27年通信利用動向調査の結果」を基に作成

●2019年

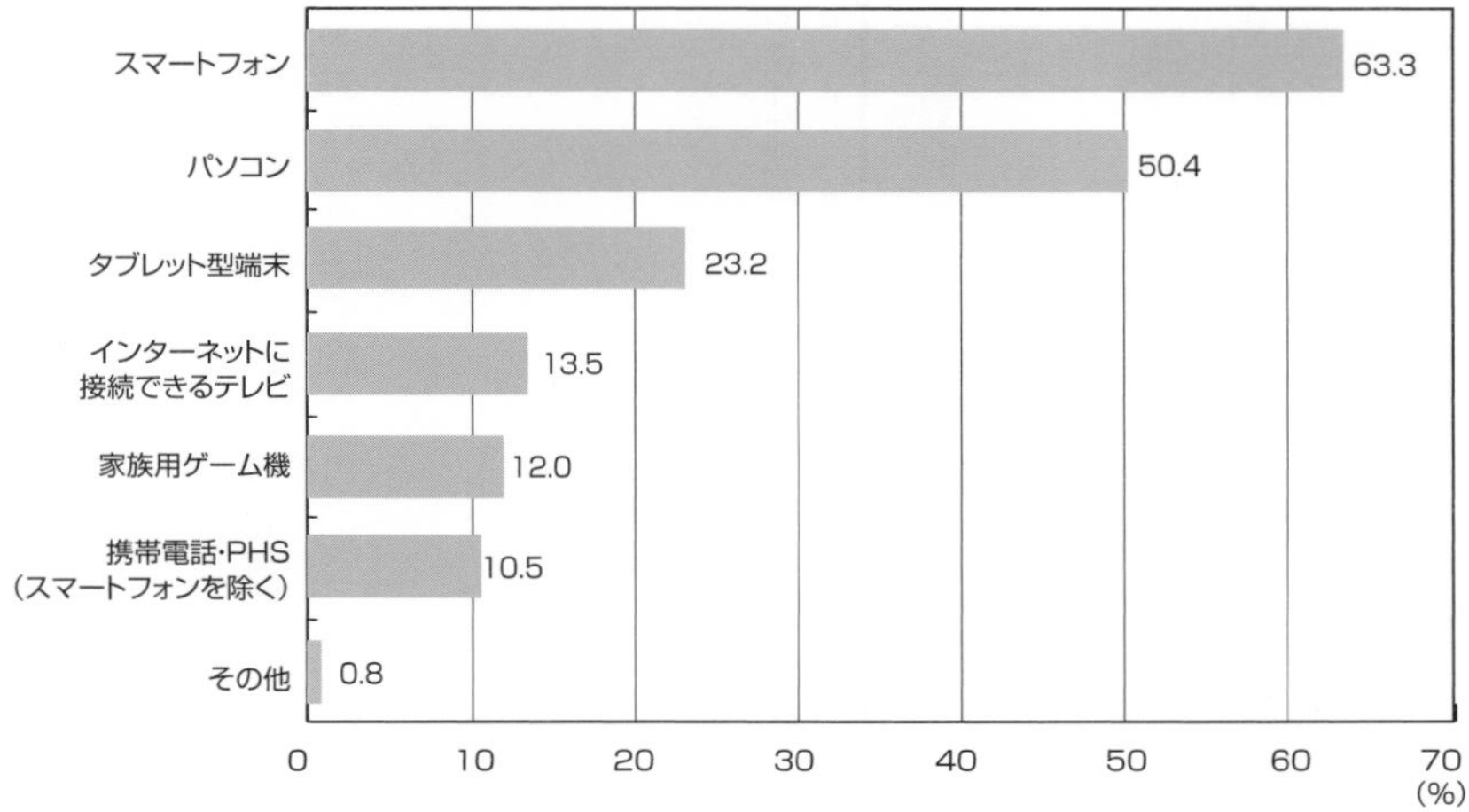

出典：総務省「令和元年通信利用動向調査の結果」を基に作成

4 激増するインターネットのトラフィック

インターネット・トラフィックが激増しています。二〇年五月の固定系ブロードバンド契約者（FWA含む）の総ダウンロード・トラフィックは一九Tbpsという桁外れの数字になりました。

一九年は一九Tbpsに

インターネット人口の増加に加えブロードバンドの進展により、日本のインターネットの通信量、いわゆる**インターネット・トラフィック***は、年々増加する傾向にあります。

総務省では、「我が国のインターネットにおけるトラヒックの集計結果（二〇二〇年五月分）*」というレポートで、協力ISP九社、および国内主要**IX***六団体で交換されるトラフィックの総量を試算しています。試算方法は、一カ月間、一時間単位で計測・集計し、**一秒間あたりの平均トラフィック**を算出します。

この結果を時系列で示したのが図6・4・1です。固定系ブロードバンド契約者の総ダウンロード・トラフィックは、一九年五月の一二〇八六Gbps（一二・〇八六Tbps）から、一年後の二〇年五月には**一九〇二五Gbps**（**一九・〇二五Tbps**）と、前年同期比五七・四%増という驚異的な伸びになりました。また、総アップロード・トラフィックは**二三三二Gbps**（**二・三三二Tbps**）となっています。

グラフを見れば一目瞭然のように、一九年一一月から二〇年五月にかけて、折れ線の角度が突如として鋭角になっているのがわかります。すでに予想がつくと思いますが、この時期は新型コロナウイルスの流行により、緊急事態宣言が発令された時期と重なります。つまり、自宅などからの**テレワーク**がインターネットのトラフィックを一気に押し上げた格好です。まさに激増という言葉がぴったりとあてはまります。

用語解説

＊**インターネット・トラフィック**　Internet traffic。インターネット上の交通量と考えるとわかりやすい。

＊…**トラヒックの集計結果**　http://www.soumu.go.jp/main_content/000699741.pdfを参照。

日本のインターネット・トラフィックの現状（図 6.4.1）

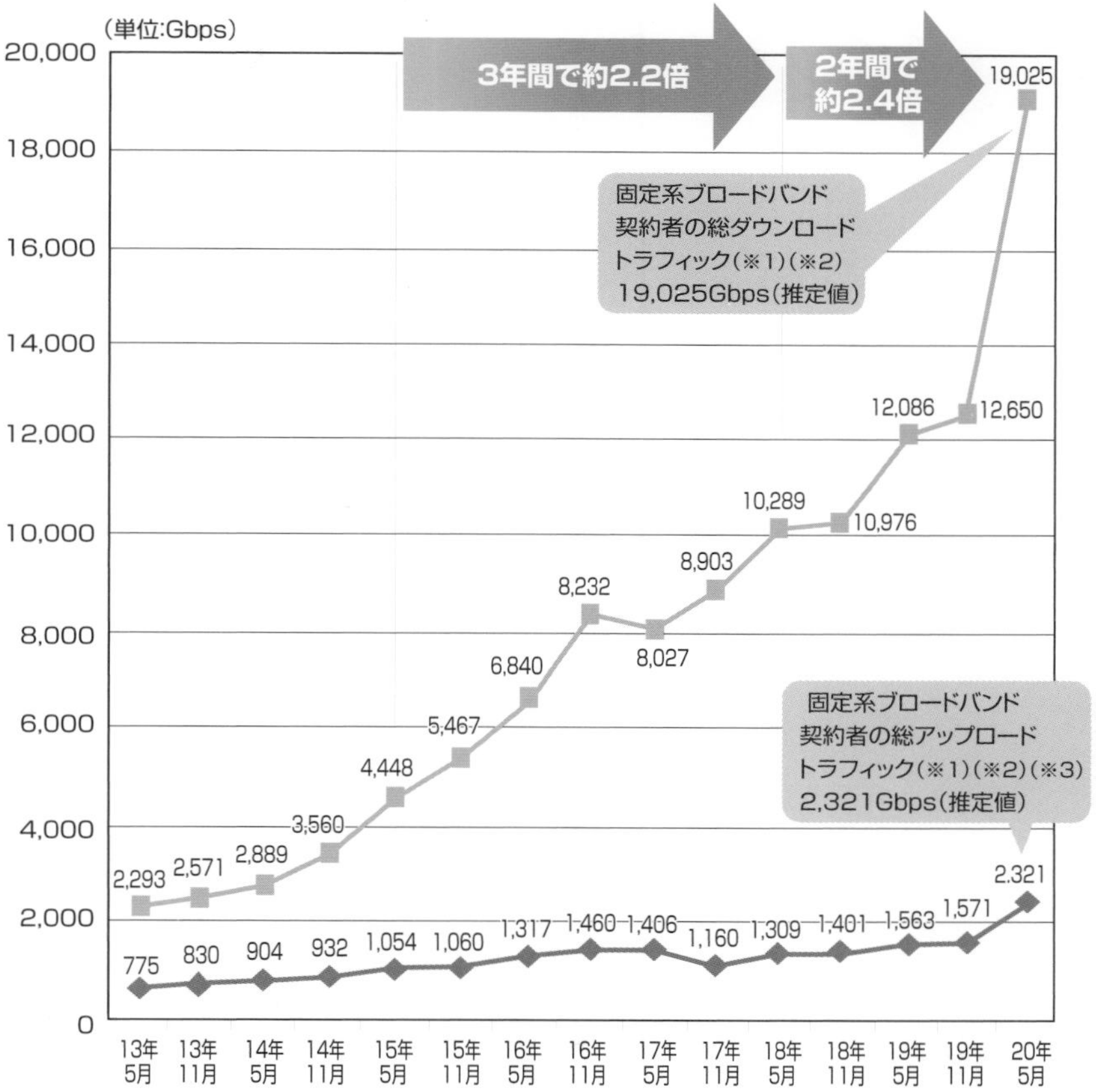

※1　2011年5月以前は、一部の協力ISPとブロードバンドサービス契約者との間のトラフィックに携帯電話網との間の移動通信トラフィックの一部が含まれていたが、当該トラフィックを区別することが可能となったため、2011年11月より当該トラフィックを除くかたちでトラフィックの集計・試算を行うこととした。

※2　2017年5月より協力ISPが5社から9社に増加し、9社からの情報による集計値および推定値としたため、不連続が生じている。

※3　2017年5月から11月までの期間に、協力事業者の一部において計測方法を見直したため、不連続が生じている。

出典：総務省「我が国のインターネットにおけるトラヒックの集計結果（2020年5月分）」を基に作成

用語解説

＊IX　Internet Exchangeの略。プロバイダーやデータセンターを相互接続する拠点。インターネット相互接続点とも呼ぶ。

5 こちらも激増する移動通信トラフィック

5Gのサービスインによりモバイル・データ・トラフィックは急激に増加すると予測されています。これによりインターネット・トラフィックはますます増加することが予想されます。

激増するモバイル・データ・トラフィック

6-4節で見たのは固定系のインターネット・トラフィックですが、同様に移動通信トラフィックも激増しています。

米シスコ・システムズでは全世界におけるモバイル端末を利用した一カ月あたりのデータ・トラフィックは、一二年に〇・九エクサバイト*と推計していました。一方、一七年には一一エクサバイト、さらに二一年には**四九エクサバイト**まで上昇すると予想しています（図6・5・1）。

では、日本の現状はどうなっているのでしょうか。総務省「我が国の移動通信トラヒックの現状（令和二年三月分）」によると、一七年三月における移動通信の月間平均トラフィック（上下合計平均）は一八一五・六Gbpsでした。これが一年後の一八年三月には二五四五・七Gbps、二年後の一九年三月には三〇八五・二Gbpsに達しています。さらに二〇年三月には**三九五七・八Gbps**となりました。これは三年間で約**二・二倍**になった計算になります（図6・5・2）。

しかも、この二〇年三月から日本では5Gがスタートしました。超高速大容量を宣伝文句にする5Gの登場により、移動通信のデータ・トラフィックが、さらに上昇することは間違いないでしょう。加えてFTTHを5Gに置き換える動きが今後進むと（4-15節）、移動通信トラフィックは爆発的に上昇することになるでしょう。

用語解説

***エクサバイト**　2の60乗。ギガバイト（2の30乗）、テラバイト（2の40乗）、ペタバイト（2の50乗）の次にくる単位。

全世界のモバイル・データ・トラフィックの増加予測（図 6.5.1）

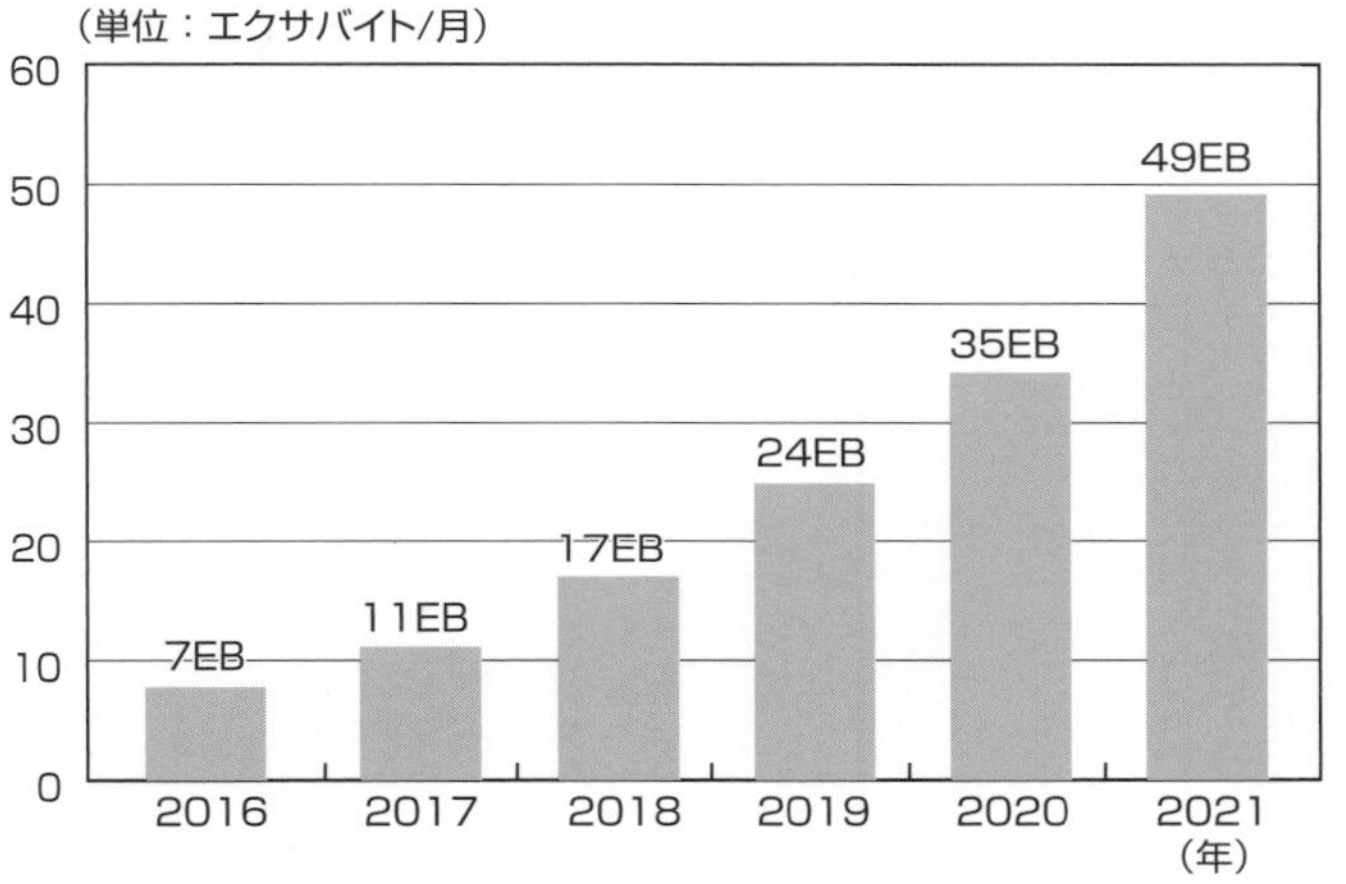

出典：Cisco VNI Mobile,2017

日本のモバイル・データ・トラフィックの推移（図 6.5.2）

●月間平均トラフィック（上下合計平均）

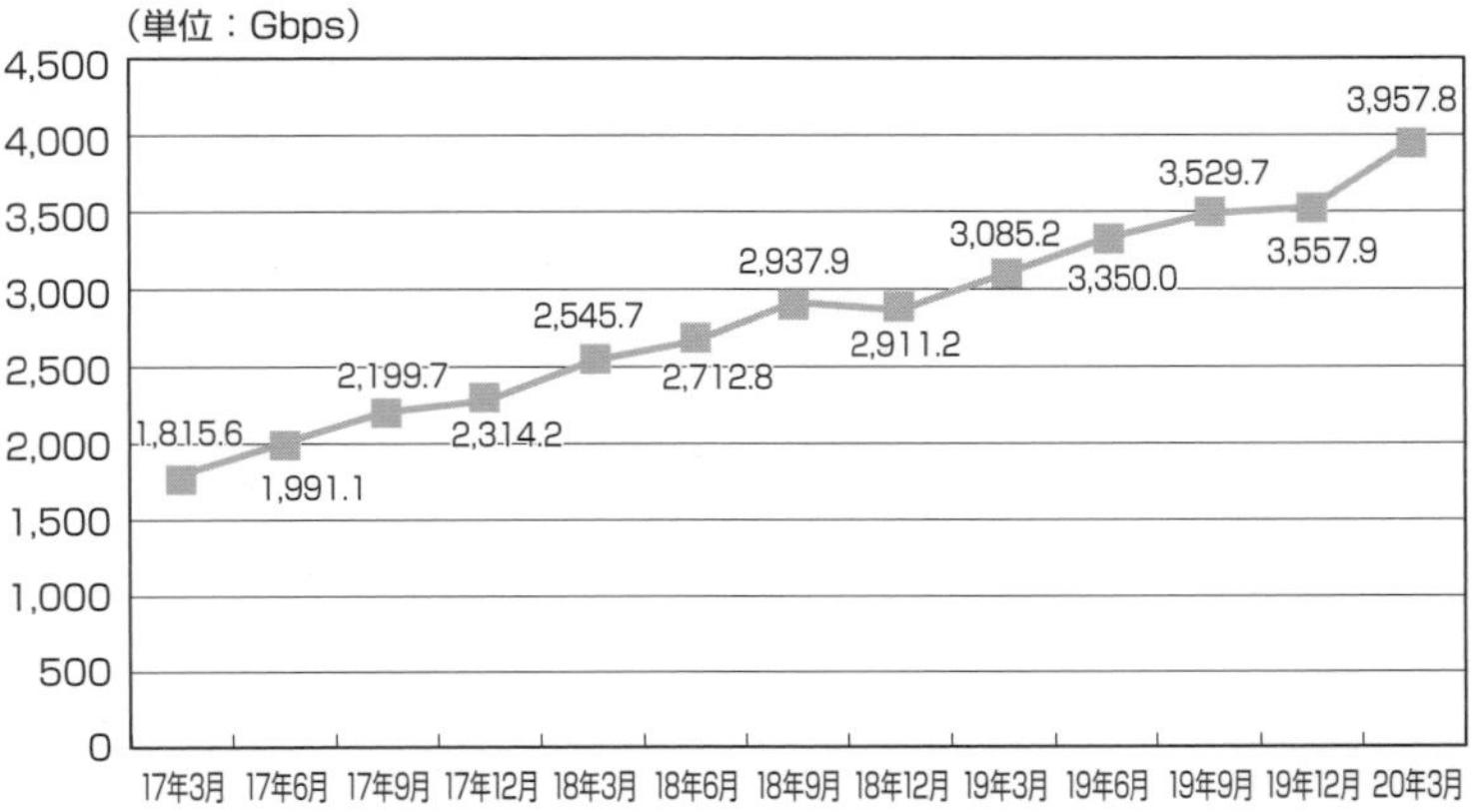

出典：総務省「我が国の移動通信トラヒックの現状（令和2年3月分）」

6 巨大プラットフォーマーGAFAの実力

インターネット上で絶大なパワーを有しているのがグーグル、アップル、フェイスブック、アマゾンのGAFAです。いまや通信業界を語る上でGAFAの存在を抜きにはできません。

収益は日本の税収の一・四六倍

IT業界の著名な大手といえばグーグル、アップル、フェイスブック、アマゾンです。この四社を**GAFA**＊と呼びます。GAFAに共通するのはインターネット上の専門領域で寡占的な影響力を行使している点です。グーグルは検索、アップルはスマートフォン、フェイスブックはSNS、アマゾンはECです。

またGAFAは**プラットフォーマー**として君臨する点でも共通します。プラットフォーマーとは、サービスを行うための基盤(プラットフォーム)をユーザーに提供する企業を指します(2-2節)。プラットフォームはそれ自体では価値を生みません。利用者が集うことで価値が生まれます。価値が生まれると利用者がさらに集い、価値がより高まります＊。こうしていまやGAFAが提供するサービスは大勢の人に欠かせないものになっています。その結果、GAFAは莫大な富を手にするに至っています(図6・6・1)。

一九年において四社の中で最も大きな収益を上げたのがアマゾンで二八〇五億ドル、日本円換算で三一兆一二〇億円でした＊。二番手はアップルで二六〇一億ドル(二八兆七五六六億円)、以下グーグルの一六一八億ドル＊(一七兆八八八六億円)、フェイスブックの七〇六億ドル(七兆八〇五五億円)と続きます。四社の収益総計は**七七三〇億ドル**、日本円に換算すると**八五・四兆円**になりました。一九年度の日本の税収は**五八・四兆円**でしたから、GAFAはたった四社で、日本の**一・四六倍**もの収益を上げていることになります。

用語解説

＊**GAFA**　この4社にMicrosoftを加えてGAFAMと呼ぶこともある。

＊…**高まります**　このように利用者が増えるほど経済効果が高まる現象をネットワーク効果と呼ぶ。

GAFA の売上推移（図 6.6.1）

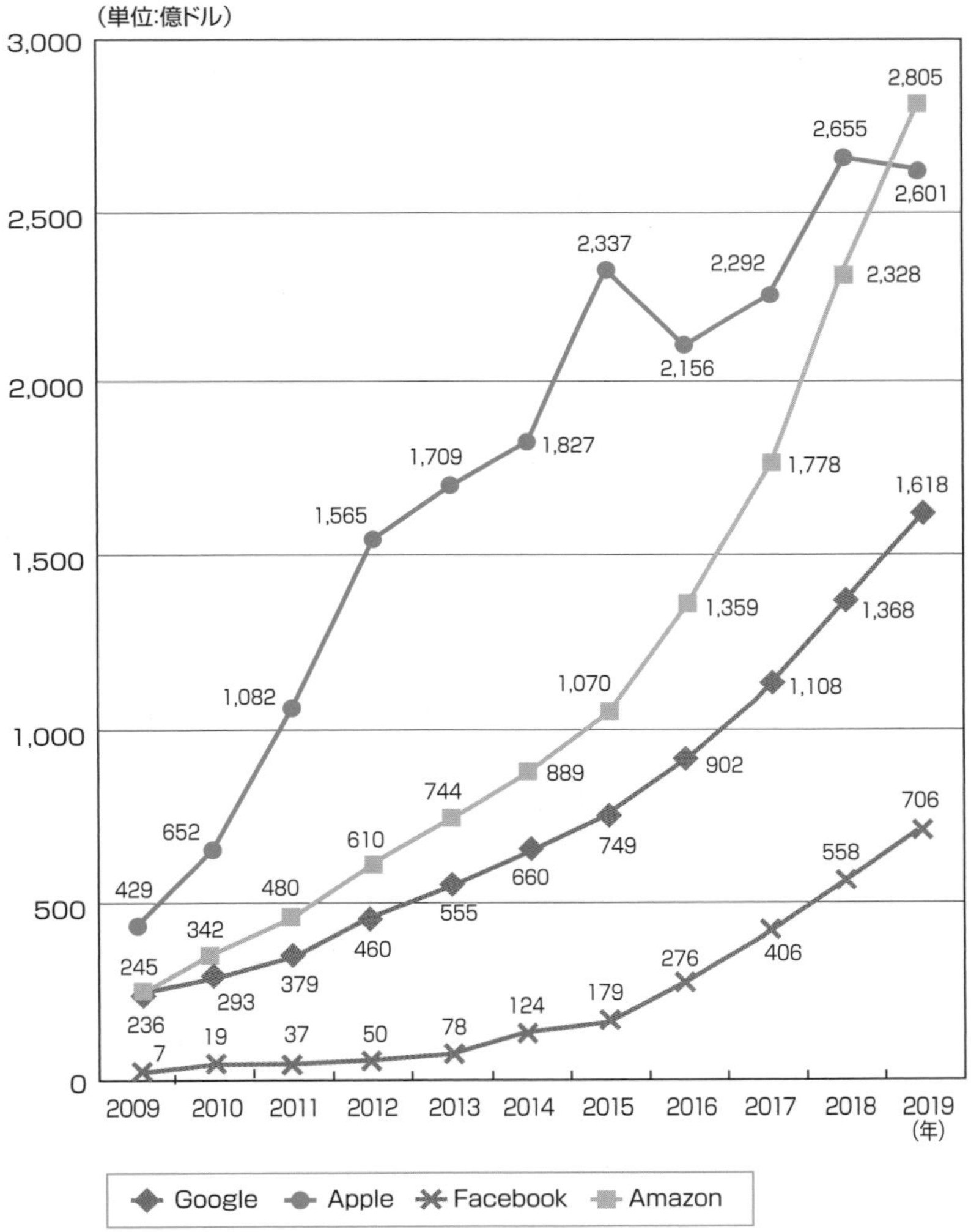

出典：各社決算短信

用語解説

＊…**31兆120億円でした**　2019年末の円ドル為替レートだった1ドル110円56銭を用いている。以下同様。

＊**1,618億ドル**　グーグルにアザーベッツも含めたアルファベット（持株会社）の収益。

7

検索サービスの巨人グーグル

グーグルの成長の源泉は広告にあります。一九年の広告部門の売上は一三四八億円で、日本円に換算すると一四兆九〇三四億円と、日本の総広告費の実に二・一倍の規模を誇ります。

日本の総広告費の二・一倍を稼ぐ

グーグルは、検索結果の画面に、検索結果とともに利用者が入力したキーワードと関わりの深い広告を表示します。この**グーグル広告**（旧称は**アドワーズ**）とサードパーティーのウェブページやブログなどに広告を掲載する**アドセンス**がグーグルの主な収益源です＊。

一九年のグーグルの売上高は一六〇七億ドル＊（一七兆八八八六億円）で、その内訳を見ると広告部門が**一三四八億ドル（一四兆九〇三四億円）**となっていて、全体の**八三・九％**を占めます（図6・7・1）。

一五兆円近くもの広告売上高がいかに大規模であるかは、日本の広告費と比較すると一目瞭然になります。広告会社電通が毎年公表している「日本の広告費＊」によると、一九年の日本の総広告費は**六兆九三八一億円**でした（7-3節）。この数字には、インターネット広告はもちろんのこと、マスコミ四媒体（テレビ、新聞、雑誌、ラジオ）やプロモーション広告など、すべての広告費用を含みます。つまり、グーグルの広告売上高は、日本の総広告費の**二・一倍**に相当する規模を持っていることになります（図6・7・2）。

ちなみに、一九年の日本におけるインターネット広告費は過去最高の**二兆一〇四八億円**でした（7-3節）。グーグルも同じくインターネット広告が主力です。両者を比較すると、グーグルの広告売上高は、日本のインターネット広告市場の**七・一倍**あります。

グーグルの広告売上高がいかに驚くべき数字なのか、以上の比較からも明らかでしょう。

用語解説

＊**…収益源です**　これら以外にもユーチューブの動画広告などがある。
＊**1,607億ドル**　アザーベッツの収益を除いたグーグル単体の収益。
＊**日本の広告費**　電通「2019年　日本の広告費」（https://www.dentsu.co.jp/news/release/2020/0311-010027.html）

グーグルの売上高構成（図 6.7.1）

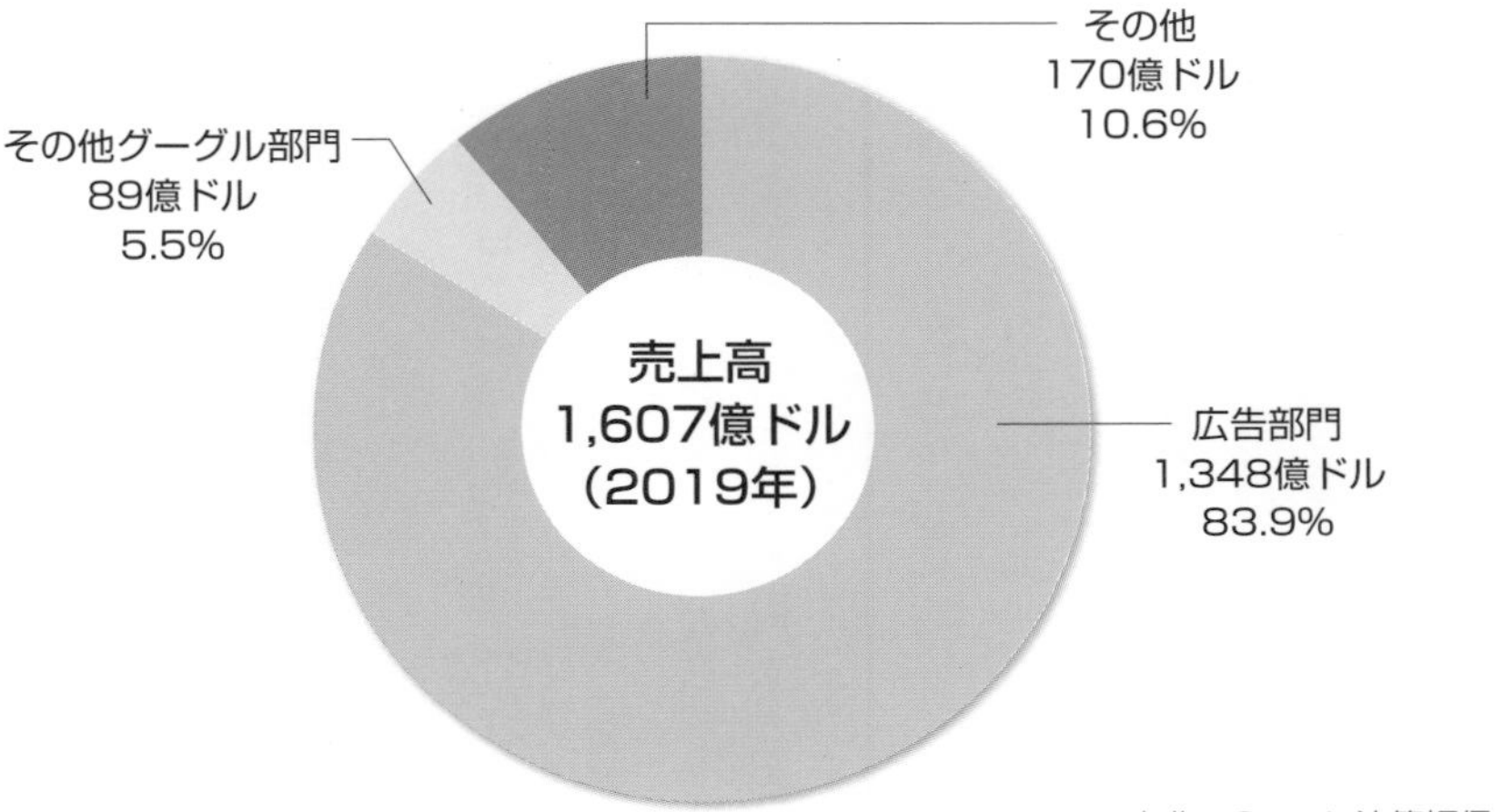

出典：Google決算短信

日本の総広告費との比較（2019 年）（図 6.7.2）

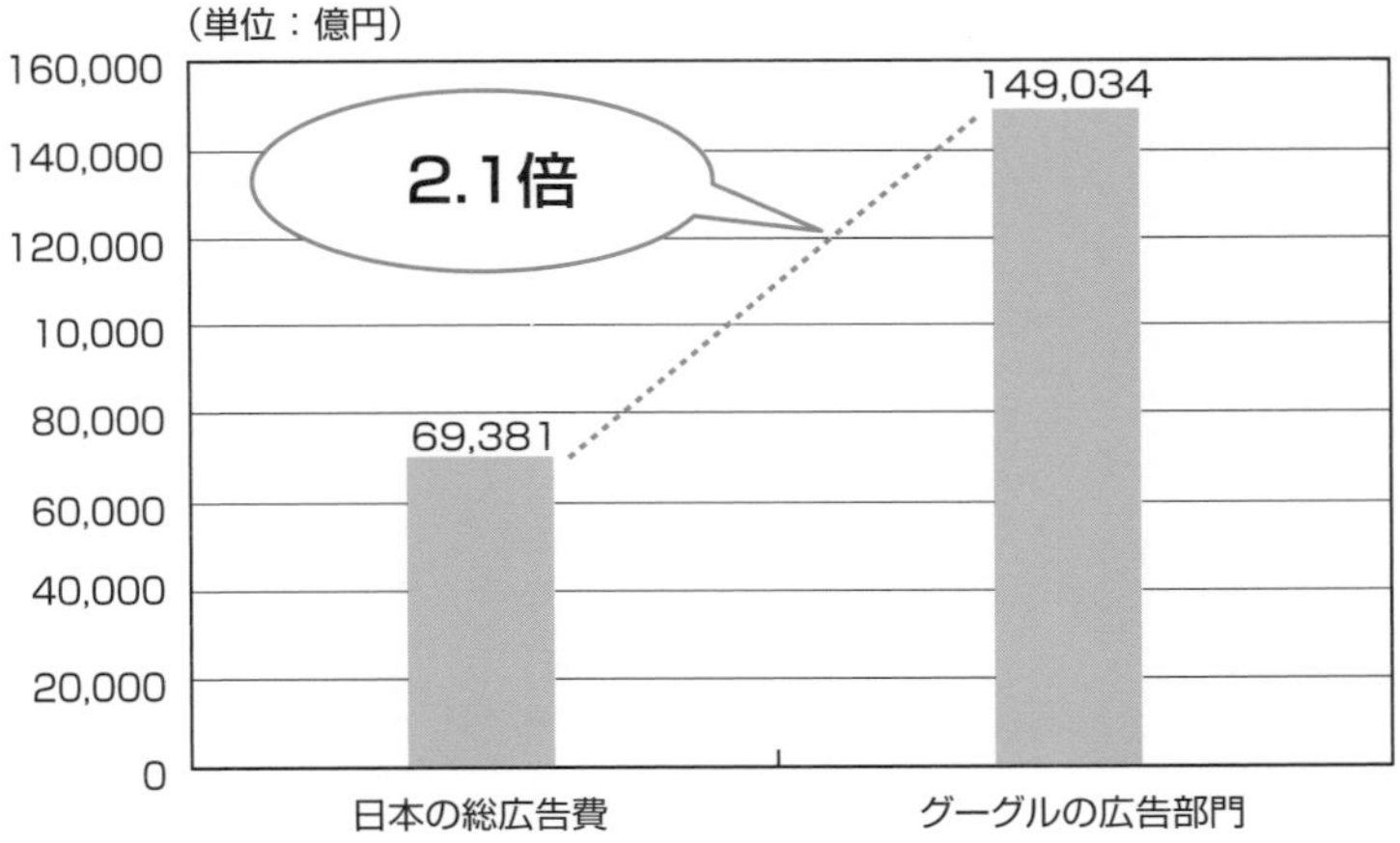

8

サービスに軸足を移すアップル

アップルの収益の柱はｉＰｈｏｎｅです。ｉＰｈｏｎｅの利益ベースのシェアは六二％で二位サムスンの一七％を大きく引き離しています。またハードウェアからサービスへと軸足を移し収益の多角化を図っています。

ｉＰｈｏｎｅの高い利益率

アップルは一九七六年にスティーブ・ジョブズとスティーブ・ウォズニアックらによって創設されました。創設当時の社名はアップル・コンピュータで、文字どおりコンピュータのメーカーでした。

一時は身売り説も囁かれるほど危機的な経営状況に陥ったアップルですが、ｉＰｈｏｎｅ発売後は急成長を遂げ、その勢いはカリスマのジョブズが死去したあとも衰えていません。一八年には世界で初めて株式時価総額一兆ドルを突破しました。二〇年九月期の売上高は**二七四五億ドル**、円換算で**二九兆九二億円**を稼ぎ出しています*。

アップルの収益の源泉は何といってもｉＰｈｏｎｅです。売上の六〇％以上がｉＰｈｏｎｅによるものです。しかし、全世界のスマートフォン出荷台数（一八年）に占めるアップルのシェアは一四％にしか過ぎません。トップはサムスンの一九％です。

ところがスマホの売上を利益ベースで見ると、アップルの占める割合は**六二％**に上昇します*。サムスンは一七％にしか過ぎません。つまりアップルは、高性能と高いデザイン性により、ｉＰｈｏｎｅの利益率を高めることに成功しているわけです。

またアップルは、アップ・ストアやアップル・ミュージックなど、**プラットフォーマー**としても大きな力を有しています。アップルでは、ハードウェアだけでなく、これら**サービス**にも軸足を移し、さらなる収益の多角化を図っています。

用語解説

＊…**稼ぎ出しています**　6-6節の数字は2019年9月期のものであることに注意されたい。為替レートは2020年9月平均の1ドル105円68銭を用いた。

＊…**上昇します**　2018年第2四半期。カウンターポイント社調べ。

アップルの売上推移（図 6.8.1）

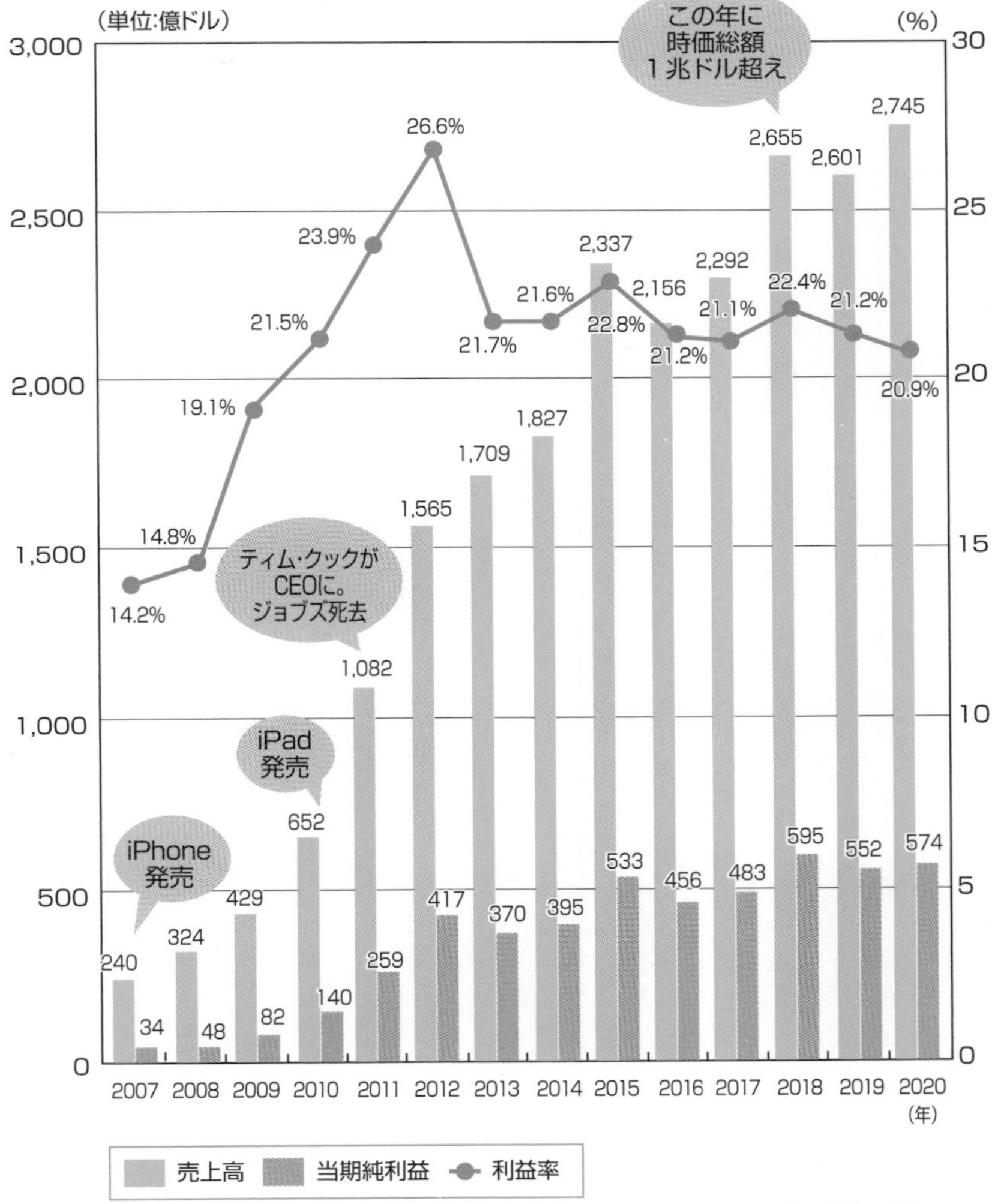

出典：アップル決算短信各年

9 SNSの覇者フェイスブック

フェイスブックの収益の柱はSNS「フェイスブック」や写真共有「インスタグラム」などに掲載する広告です。全売上に占める広告の割合は九八・六%と、グーグルよりも高くなっています。

広告が唯一の収益源

フェイスブックは、ハーバード大学の学生だったマーク・ザッカーバーグが、〇四年二月四日に立ち上げたソーシャル・ネットワーク・サービス（SNS）です。当初は「ザ・フェイスブック」という名称で、ハーバード大学の学生だけを対象にしたサービスでした。その後、米英の大学にサービスを拡大し、誕生からわずか一〇カ月で一〇〇万人の利用者を獲得し、〇六年九月にはサービスを一般に開放しています。

フェイスブックの収益源もグーグルと同じく広告で、自社で展開するSNS「**フェイスブック**」や写真共有サービス「**インスタグラム**」などに掲載します。もっとも違いもあって、グーグルはテキストベースの広告を得意としますが、フェイスブックの場合、画像や動画による広告を得意にしています。

図6・9・1は、一七年と一九年のフェイスブックの売上高と売上高構成について見たものです。一七年の売上高は四〇六億ドルで、そのうち広告の売上は三九九億ドルと全売上の九八・三%を占めました。

これが一九年になると、売上はわずか二年で三〇〇億ドル増えて**七〇六億ドル**となり、広告の売上は**六九六億ドル**、全体に占める割合は**九八・六%**と、一七年時よりも比率が高くなっています。

ちなみに六九六億ドルは、日本円に換算すると**七兆六九四九億円**になります。これはグーグルの広告部門の約半分ですが、それでも日本の総広告費**六兆九三八一億円**を軽く上回っています。

17 年と 19 年の売上高構成（図 6.9.1）

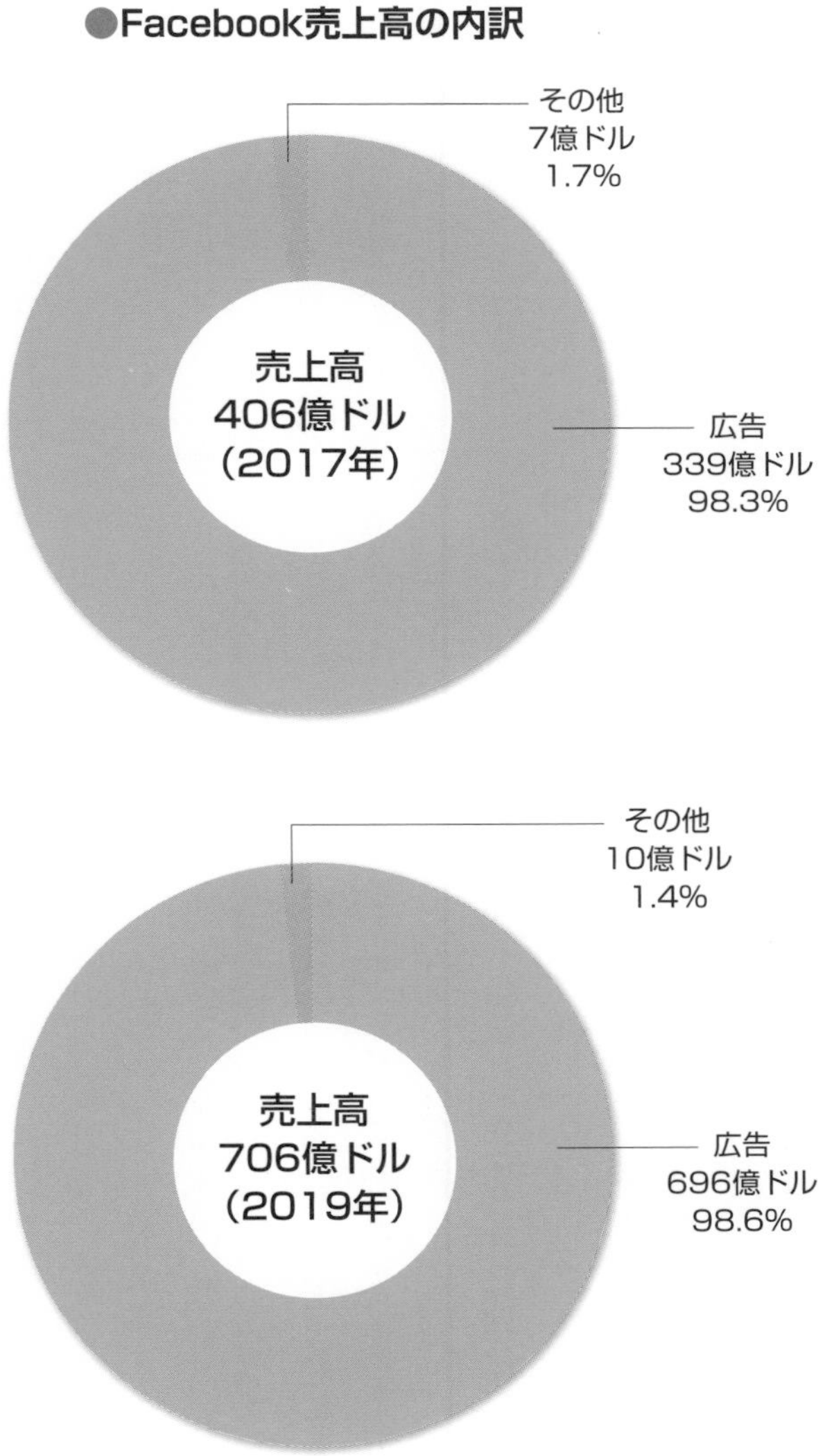

出典：Facebook 決算短信

10 クラウドで大きく稼ぐアマゾン

アマゾンといえばECをイメージします。しかし、アマゾンの稼ぎ頭はECではなく、アマゾン・ウェブ・サービス（AWS）というクラウド・コンピューティングのサービスです。

アマゾンの稼ぎ頭はAWS

図6・10・1は一九年における**アマゾン**の売上高とその構成を見たものです。売上高は**二八〇五億ドル**（三一兆二一〇億円）、最も構成比が高いのはオンラインストアの**一四一二億ドル**（一五兆六一一〇億円）で、全体の五〇・四%を占めています。また、アマゾン以外の企業が商品を販売するマーケットプレイスからの手数料は五三七億ドル（五兆九三七〇億円）で、全体の一九・二%を占めます。両者を合わせるとECの売上高は**一九四九億ドル**（二一兆五四八一億円）で、全体に占める割合は**六九・五%**になります。

以上の数字だけ見ると、アマゾンをEC企業と受け止めても問題はないように思えます。

これに対して**AWS**という事業に注目してください。売上高は三五〇億ドル（三兆八六九六億円）で全体の一二・五%を占めています。AWSは「**アマゾン・ウェブ・サービス**」の略称で、アマゾンが自社ECのために構築したサーバー・システムをアマゾン以外の企業に貸し出す**クラウド・コンピューティング・サービス**です。

一方、一九年のアマゾンの営業利益は**一四五億ドル**（一兆六〇七六億円）で、そのうちAWSの営業利益が**九二億ドル**（一兆一七二億円）と全営業利益の**六三・三%**を占めています（図6・10・2）。他の部門は三六・七%にしか過ぎません。

ちょっと意外ですが、営業利益のみに着目すると、アマゾンはEC企業というよりも、クラウド・コンピューティング企業だといえるわけです。

アマゾンの売上高構成（図 6.10.1）

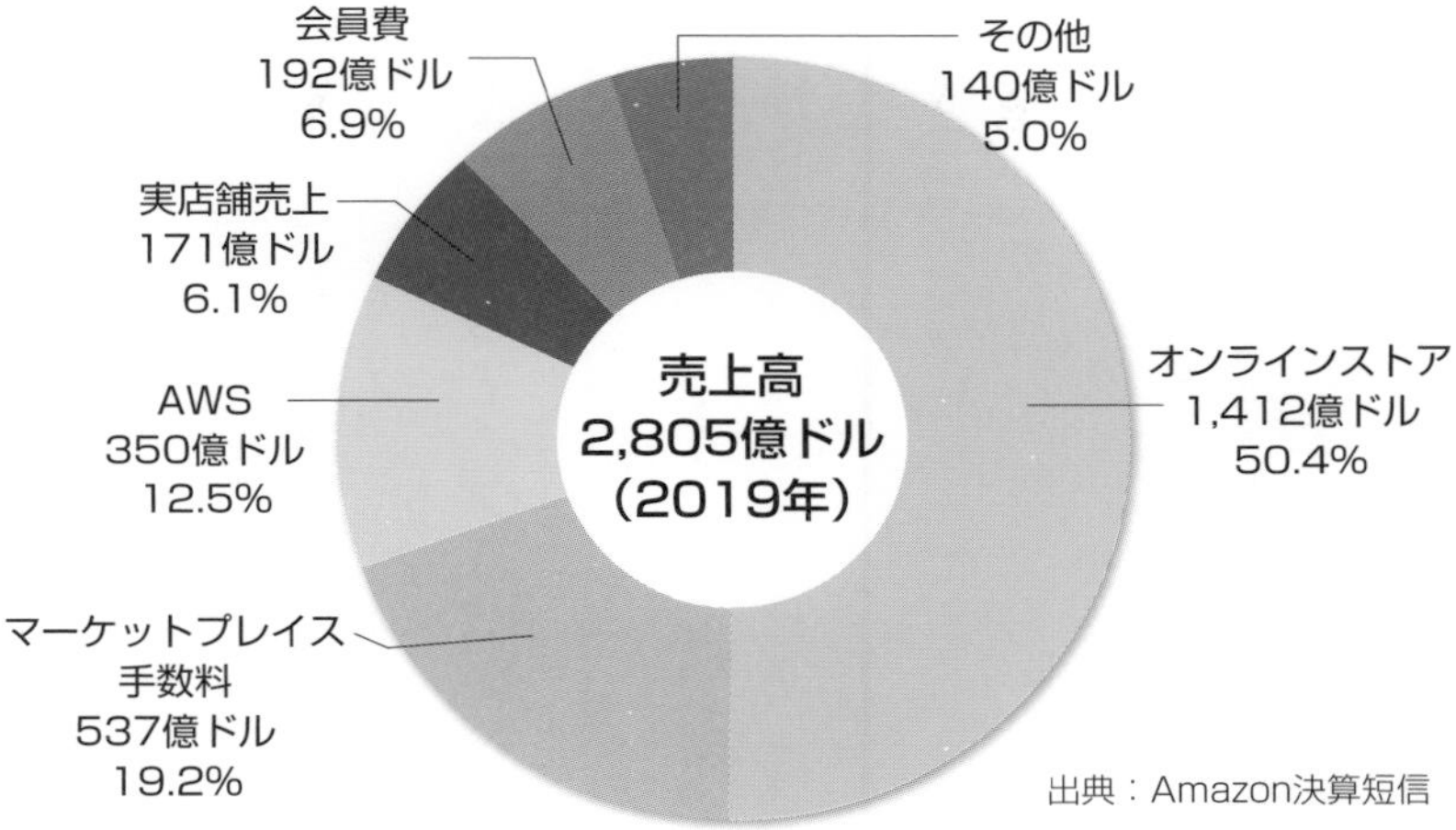

出典：Amazon決算短信

アマゾンの営業利益構成（図 6.10.2）

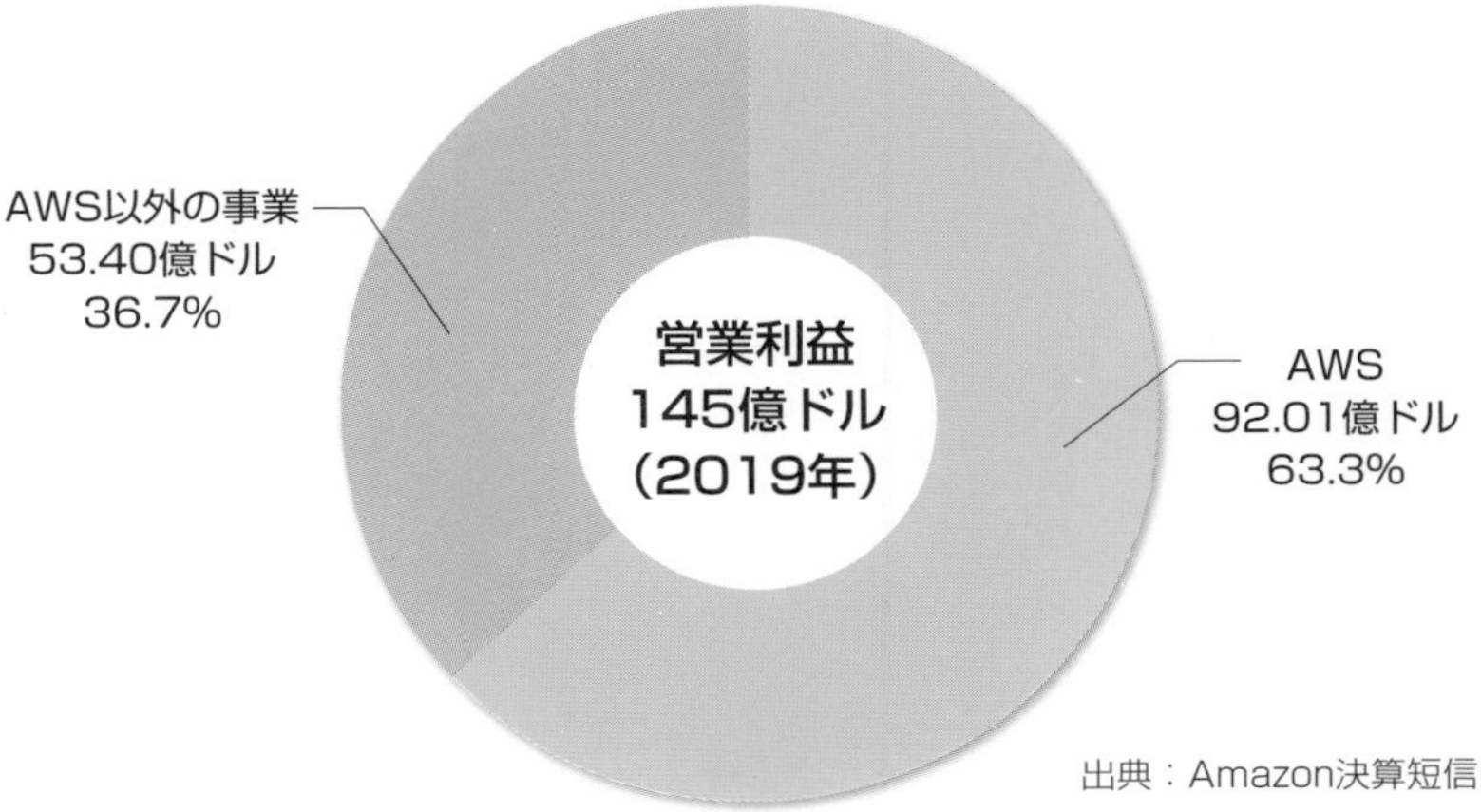

出典：Amazon決算短信

11

クラウドで甦るマイクロソフト

パソコンの覇者マイクロソフトも、クラウド・コンピューティングに本気で取り組んでいます。その中核になるのがウィンドウズ・アジュール・プラットフォーム、それにオフィス365です。

クラウドに本気のマイクロソフト

世界のITを牽引するのはGAFAだけではありません。一時は「過去の会社」とも評された**マイクロソフト**が、クラウド・コンピューティングで甦りました。そのためGAFAにマイクロソフトを加えて**GAFAM（ガファム**＊）と呼ぶこともあります。

同社では、このクラウド・コンピューティング向けサービスの展開にあたり「ソフトウェア＋サービス」を基本戦略にしています。「ソフトウェア」とは、パソコンやモバイル端末といったデバイスに組み込まれているOS、そしてそのOS上で稼働する各種アプリケーション・ソフトを指します。同社ではこれらを**オンプレミス**＊と呼んでいます。

一方、「サービス」は、クラウドから提供するサービスに相当します。このプラットフォームとして提供されるのが**ウィンドウズ・アジュール・プラットフォーム**です。そしてオンプレミスの資産と同プラットフォームを連携させ、他社との差別化をはかるのがマイクロソフトのクラウド戦略です＊。またこれとは別に、ビジネス向けのメールやスケジュール管理、オンライン会議のほか、統合ソフトのオフィスをクラウドで利用できる**オフィス365**の強化も進めています。

マイクロソフトはクラウドに軸足を移してから業績も好調です。二〇二〇年六月期の売上は**一四三〇億円**（一五兆五四九八億円＊）、当期純利益率は驚異の**三一・〇%**＊を叩き出しています。

用語解説

＊**GAFAM**　GAFMAやGAMFA、あるいはGAFA+Mなどと呼ばれることもある。
＊**オンプレミス**　企業内やユーザーの手元にあるという意味。
＊**…戦略です**　これはオンプレミスを得意とするマイクロソフトの強みを活かした戦略ともいえるだろう。

マイクロソフトの売上高推移（図 6.11.1）

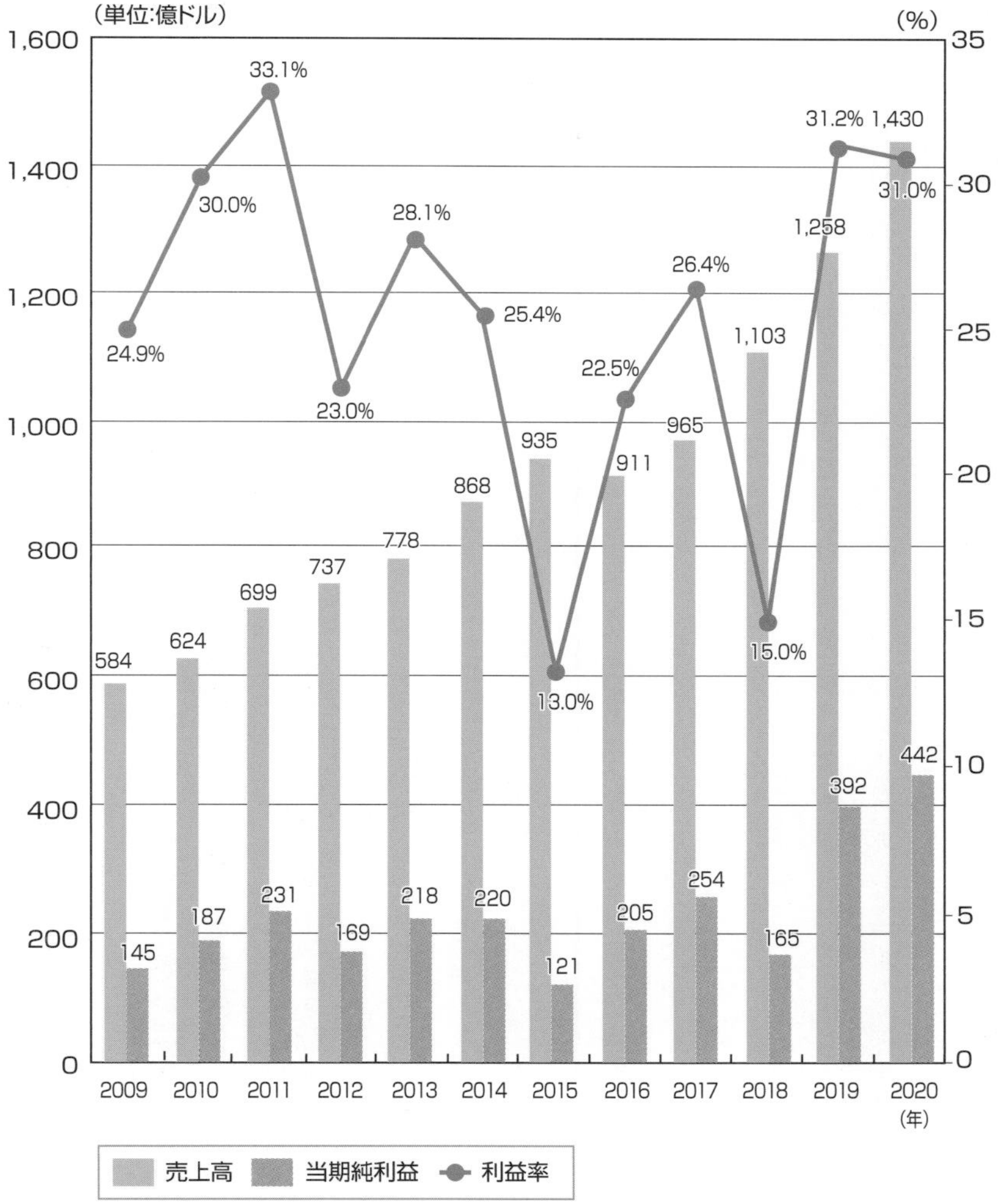

出典：マイクロソフト決算短信各年

用語解説

＊**15兆5498億円**　2020年6月末の円ドル為替相場1ドル108円74銭で計算。

＊**31.0%**　この数字は営業利益率ではなく当期純利益率（売上に占める当期純利益の割合）であることに注意されたい。

12 ヴォイス・コンピューティングの覇者は誰か

ヴォイス・コンピューティングの覇者を目指してＧＡＦＡがしのぎを削っています。ヴォイス・コンピューティングが普及すると、従来の検索手法に大きく変化し、グーグルも安穏とはしていられません。

コンピューターと対話する

ヴォイス・コンピューティングとは、コンピューターと自然言語で会話することを指します。このようなコンピューターを**対話型ＡＩ**と呼びます。

一般向け対話型ＡＩとして最初に広く知られるようになったのは、一一年一〇月四日に発表されたアップルの**シリ**でしょう(発表の翌日にスティーブ・ジョブズが膵臓癌で死去)。シリはｉＰｈｏｎｅに搭載され、音声で操作や検索を実行できるようになりました。

しかし、いまや対話型ＡＩとして最も普及しているのは、アマゾンが開発した**アマゾン・アレクサ**です。アマゾンは、アレクサを搭載したＡＩスピーカー「**エコー**」を一四年に発売し、一九年には三七三〇万台を出荷し、二九・九％のシェアを確保しています(図６・12・１)。

またアマゾンでは、アレクサの仕様を公開することで、他社がアレクサを活用したアプリに相当する「**スキルズ**」の開発を支援しています。例えば、イケアのスキルズを使うと、同社製のＬＥＤランプを、エコーに呼びかけて操作できます。

現在、アマゾン・エコーの対抗軸になっているのが、対話型ＡＩ**グーグル・アシスタント**を搭載した「**グーグル・ホーム**」でしょう。これら二社に対して、アップルはＡＩスピーカー「ホームポッド」、フェイスブックはモニター付きの「ポータル」で対抗しています。

対話型ＡＩの進展は検索方法に大変化をもたらします。現状ではアマゾンやグーグルに中国勢が猛追しており、競争はますます激化しそうです。

2018 年と 2019 年の対話型 AI 出荷台数（全世界）（図 6.12.1）

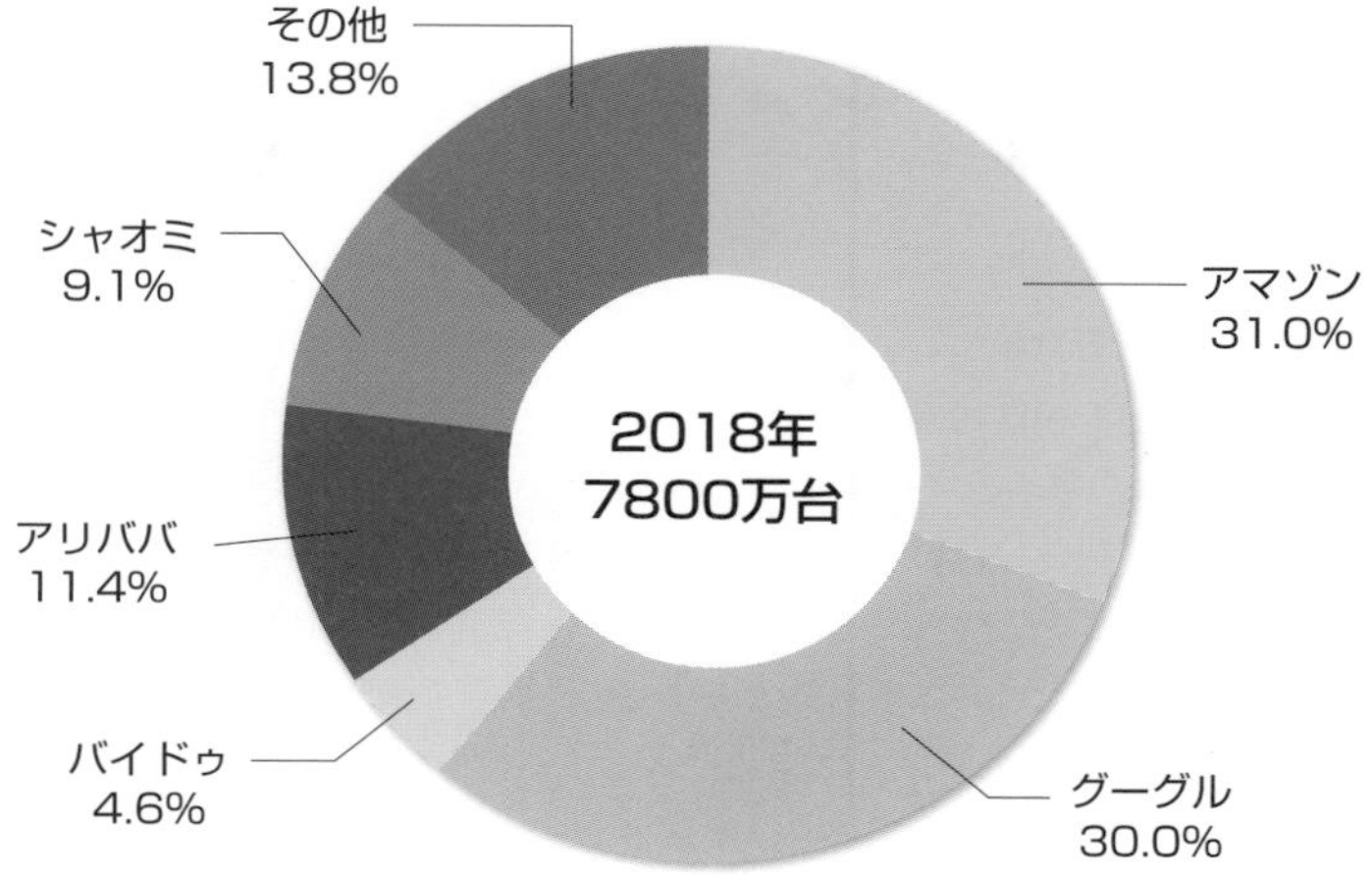

出典：Canalys

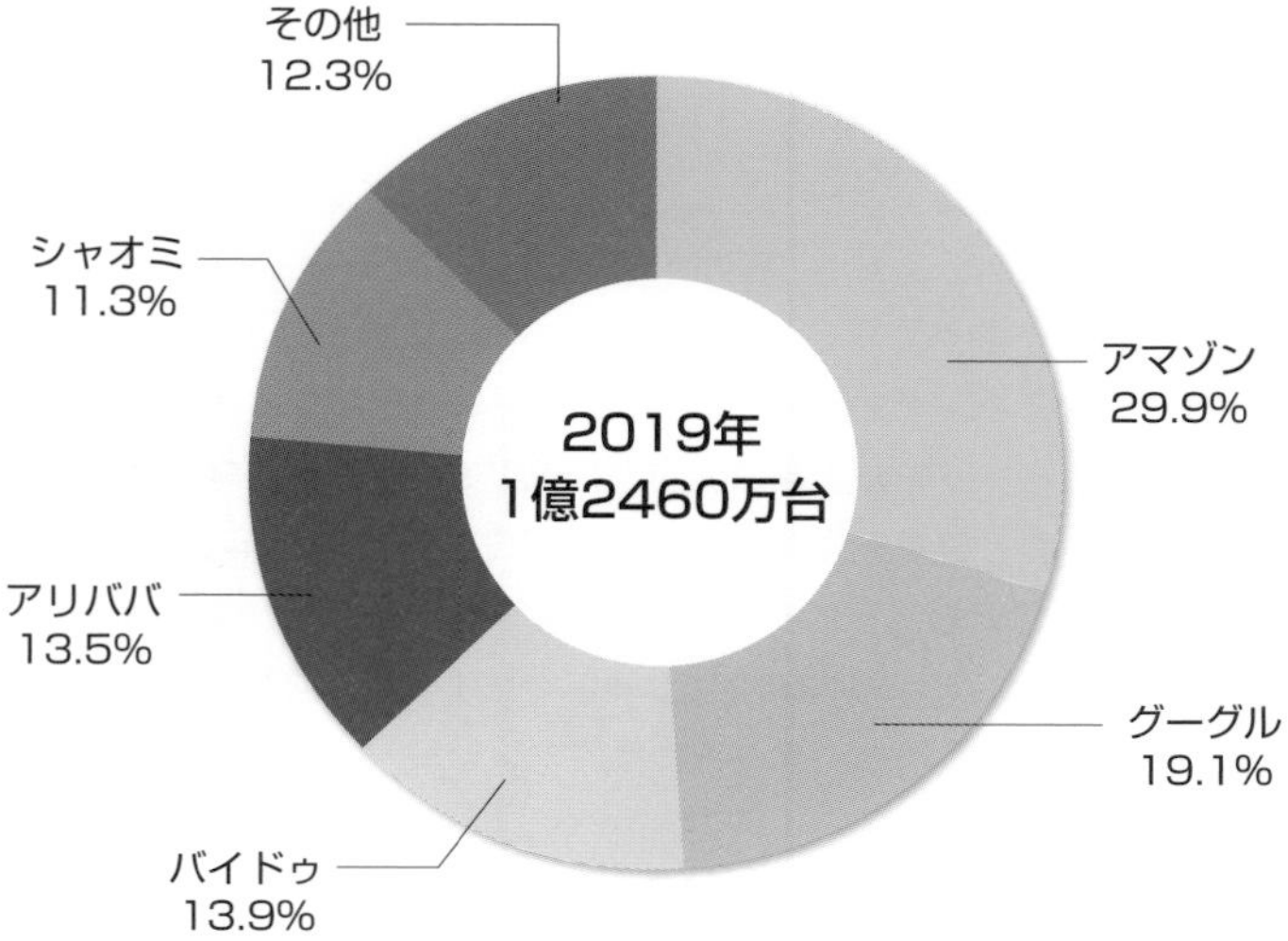

出典：Canalys

column

アマゾン・レンディングとは何か

●アマゾンの金融業

エンドユーザーを対象にしたECにより、アマゾンは顧客が有する膨大な量のクレジットカード情報を手許に持ちます。そのため、アマゾンが銀行業に進出するのではないかと、以前から噂されています。

銀行業にはまだ進出していないとはいえ、実際アマゾンは多様な「金融サービス」を提供しています。まず、アマゾンのIDを使用した決済サービス「アマゾン・ペイ」があります。アメリカでは2007年からスタートし、日本でも2015年から始まりました。こちらはアマゾンIDを他のサイトで利用できるようにするサービスです。JINSや阪急百貨店、コメヒョー、ゾゾタウンなど、著名企業が同サービスを採用しています。さらに、2018年からは、実店舗でのQRコード決済も始まっています。いまやQRコード決済は激戦区になっていますが、アマゾンに出店する事業者やアマゾン・ペイを利用する事業者が、リアル店舗で採用する可能性もあるのではないでしょうか。

●取引実績から信用調査

もっともいまのところアマゾンがより銀行業に近いビジネスを行っているのは、エンドユーザー向けのB2Cよりも、事業者向けのB2Bにおいてです。**アマゾン・レンディング**と呼ばれるサービスがそれで、日本では2014年に始まりました。

アマゾン・レンディングとはアマゾンの出品事業者に対する融資サービスです。このサービスでは、アマゾンが出品事業者に対して、融資の上限額や期間、金利を提示し、融資を申し込むと最短五営業日で資金を調達できます。2回目から手続きのプロセスが簡略化されて最短三営業日で入金されます。融資額は10万円から最大5,000万円で、利率は年率で9.9%から13.9%となっています。返済期間は3カ月と6カ月の2種類で、返済額は事業者の売上が決済されるアマゾン・アカウントから自動的に引き落とされます。

アマゾンが出品事業者の過去の取引実績をがっちり握っていますから、信用調査もわけありません。また、出品事業者の売上が入金されるアカウントは、アマゾンの手の内にありますから、返済額の取りっぱぐれもないというわけです。

第7章

注目のサービス&技術を理解する

インターネットやその周囲では多様なサービスや技術が次々と生まれてきています。例えば、新型コロナウイルスの流行で、ZOOMがにわかに注目されるようになったのもその一つです。最終章ではインターネットと通信に関わるホットなサービス、話題の技術についてふれることにしましょう。

1 サブスクリプション型サービスの進展

一五年頃より、定額で使い放題のサービス「サブスクリプション」が台頭してきました。インターネット発のサブスクリプションはオフライン市場でも見られるようになっています。

一五年はサブスクリプション元年

一五年、アップルはストリーミングによる音楽配信**アップル・ミュージック**を日本で始めました。こちらのサービスではアップル・ミュージックにある音楽が定額で聞き放題になります。

また、同じ一五年には、**ネットフリックス**が日本上陸を果たし、月額定額で動画見放題のサービスを始めました。驚くことにアマゾンが、注文した商品が翌日に届くサービス「**アマゾン・プライム**」の会員（現在年会費四九〇〇円）向けに、動画見放題のプライム・ビデオの提供を開始したのも一五年でした＊。このように日本では、一五年が**サブスクリプション・サービス元年**と位置付けられそうです。

ところで、デジタル化された商品には、**限界費用**が限りなくゼロに近いという特徴があります。限界費用とは商品一個を作った際にかかる追加費用を指します。例えば音楽ＣＤならば、一枚追加して製造するのにＣＤの材料費やプレス費、ジャケットの印刷費などが必要になります。ところがデジタル化された映像や音楽は、ほぼコストなしで複製できます。ストリーミングならば複製も必要ありません。このようにサブスクリプション・サービスが成立するのは、追加費用がほぼゼロに近いデジタルがもつ性質がその背景にあります。

もっとも、ネット発のサブスクリプションは、居酒屋やカーリースといった**オフライン**にも広がりつつあります。ただし、リアル経済では限界費用が必要なため、何らかの条件が付くのが一般的です＊。

用語解説

＊…**15年でした**　現在アマゾンでは動画のほかに音楽や電子書籍の聞き放題、読み放題も提供している。動画、音楽、電子書籍ともプライムに登録されている作品のみが「放題」となる。

＊…**一般的です**　例えば居酒屋の場合、月額定額でアルコールが飲み放題、ただし1日1回までで料理を2品以上注文、などの条件が付く。

世界の音楽配信売上高・契約数の推移および予測（図 7.1.1）

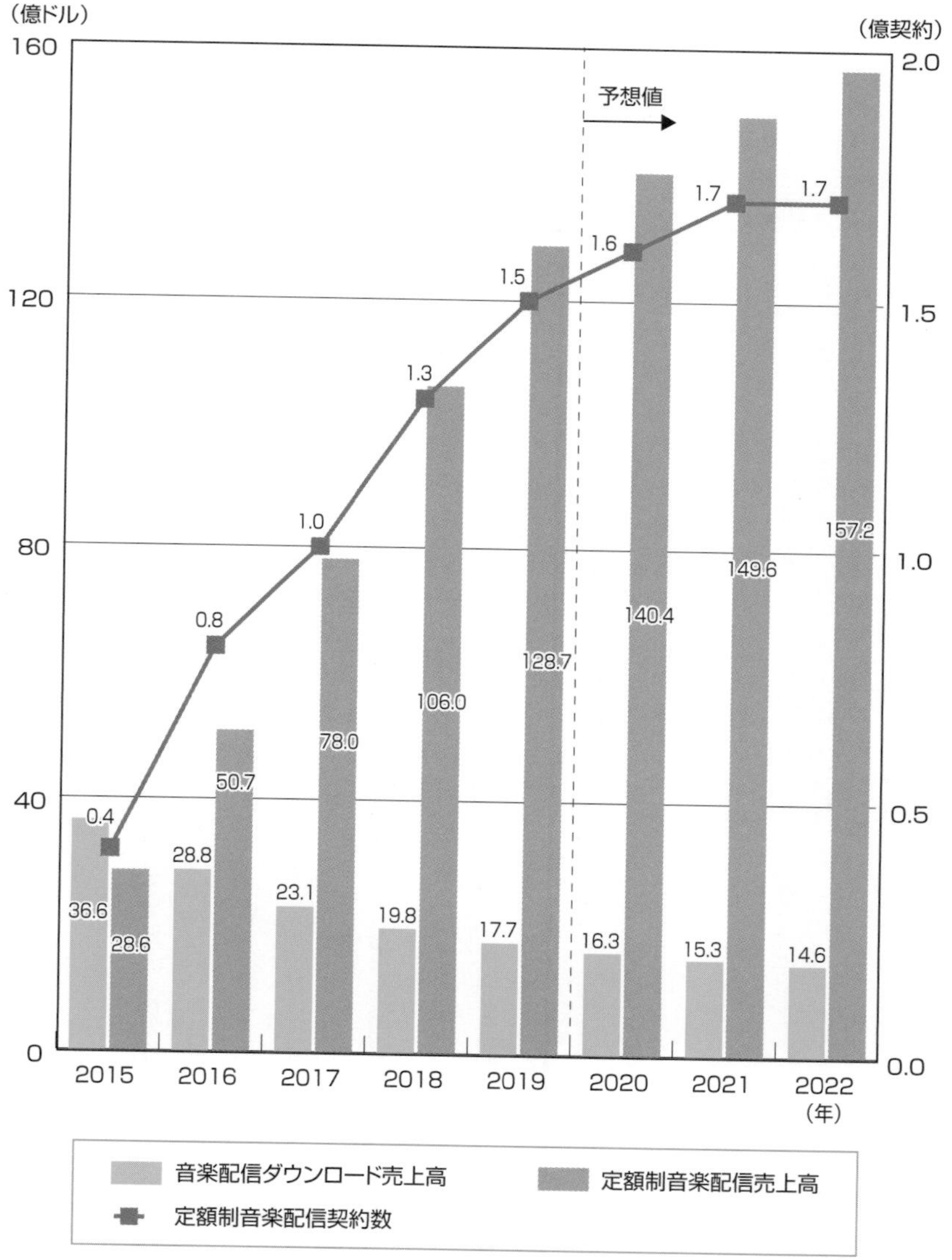

出典：総務省「令和 2 年版情報通信白書」を基に作成

ゼロ・レーティングとは何か

「ゼロ・レーティング」というキーワードを耳にするようになりました。ここでは具体的なサービス例を挙げてゼロ・レーティングがどのようなものか、その実態と課題を見ましょう。

データフリーという武器

ゼロ・レーティング＊は、通信事業者が対象アプリの通信には課金しないサービス、あるいはデータ容量が上限になっても対象サービスについては速度が落ちないようにすることを指します。

例えば、ソフトバンクとネイバーの合弁会社**ラインモバイル**では、データ通信容量が３ＧＢ、６ＧＢ、12ＧＢそれぞれのプランで、対象サービスに三種類のゼロ・レーティングを適用しています＊。①ラインデータフリー（対象：ライン）、②ＳＮＳデータフリー（対象：ライン、ツイッター、フェイスブック）、③ＳＮＳ音楽データフリー（対象：②にインスタグラム、ラインミュージック、スポティファイ、ＡＷＡ）の三種類です。ラインでは**データフリー**と表現していますが、これはゼロ・レーティングと同義です。

また、ａｕでは「データＭＡＸ５Ｇ」のプランで、ネットフィリックスやアップル・ミュージック、ユーチューブ・プレミアムなどの利用料を含むプランを提供しています＊。テザリングに制限はあるものの、基本的に使い放題なので、こちらのサービスも広義ではゼロ・レーティングの一種と見ることもできます。

なお、ゼロ・レーティングについては課題も指摘されています。ゼロ・レーティングでは、利用者の通信実態を把握する必要があります。この行為が憲法の保障する**通信の秘密**に抵触しないかという点です。また、公平であるべき通信事業者が、特定事業者のサービスのみを優遇してもよいのか、との声もあります。

用語解説

＊**ゼロ・レーティング**　zero-rating。レートのゼロ化（無料化）を意味する。
＊…**適用しています**　本稿執筆時。NTTドコモのアハモ対策で、ラインモバイルのサービスに大きな変更が加えられることが予想される。
＊…**提供しています**　同じく本稿執筆時。

ラインとauのサービス（図7.2.1）

●ラインのデータフリープラン

出典：ソフトバンクのホームページ

● auのセットプラン

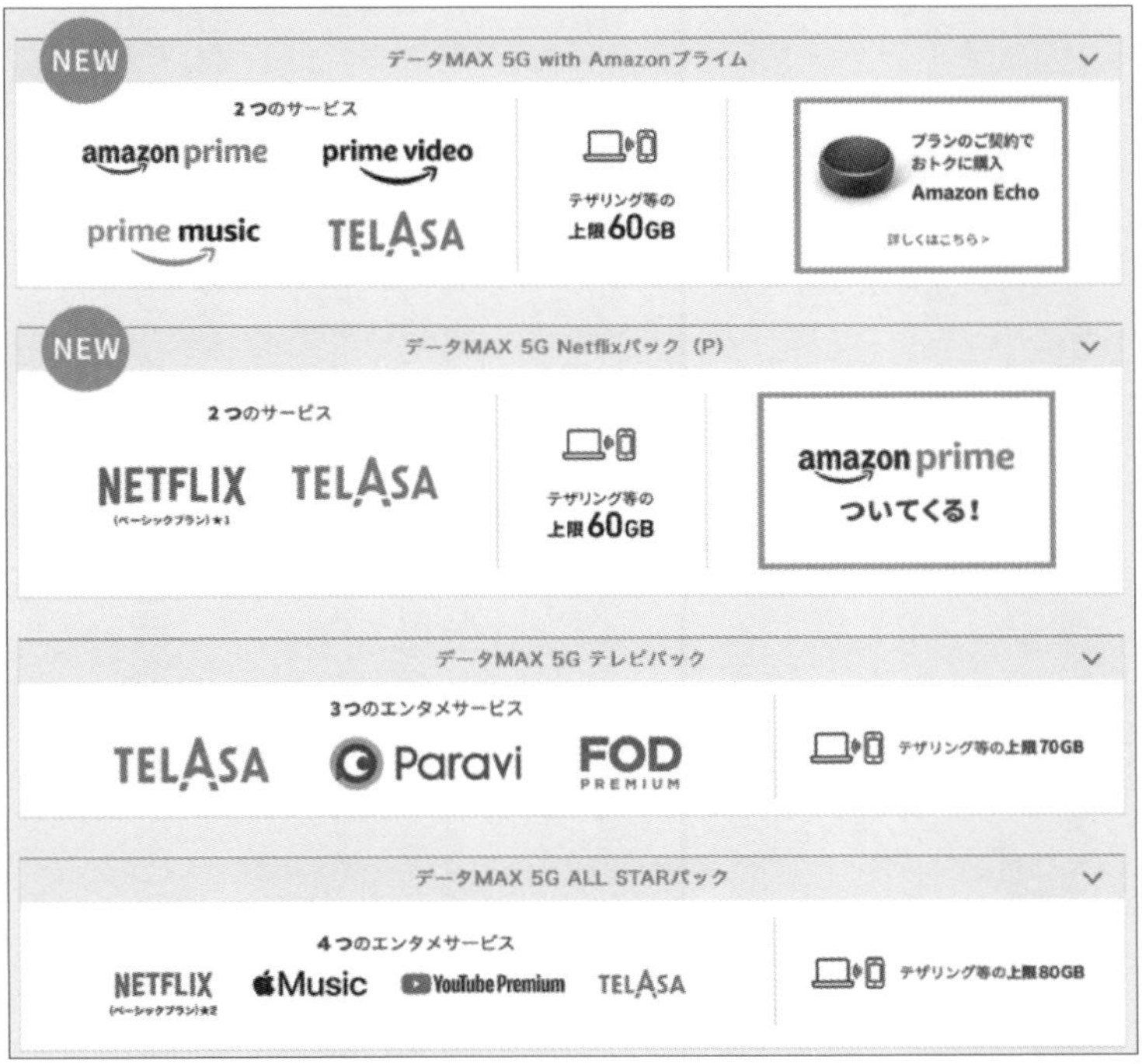

出典：auのホームページ

3 テレビ広告を超えたインターネット広告

一九年の日本の総広告費は六兆九三八一億円で、そのうちインターネット広告費は二兆一〇四八億円でした。伸び率は前年比一一九・七%で、総広告費の三〇・三%を占めます。

急成長するインターネット広告

日本の広告会社最大手の電通は毎年、日本の広告市場の規模を推計したレポートを公表しています。その「二〇一九年　日本の広告費*」によると、一九年の日本の総広告費は**六兆九三八一億円**、前年比一〇六・二%と五年連続でプラス成長になったと報告しています(図7・3・1)。

日本の総広告費は、〇七年時には七兆一九一億円で七兆円を超えていました。ところが、〇八年に起こったリーマンショックの影響で、この年以降、広告市場規模は四年連続で前年割れが続いていました。それが一二年にはようやく五年振りに前年実績を上回り、それ以降はほぼプラス成長が続いています。

この日本の総広告費にあって**インターネット広告**が非常に元気です。一九年のインターネット広告費は**二兆一〇四八億円**、前年比**プラス一九・七%**という高い成長ぶりで、テレビ広告費を初めて上回りました。広告費全体に占めるインターネット広告費の割合も**三〇・三%**に高まっています。

また、インターネット広告費のうちインターネット広告媒体比は一兆六六三〇億円、インターネット広告制作費は三三五四億円と、両者とも順調に規模を拡大しています(図6・5・2)。

動画広告のニーズが高まっているのも近年のインターネット広告の特徴です。通信回線のさらなる高速大容量化を念頭に置くと、今後は動画広告がインターネット広告を牽引するのではないでしょうか。

用語解説

＊**日本の広告費**　「2019年　日本の広告費」(http://www.dentsu.co.jp/news/release/2017/0223-009179.html)

日本の総広告費とインターネット広告費の推移（図 7.3.1）

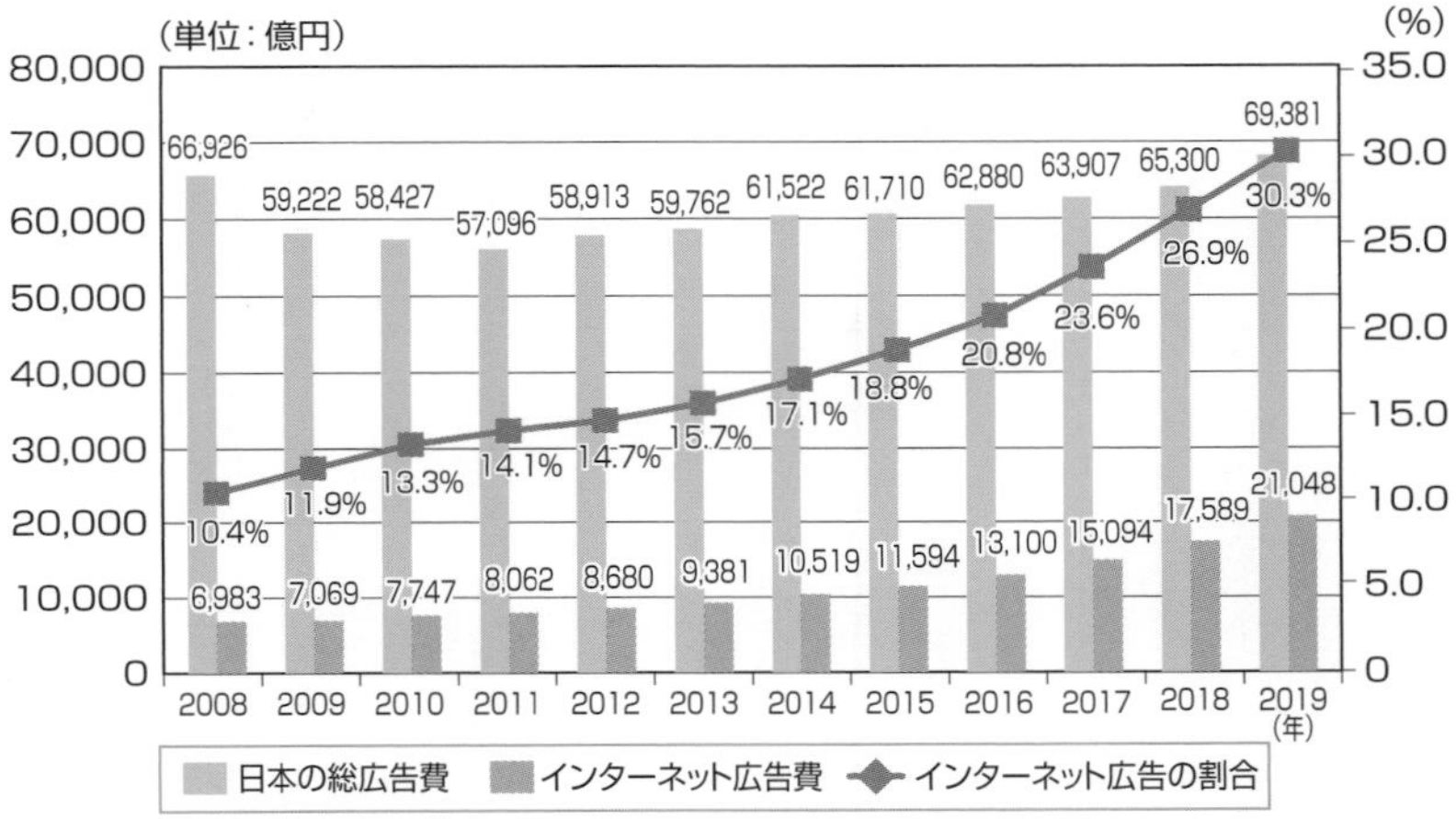

出典：電通「2019 年日本の広告費」を基に作成

内訳別インターネット広告費の推移（図 7.3.2）

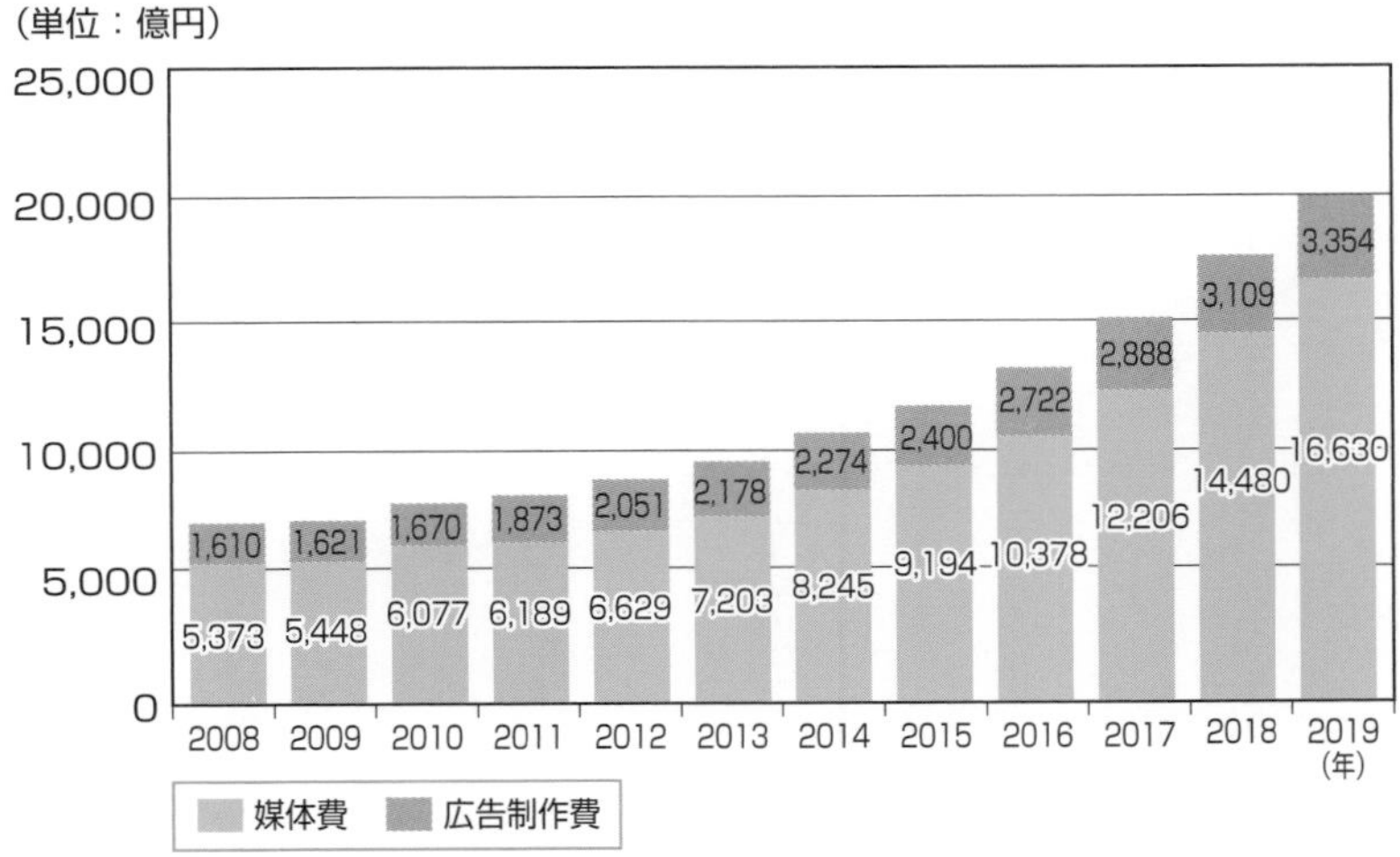

出典：電通「日本の広告費」各年を基に作成

4 新型コロナウイルスで進展したテレワーク

中国武漢から発生した新型コロナウイルスによって注目を集めたのがテレワークです。今回の事態を機会に働き方が大きく変わり、テレワークが一般的になる可能性もりあます。

テレワークで注目されたもの

パーソナル総合研究所の調査によると、新型コロナウイルス発生後の三月と四月における**テレワーク**の実施率は、一三・二%から**二七・九%**と二倍以上に拡大しました（図7・4・1）。また、日本生産性本部の調査によると、コロナ収束後もテレワークを行いたいかとの問いに、「そう思う」「どちらかというとそう思う」と答えた人は全体の**六二・七%**と、三分の二に近い割合になっています（図7・4・2）。

今回、テレワークの実施率が高まることで、様々なものに光が当たりました。まず、遠隔ビデオ会議システム**ZOOM**への注目です。インターネットを用いて簡単に遠隔会議が行えるZOOMは、使い勝手の良さが受けて利用者を大幅に拡大しました。筆者も二〇年度は学校側の指示により、ZOOMを用いた遠隔授業を初めて行い、その可能性を実感した次第です。

新聞報道によると、二〇年八月〜一〇月期のZOOM契約者数は**四三万三七〇〇件**で前年同期の五・九倍、純利益は**一億九八四四万ドル**（約二一〇億円）と前年同期の九〇倍に増えたといいます*。

他にもノート型パソコンの売上増加、部屋着の人気、フードデリバリーの定着、在宅トレーニング、シェアオフィスやリゾート地で仕事をするワーケーションなど、テレワークに関連して多様なものが注目されました。このように考えると、なかなか進まなかったテレワークが定着するなど、今後の働き方が大きく変わる可能性もあります。

用語解説
＊…**といいます**　日本経済新聞2020年12月1日（https://www.nikkei.com/article/DGXMZO66837620R01C20A2I00000）

3月と4月のテレワーク実施率（図 7.4.1）

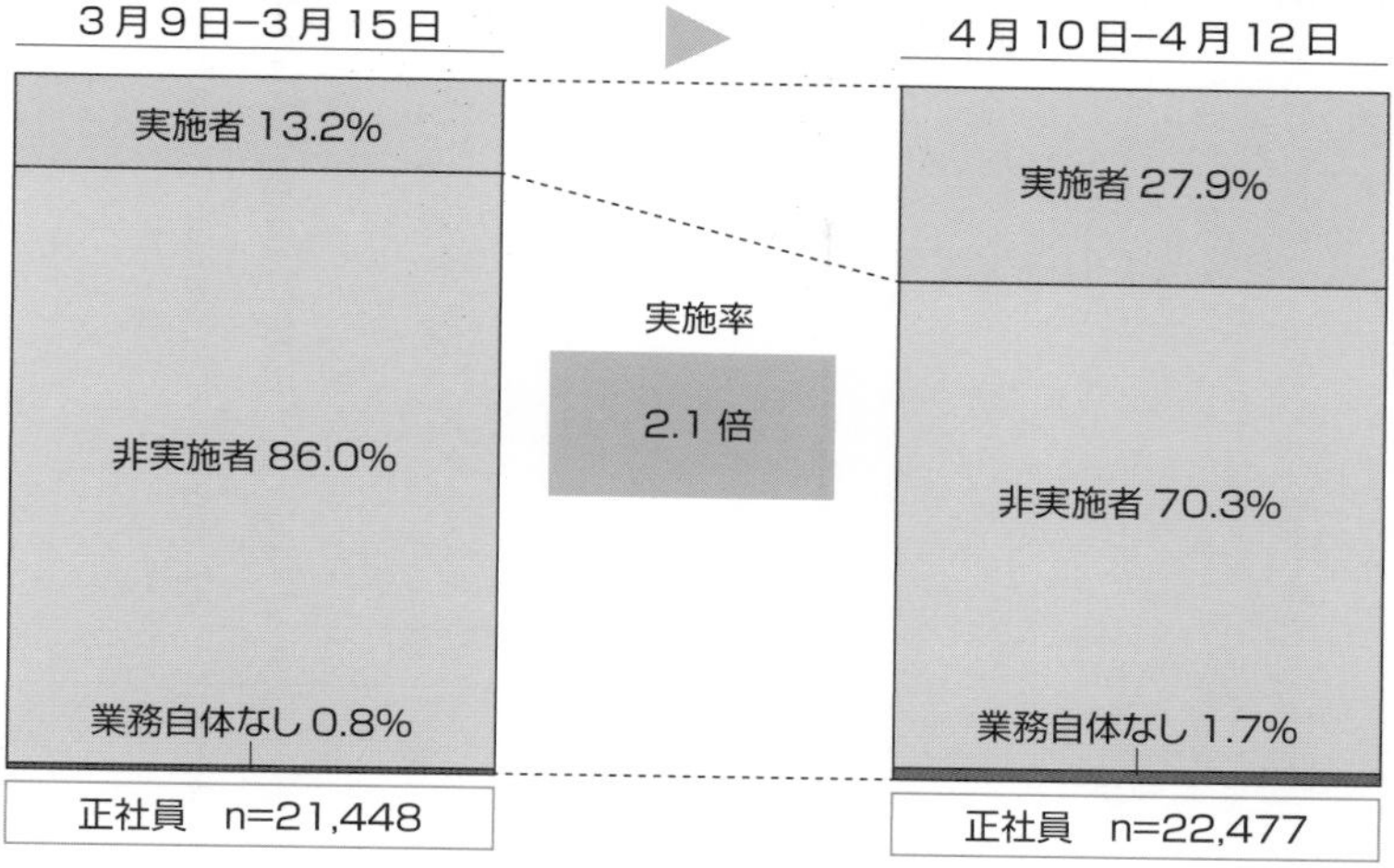

出典：パーソル総合研究所(2020)

テレワーク継続意向（図 7.4.2）

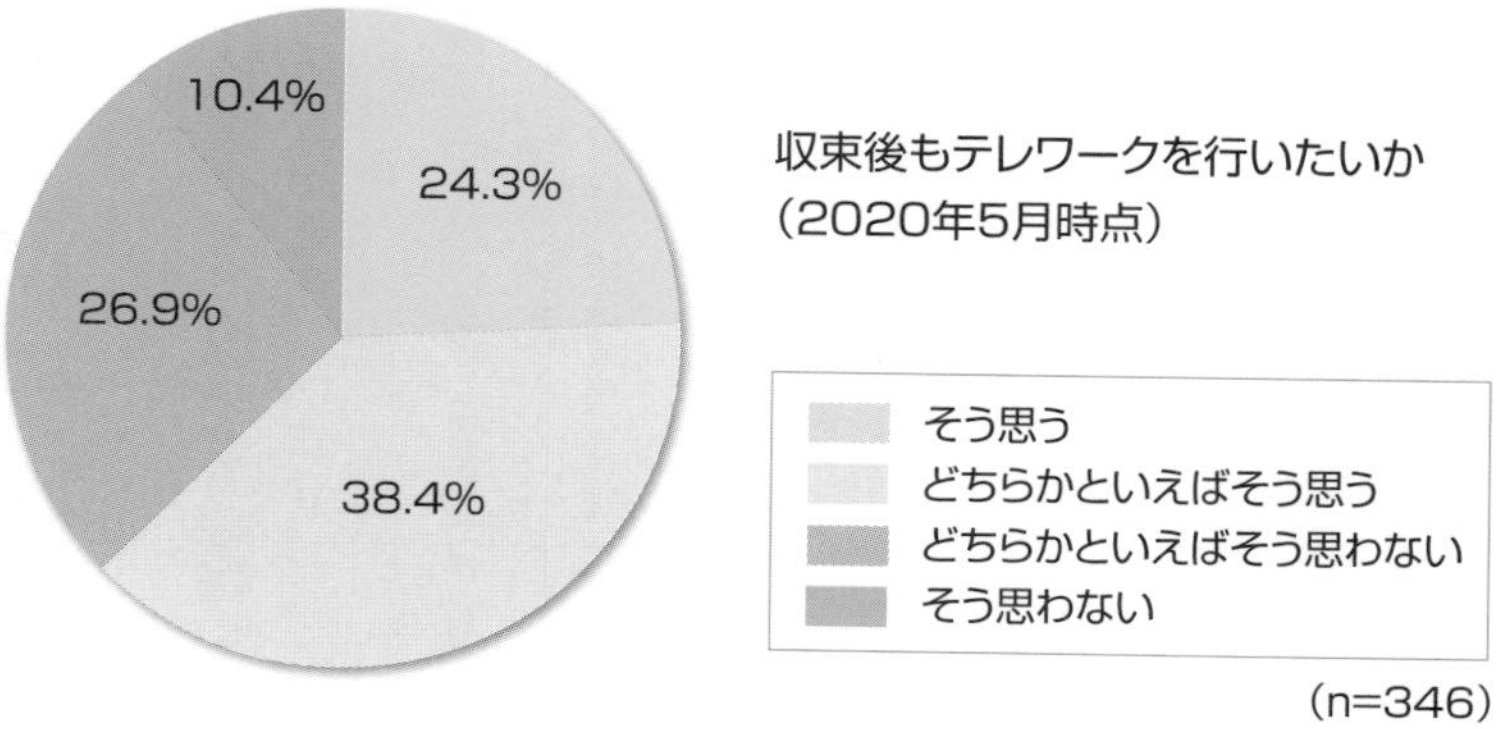

出典：公益財団法人日本生産性本部(2020)「第 1 回働く人の意識調査」を基に作成

5　SaaSからXaaSへ

SaaS、PaaS、IaaSは、いずれもクラウド・コンピューティングと関わりが深いキーワードです。さらにこれらが発展していまやXaaSが注目を集めるようになってきています。

クラウドの多様なタイプ

SaaS（サース）、**PaaS**（パース）、**IaaS**（イース）は、ソフトウェア・アズ・ア・サービス、プラットフォーム・アズ・ア・サービス、インフラストラクチュア・アズ・ア・サービスの略称です＊。いずれもクラウド・コンピューティングと関わりが深く、サービスとして「ソフトウェア」や「プラットフォーム」、「インフラストラクチュア」を提供することを意味しています。

ＳａａＳはサービスとして提供されるソフトウェアのことです。マイクロソフトの「オフィス」はかつてパッケージ・ソフトでしたが、いまやクラウドから提供するＳａａＳが主力になっています＊。

ＰａａＳは、クラウド側にアプリケーション開発環境および稼働環境を構築して、これらを利用者に提供するサービスです。最後のＩａａＳは、サーバーのＣＰＵ能力やストレージのスペースなど、物理的なサービスを提供します。

このように、クラウド・コンピューティングの用語として登場したＳａａＳやＰａａＳですが、これが発展していまや**XaaS**（ザース）が注目されるようになりました。これはあらゆるもの（Ｘ）がデジタル・トランスフォーメーションによりサービスとして提供されることを示しています。例えば自動車のカー・シェアリングやサブスクリプション・サービスは、モビリティ（移動手段）をサービスとして提供することであり、ＸａａＳの一種ということになります。このような移動手段向けＸａａＳを**MaaS**＊（マース）と呼んでいます。

用語解説

＊…**略称です**　SaaS=Software as a Service、PaaS=Platform as a Service、IaaS=Infrastructure as a Service。IaaSはHaaS=Hardware as a Serviceといわれることもある。

SaaS、PaaS、IaaS（図6.5.1）

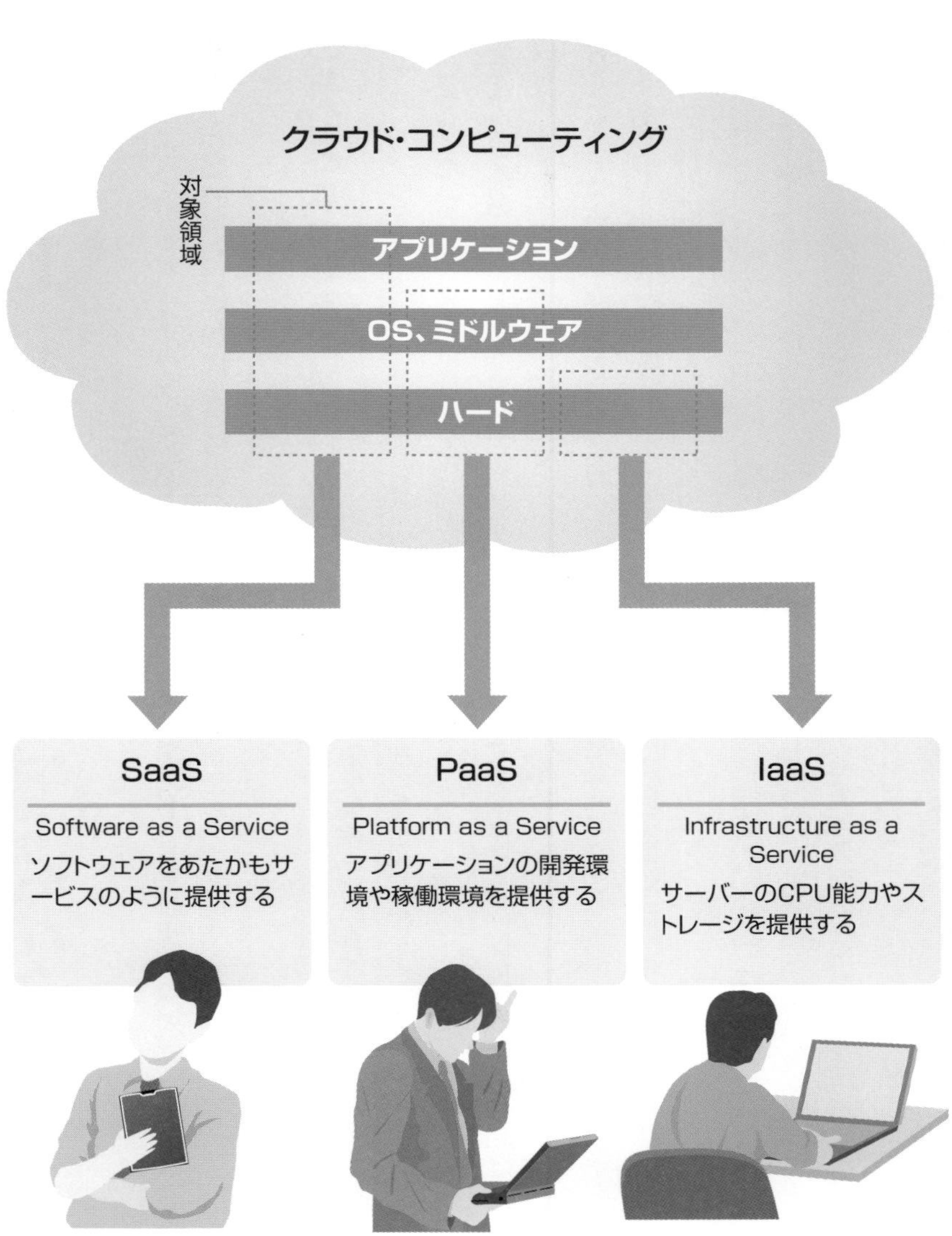

用語解説

＊…**なっています**　マイクロソフトが提供するOffice365などがこちらに相当する。

＊**MaaS**　Mobility as a Serviceの略。他にも建築や製造など多様な産業でXaaS化の動きが顕著になっている。

6　VR、AR、MRは普及するのか

ヴァーチャル・リアリティ、オーグメンテッド・リアリティ、ミックスド・リアリティといったように、現実世界と3Dデータが融合する世界が現実のものとなってきました。

現実のものとなってきたMRやVR

ヴァーチャル・リアリティ（ＶＲ／仮想現実）に**オーグメンテッド・リアリティ**（ＡＲ／拡張現実）、さらに両者を含む**ミックスド・リアリティ**（ＭＲ／複合現実）の技術が著しい進展を見せています。

例えばマイクロソフト社の「**ホロレンズ2**＊」はヘッドマウンテッド式のＭＲデバイスで、本体にＣＰＵを搭載しており単体での利用が可能になっています。カメラやセンサーをもち、これらを通じて現実世界をスキャンして３Ｄとしてとらえます。その上に仮想的なデータを追加できます。

トヨタ自動車では自動車整備にホロレンズ2を活用しており、複雑になった配線などの整備方法をホロレンズ上の仮想データで指示するシステムを構築しています。また、通信回線を用いれば、遠隔にいるエキスパートが現場の様子を確認し、作業をアドバイスすることも可能になっています。

同じヘッドマウンテッド式の「**オキュラス**」は、フェイスブックが買収したＶＲヘッドセット・デバイス製造企業の製品です。フェイスブックでは、今後、ソーシャル・ネットワークのプラットフォームがＶＲに移行すると予想し、同社を買収した経緯があります。一七年にはＶＲのＳＮＳプラットフォーム「**フェイスブック・スペース**」をリリースしました。こちらのＳＮＳでは、オキュラスを通じて複数の友人と仮想の場所でコミュニケーションできます。友達はアバターとして登場し会話や身振り手振りを行えます。

用語解説

＊**ホロレンズ2**　MRデバイス「HoloLens 2」。2019年11月より法人販売を始めた。

HoloLens2 と OCULUS QUEST 2（図 7.6.1）

● HoloLens2

● OCULUS QUEST 2

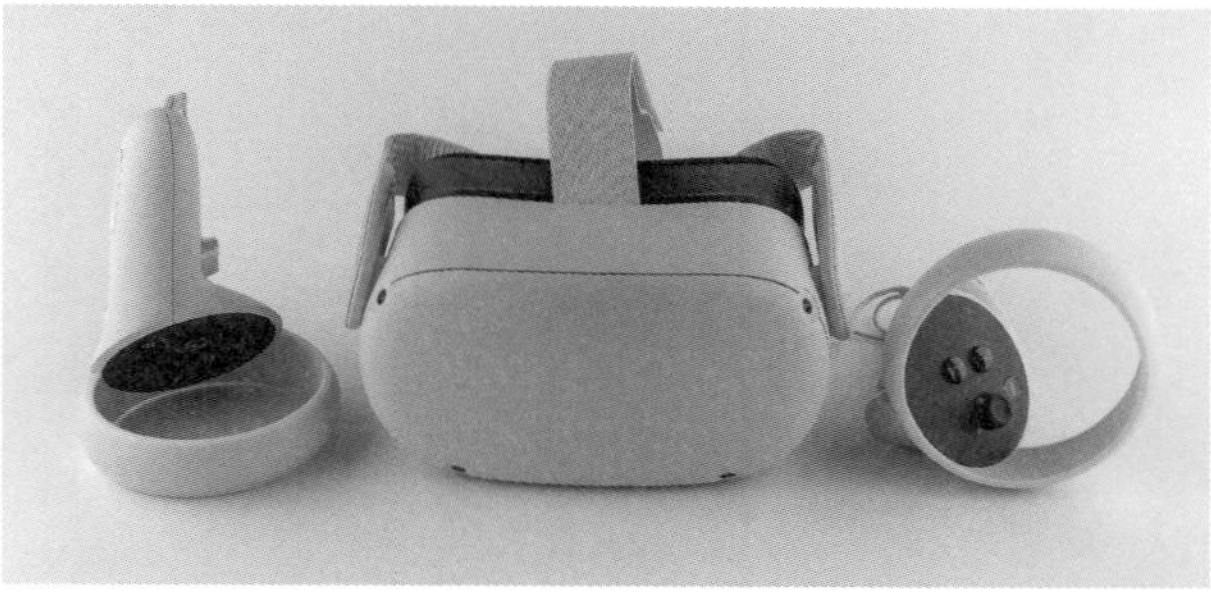

写真提供：**HoloLens2**　Microsoft corporation
OCULUS QUEST 2　Shutterstoc、Craig Russell／CynthiaAquino

7 キャッシュレス化とJPQR構想

かつてガラケーの時代に、日本ではおサイフケータイが普及しました。しかしいまや、スマホアプリを用いたキャッシュレス決済の進展が目覚ましい勢いで進展しています。

多様化するQRコード決済

一九年一〇月、消費税率が八%から一〇%に上がるのに伴って、政府では**キャッシュレス決済**へのポイント還元キャンペーンを実施し、消費の落ち込みを下支えしました。これを機にキャッシュレス決済への機運が高まりました。

キャッシュレス決済には大きく、交通系の電子マネーに見られる**プリペイド方式**、スマートフォンとQRコード(バーコード)を利用して決済する**リアルタイムペイ方式**、クレジットカードの**ポストペイ方式**があります。

今回のポイント還元キャンペーンを通じて一躍話題となったのが、リアルタイムペイ方式を用いた**QRコード決済**です。種類も多様で、ソフトバンク系の**ペイペイ**や**ラインペイ**、**楽天ペイ**、**auペイ**、**d払い**などがあります。

しかしながら、あまりにもサービスが乱立したためか、**7ペイ**のように不祥事で早々に撤退するもの、あるいはオリガミ・ペイのように身売りするサービスも出てしまいました。

一方、多様な決済は店舗側や利用者の混乱をも招きます。そこで政府では、経済産業省と総務省が中心となって、多様化するQRコード・バーコード規格を統一する「**JPQR**」を打ち出して、事業者の参画を呼び込んでいます。

新型コロナの影響で、人と人の接触を少なくする傾向が強まっています。キャッシュレス決済もそうした傾向に沿うもので、今後じわじわと普及していくのではないでしょうか。

JPQR 事業チラシ（図 7.7.1）

出典：総務省HP、https://jpqr-start.jp/

第7章　注目のサービス&技術を理解する

8

勢いを増すO2O

スマートフォンのGPS機能を用いて、リアル店舗に顧客を誘引する施策の展開が活発化しています。これはO2Oの一手法です。いまや多様なO2Oが登場しています

O2Oとは何か

オンライン・ツー・オフライン(O2O*)という言葉を聞いたことがあると思います。これはオンラインでのプロモーション活動を通じて顧客をリアル店舗に送り込み購入を促す仕組みを指します。

　O2Oで最も著名な例はおそらく**マクドナルド**でしょう。マクドナルドでは従来チラシを用いてクーポンを発行して顧客の来店につなげていました。やがてこのクーポンはケータイ対応になりました。さらにスマートフォンが普及する現在、同社では**マクドナルド公式アプリ***を無料で提供しています。

　このアプリではクーポンの配信に加えて、スマートフォンが持つ**GPS機能**を活用したプロモーションを実施しています。このアプリを利用すると、GPSにより地図上に自分がいる現在位置が表示されるとともに、最寄りのマクドナルド店舗が示されます。これにより、見知らぬ場所でも地図を頼りに店舗に向かい「見せるクーポン」を提示すれば割引が受けられる仕組みです。

　スマートフォンの**GPS**機能を用いて自分の現在地を送信することを**チェックイン**と呼びます。マクドナルドのものはこのチェックイン機能をO2Oに活用した一例です。またポイントと連携するO2Oの動きもあります。例えば、専用アプリを立ち上げて店舗に足を運ぶとチェックインが自動的に行われて、ポイントを得られるという仕組みです。

　今後、スマホ・GPS・O2Oの組み合わせはさらに進展するのではないでしょうか。

用語解説

＊**O2O**　Online to Offlineの略。
＊**マクドナルド公式アプリ**　Google PlayやApp Storeで無料入手できる。

マクドナルドのO2O（図7.8.1）

▼アプリトップ

▼位置情報

▼見せるクーポン

9 O2OからOMOへの進展

前節で見たO2O(オンライン・ツー・オフライン)がバズワードの一つになって久しくなります。そしていまやO2OからOMO(オンライン・マージズ・オフライン)がバズワードになった感があります。

OMOの典型「アマゾン・ゴー」

リアル店舗がSNSで会員を集め、SNSを通じてクーポン券などを配信し、来店を促す施策は、現在では決して珍しいものでなくなりました。このような手法は前節でふれたオンラインを活用してリアル店舗に客を誘導する**O2O**の一種です。

一方、現在話題になっているのが**OMO***です。こちらはオンラインとリアル店舗の高度な融合を目指す手法を指します。その典型はアマゾンが展開するレジなし店舗**アマゾン・ゴー**に見ることができます。

アマゾン・ゴーは「行列なし、会計なし」をモットーにする新時代の店舗で、スマホに本人確認のQRコードを表示して入店時にかざし、店舗内で買い物して店を出ます。すると自動的に会計が行われて、レシートがスマホに送られる仕組みです。

店内に無数のカメラとセンサーを設置して、どの顧客が何を購入したのかAIがチェックする仕組みです。一八年にはアマゾンのお膝元シアトルに一般向け店舗がオープンし、二一年までに三〇〇〇店舗を目指すともいわれています。

アマゾンではリアル店舗でもデータを収集し、マーケティングに活かす戦略なのでしょう。またアマゾンでは、アマゾン・ゴーのビジネスモデルを他社にライセンスすることも視野に入れている模様です。そうすれば、販売データはますますアマゾンの元に蓄積することになるでしょう。このようにOMOとは、既存ビジネスの**DX**化を意味していることがわかります。

用語解説

* **OMO**　Online Merges Offlineの略。

OMOとしての Amazon Go（図 7.9.1）

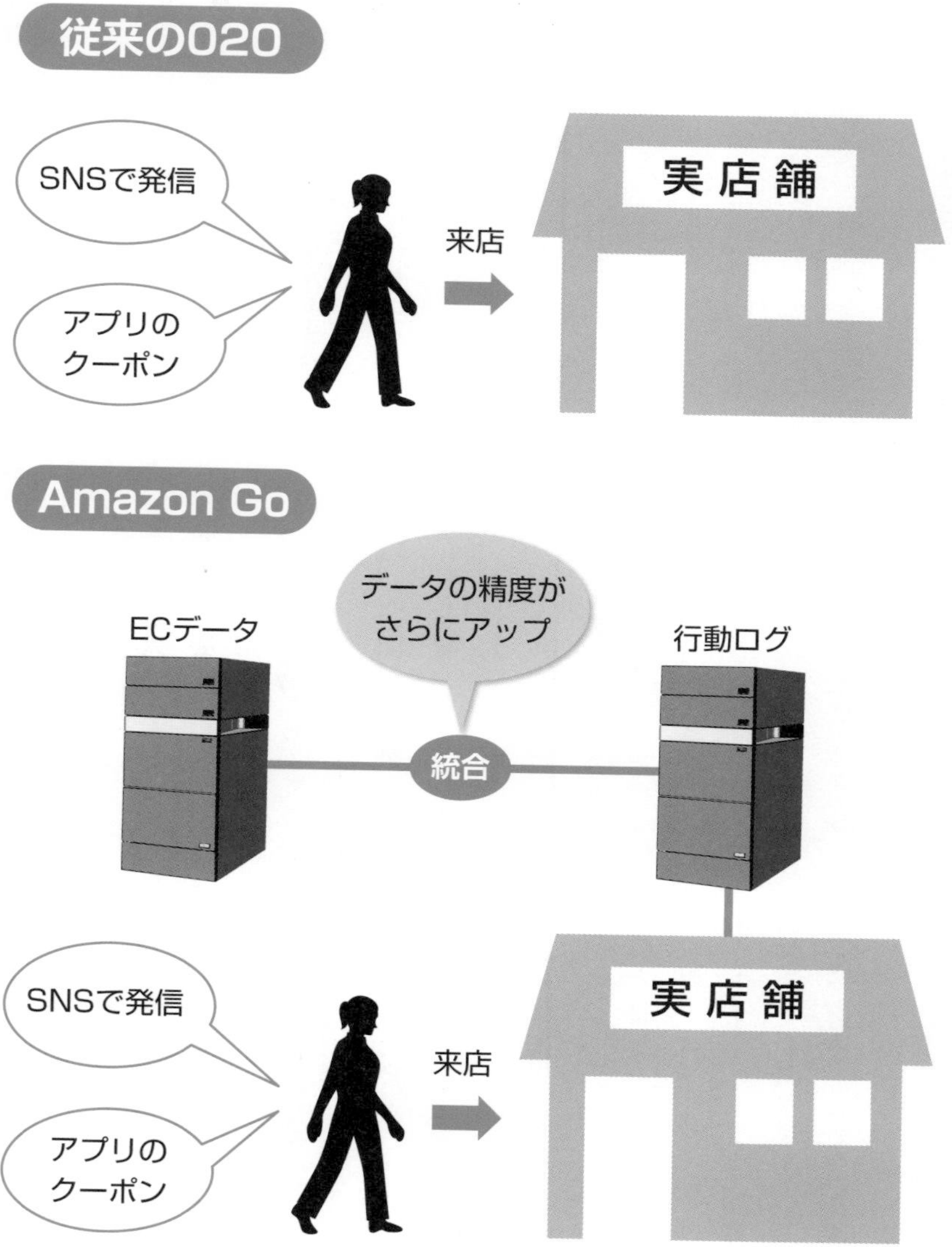

10 情報銀行とは何か

情報銀行とは個人との契約に基づき、その人に関する個人データを管理し、個人からの許諾や条件に応じて、該当する個人データを事業者に提供します。個人デーを管理しつつ、データ活用の促進を目指します。

個人データを第三者が管理する

データは「**21世紀の石油**」といわれています。そのためあらゆる分野でビジネスへのデータの活用が進んでいます。

その一方で個人のデータが、どのような企業にどのような形で使用されているのか、本来の所有者である私たち自身にとっても大変わかりにくくなっています。このような背景のもと、**情報銀行**を設立する動きが顕著になってきました。

情報銀行とは、個人からの委任を受けて、その人に関する個人データを管理し、個人からの許諾や条件に応じて、該当する個人データを、データ活用を希望する事業者に提供します。個人はこの事業者から、直接的または間接的に便益を受けます。

総務省および経済産業省では、「**情報信託機能の認定に関わる指針**＊」として、情報銀行の基準を明示し、その基準に従って一般社団法人日本IT団体連盟が情報銀行の認定を行っています。認定には既存サービスを認定する**通常認定**と、予定しているサービスを認定する**P認定**の二種類があります。

すでに認定を受けた事業者には、三井住友信託銀行の「**データ信託サービス**」(仮称)、ソニーとイオングループの合併会社フェリカポケットマーケティングの「**地域振興プラットフォーム**」(仮称)などがあります。いずれもP認定によるものです。また、データサイン社が提供する「**パスピット**」は二〇年三月に日本初の通常認定を受けた情報銀行サービスです。

用語解説

＊**情報信託機能の認定に関わる指針**　2018年にバージョン1を発行し、現在はバージョン2になっている。https://www.meti.go.jp/press/2019/10/20191008003/20191008003-3.pdf

情報銀行の仕組み（図 7.10.1）

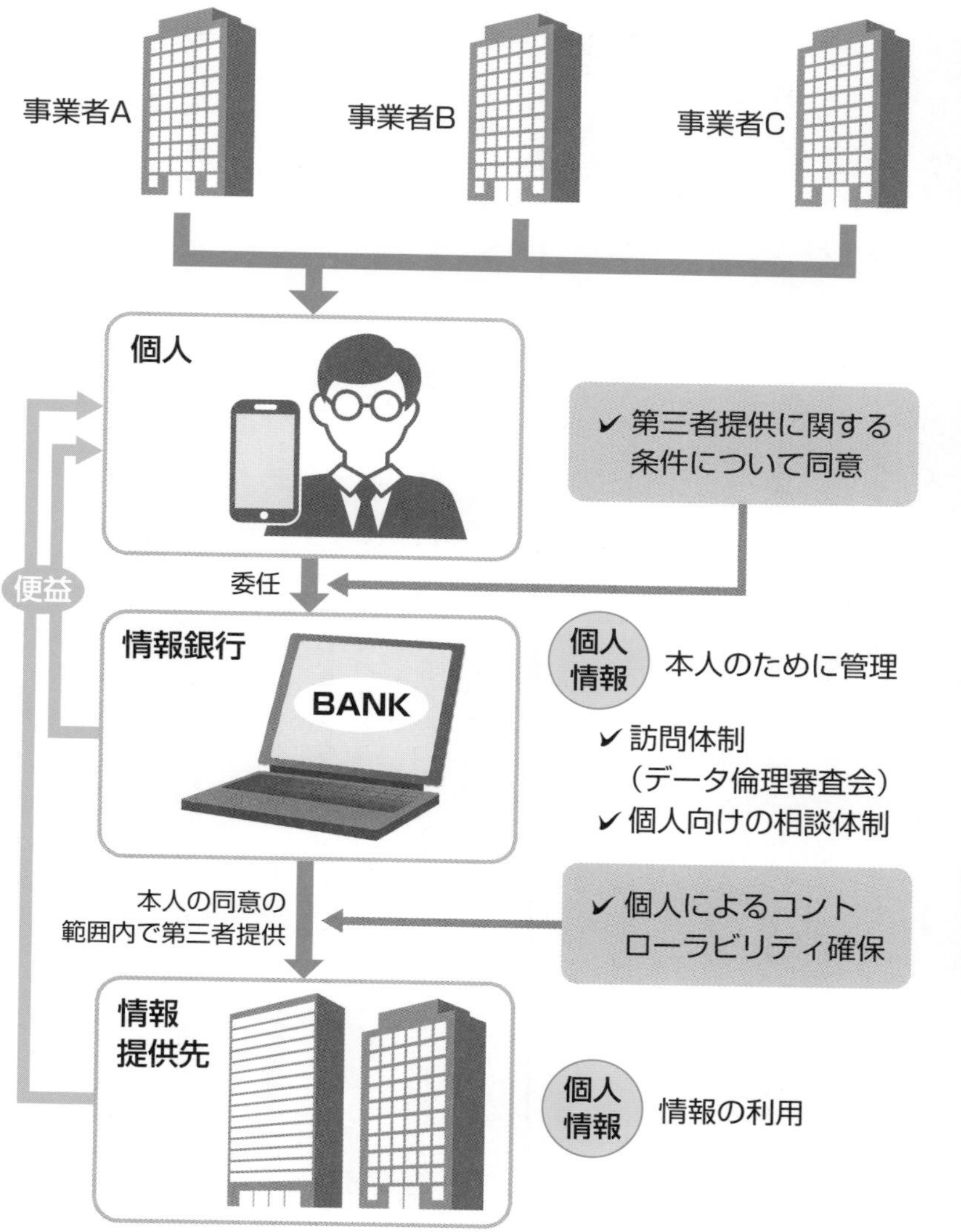

出典：情報信託機能の認定スキームの在り方に関する検討会「情報信託機能の認定に係る指針 ver2.0」

11

GDPRへの取り組み

インターネット上の検索履歴や行動履歴、購買履歴がログとして蓄積される現在、これらはターゲティング広告に利用されています。しかし基本的人権の立場から、個人情報保護の強化が進展しています。

GDPRとは何か

インターネットでは、個人を特定しない範囲で、検索履歴や行動履歴、購買履歴を蓄積できます。これらのログは**ターゲティング広告**をはじめとしたマーケティング活動に活用されています。

しかし、個人情報はそれぞれ個人が所有するものであり、どのように使用するかは個人に権限があります。この個人の権限をより明確にしようという考えから生まれたのが**情報銀行**でした（7-10節）。

一方で国が個人情報の取り扱いを厳格化する動きも強まっています。その代表の一つに一八年からEUで施行された**一般データ保護規則**（GDPR＊）があります。同ルールでは、EU域内の消費者や労働者の個人データの使用やプライバシー保護を厳格化するもので、違反すると莫大な制裁金が課せられます。実際、一九年には、フランスのデータ保護規制当局が、グーグルに対してGDPR違反の廉として五〇〇〇万ユーロ（約六二億三三〇〇万円）もの制裁金を科すことを決定しました。

このようなこともあってか、NRIセキュアテクノロジーズが行ったGDPRへの対応状況に関する調査によると、「対応済み」「対応中・検討中」と回答した米国企業は前者が二一・三％、後者が五一・二％で、合わせて**七二・五％**にもなりました。

これに対して日本企業は、「対応済み」が八・五％、「対応中・検討中」が一六・三％と、両者を合わせてわずか**二四・八％**にしか過ぎませんでした。日本企業の関心の低さが明瞭になる結果です。

用語解説

＊**GDPR**　General Data Protection Regulationの略。

GDPRの対応（アメリカ企業と日本企業）（図7.11.1）

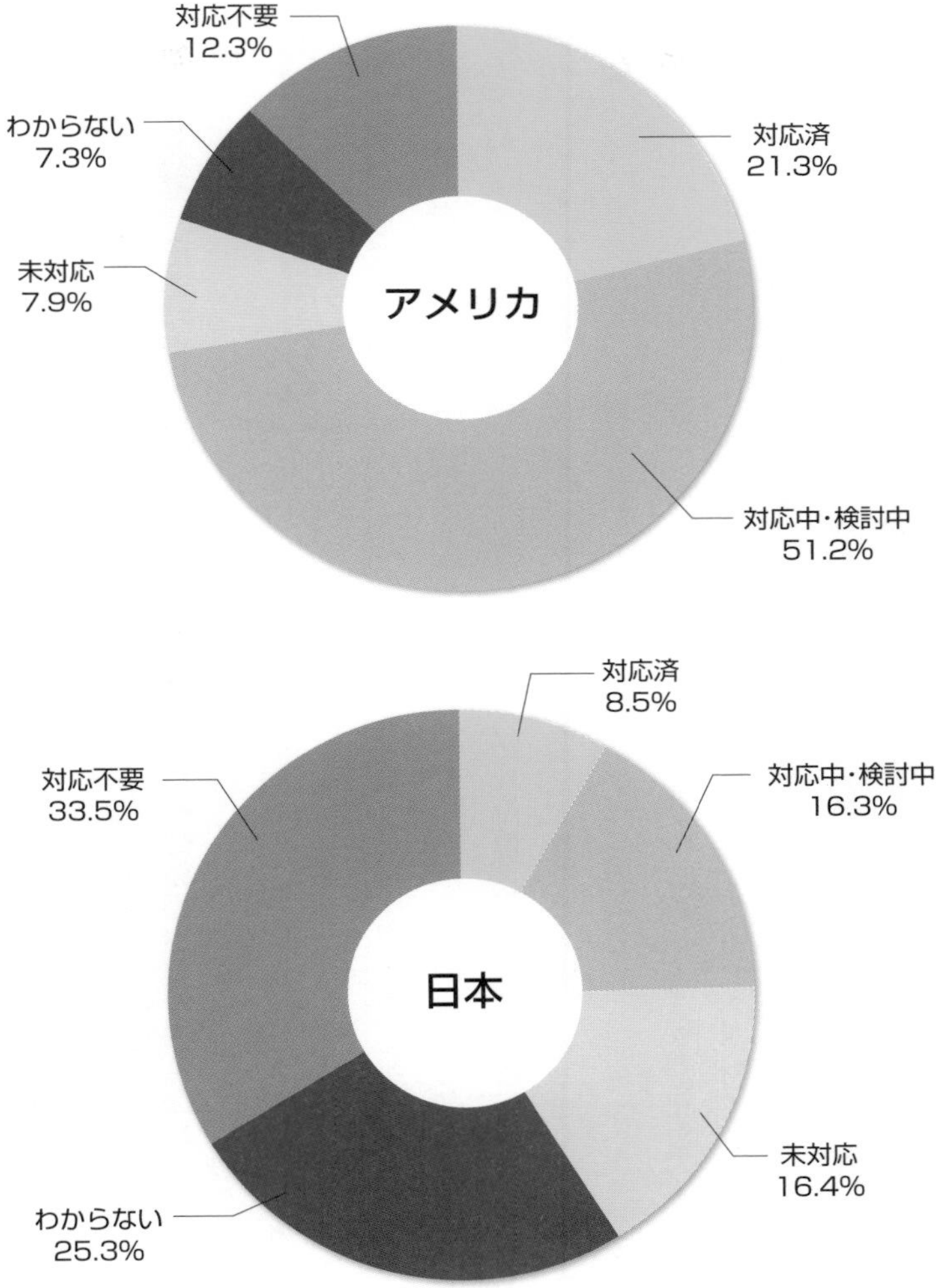

出典：野村総合研究所『ITナビゲーター　2020年版』

12 注目を集めるFinTechの現状

先端の情報通信技術を金融サービスに活用するベンチャーが注目を集めています。フィン・テックと呼ばれるこれらの企業群やその技術には、伝統的な金融事業者も注目しています。

金融に情報技術を活用する

フィン・テック(FinTech)とは、情報通信技術を大胆に活用して新たな金融サービスを開発・提供するベンチャー企業やその技術を指します。フィン・テックの活動範囲は非常に広く、決済から海外送金、個人資産管理、投資支援、クラウドファンディング、融資、保険などと多岐にわたります。

例えば、QRコード決済のようなスマートフォン決済サービスもフィン・テックの有力な一角になります。これらと同じ決済サービスながら、ユニークな手法で注目を集めているフィン・テックに**ストライプ***があります。同社ではサイト内に専用のコードを数行追加することで決済が可能になるサービスを提供しています。世界で一〇〇カ国以上、数一〇〇万社が同社のサービスを利用しています。

トランスファー・ワイズ*は海外送金を専門にするフィン・テックで、銀行経由での海外送金に従来必要だったコストを取り除いているところが大きな特徴です。送金手数料は銀行の最大八分の一です。一六年からは日本円のサービスも開始しました。

中小企業向け融資を手がける**カベイジ***では、融資申込者の融資履歴や購買履歴、SNSなどのデータなどをAIで分析し、融資の可否を判断します。審査時間は平均六分だそうですから驚きです。

ほかにも資産運用や投資など多様なフィン・テックのベンチャーが姿を現しています(図7・12・1)。フィン・テックへの注目はますます高まりそうです。

用語解説

*ストライプ　Stripe。https://stripe.com/jp
*トランスファー・ワイズ　TransferWise。https://transferwise.com/jp/
*カベイジ　Kabbage。https://www.kabbage.com

著名なフィン・テック（図7.12.1）

決済・送金

Square	Square （米国） 2013年	所有するスマートフォンやタブレットにリーダーを差し込むことで顧客のクレジットカードの決済が可能となる。取引情報は暗号化され、スマートフォンなどを介してSquare社のサーバーに送られる。
TransferWise	TransferWise （英国） 2011年	従来の銀行経由の国際送金では、送金人から受取人へ直接送金を行っていた。これに対してトランスファーワイズでは、国際間双方の送金ニーズをマッチングさせ、国内間で送金を完結させる。これにより手数料を大幅に安くしている。関東財務局から登録を受けた資金移動者で、三井物産などが出資している。
アリペイ	アリペイ （中国） 2004年	購入者の支払金をアリペイがいったん預かり、購入者が商品を確認し問題がなければ販売者に決済・支払いを行う。同社はアリババ集団傘下の決済サービス提供企業であり、同サービスの利用者は8億人以上であるとしている。

資産管理

ロボ・ アドバイザー サービス	チャールズ・ シュワブ （米国） 2015年	米国大手ネット証券会社の提供する人工知能を使った資産運用の助言サービスである。資金の運用に人間が関わらないため、低コストで運用が可能である。利用料は無料。同社によると、導入後、3カ月で30億ドル（約3600億円）の預かり資産を集めたとしている。
THEO	お金の デザイン （日本） 2016年	アルゴリズムを用いた個人向け資産運用アドバイス、同社によると、利用者が9つの質問に答えるとETF（上場投資信託）の約6000銘柄の中から、最適なポートフォリオを提案されるとしている。

融資・調達

Kabbage	Kabbage （米国） 2009年	人工知能を使い、中小企業向けの融資サービスを提供。融資申込者の決済サービスの利用履歴、ネットショッピングの購買履歴、ソーシャルメディアなどのデータを人工知能によって解析し、平均6分で融資の可否を判断する。
Peer-to-peer lending	Lending Club （米国） 2007年	個人が企業に対して融資を行う「ソーシャルレンディング」サービスを提供する。資金の出し手が個人であるため、1件当たりの融資額は少額。借り手は信用度別に分類され、貸し手はリスクや金利水準に応じて融資先を決定する。同社によると、融資額は2015年11月現在、130億ドルに上る。
SBI Social Lending	SBI ソーシャル レンディング （日本） 2011年	大手ネット証券が100%出資するソーシャルレンディング企業である。お金を借りたい人と貸したい人をインターネットを通して仲介する形態の金融貸付型のクラウドファンディングサービスを提供している。

出典：総務省「IoT時代における新たなICへの各国ユーザーの意識の分析等に関する調査研究」

13 ブロックチェーンは社会を変えるのか

一時は黒い噂も流れた暗号資産ビットコインの基礎技術に使用されているのがブロックチェーンです。フェイスブックが提唱するデジタル通貨にもこの技術が使用されています。

本格展開はまさにこれから

フィン・テックの有力分野の一つに、**ブロックチェーン**を用いた取引(トランザクション)があります。ブロックチェーンとは、対等の関係にあるコンピューター同士がつながった**P2P**＊型ネットワークを利用し、不特定多数の参加者がネットワーク上にある一つの取引情報を共同で管理します。取引に関する台帳を分散したメンバーで管理するイメージから**分散型台帳**とも呼ばれています。ブロックチェーンでは、不特定多数の参加者全員がこの一つの台帳を維持管理します。そのため改ざんに強いのがブロックチェーンの特徴です。

　このブロックチェーンの応用例の一つが暗号資産**ビットコイン**です。また、フェイスブックが提唱するデジタル通貨**リブラ**もその一つです。

　リブラは、複数の法定通貨を裏付け資産とする、いわゆる**ステーブル・コイン**の一種に位置付けられるものです＊。しかしながら、国家の通貨発行権を侵しかねないリブラの導入に対して、各国や国際機関は一斉に警戒感をあらわにしました。そのため、当初二〇年からの運用が計画されていたリブラは、各国の理解が得られるまで発行は見送りになりました。

　そのような中、二〇年一二月一日には、突然リブラから**ディエム**への名称変更が発表され、ドルのみに連動するデジタル通貨として発行を目指すことになりました。今後ディエムが本当に流通するのか、成り行きに注目が集まります。いずれにせよブロックチェーンはデジタル通過実現のための基礎技術になっていく模様です。

用語解説

＊**P2P**　Peer to Pee(ピア・ツー・ピア)の略

＊**GPSG**　Global Payments Steering Groupの略。

＊**…ものです**　ビットコインは暗号資産(仮想通貨)の代表であり裏付け資産がない。そのためリブラはビットコインと一線を画す。

ブロックチェーンの仕組み（図 7.13.1）

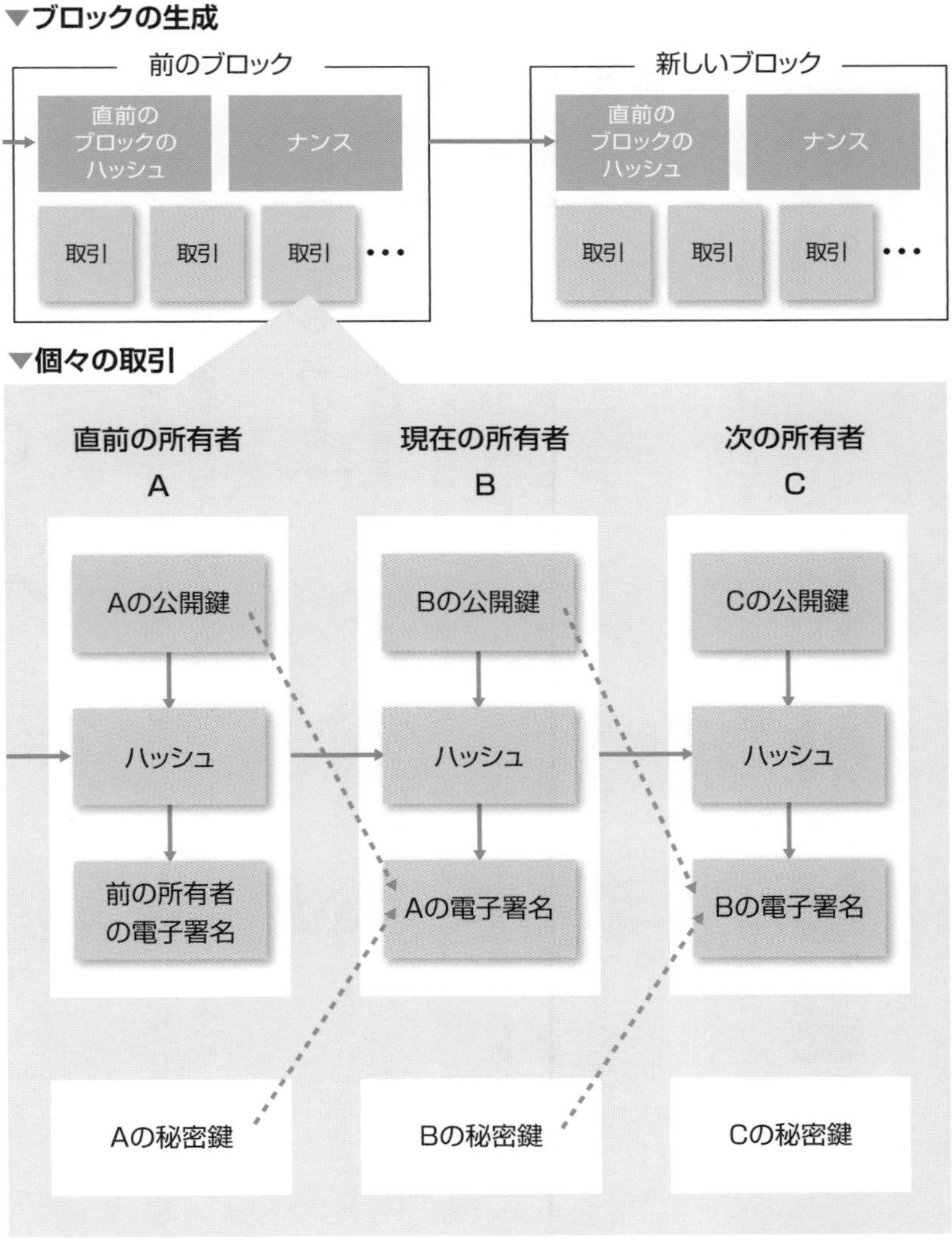

出典：Satoshi Nakamotoの論文を基に作成

14 M2MからIoTへ

M2Mはマシン・ツー・マシンの略語ですが、しかし現在ではこの語に代わってIoTが頻繁に用いられるようになりました。いまやあらゆるものがインターネットにつながろうとしています。

ネットワークは機器にも広がる

かつて自動販売機の在庫は、経験と勘から推測して、商品が底をつく頃に補充していました。しかし近年では自動販売機が通信モジュールを装備しており、遠隔にあるパソコンから在庫情報を確認できます。このような機器間通信のことを**M2M**＊と呼びました。

いまやM2M用のモジュールはあらゆるところに組み込まれています。例えば産業機械に組み込めば、インターネットを通じて遠隔にある機械の稼働状況をチェックしたり、従来は使用されてこなかったデータを吸い上げたりすることが可能になります。

こうしてあらゆるモノがインターネットで結ばれていくわけですが、このような状況をいまや私たちは**IoT**＊と呼ぶようになりました。

IoTの身近な例は、**スマート・グリッド**すなわち**次世代送電網**の進展でしょう。これは末端の**スマート・メーター**＊から得られるデータに基づいて送電を管理します。スマート・メーターも含め、一二年におけるIoTデバイスの数は世界で三四八億個を超えると予想されています(図7・14・1)。IoTの基礎技術としては、5Gと並んで**LPWA**＊(7-15節)も注目されています。

インターネットは人と人を結び付けました。それをあらゆる機器まで結び付けることで、ネットワークの規模は想像を絶するほどの広がりを見せています。こうして人やモノがネットワークにつながることで、インターネット上から膨大な情報、いわゆる**ビッグデータ**が次々と生み出されています。

用語解説

＊**M2M**　Machine to Machineの略。
＊**IoT**　Internet of Thingsの略。
＊**スマート・メーター**　通信機能を持つ電力メーターを指す。
＊**LPWA**　Low Power Wide Areaの略。省電力型広域無線網。

IoT と IoT デバイス普及予測（図 7.14.1）

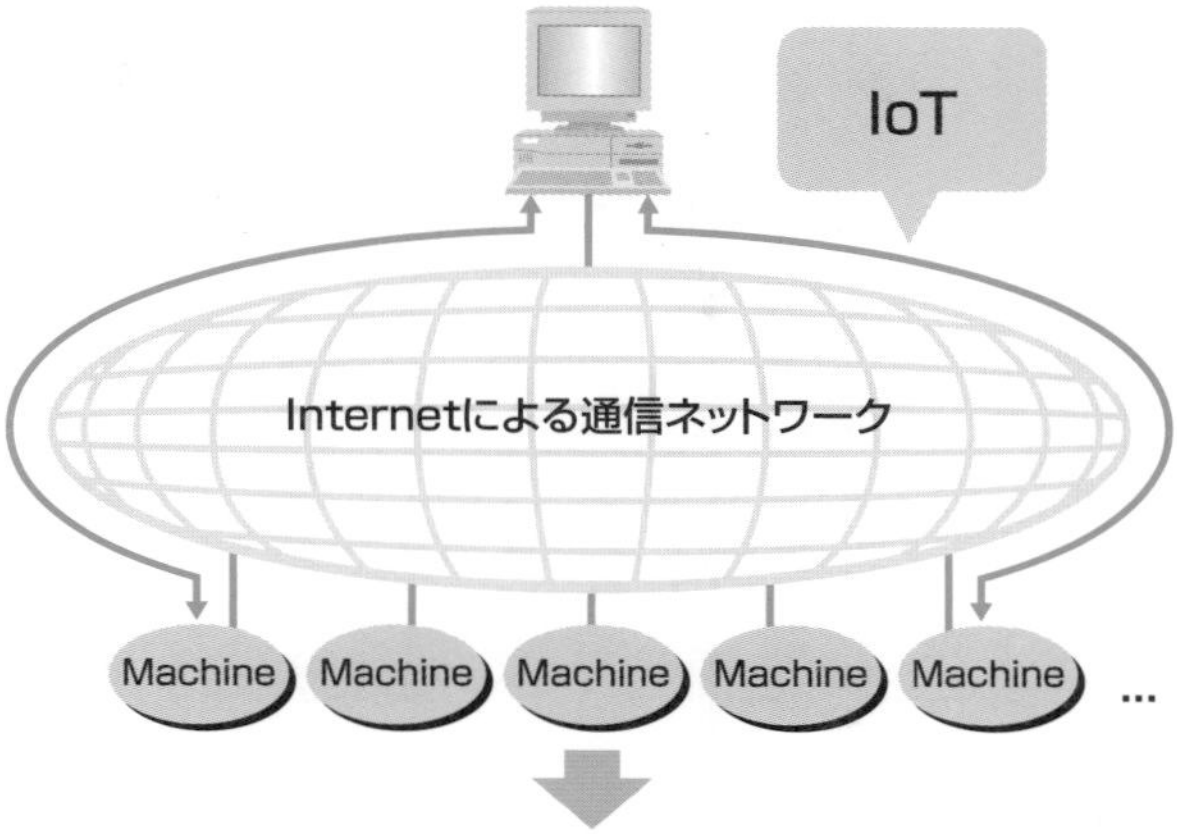

- 生産設備の監視、在庫管理
- エネルギーの使用状況チェック、発電量チェック
- 車輌の運行状況、交通状況
- 気象状況の監視

など

●世界のIoTデバイス数の推移及び予測

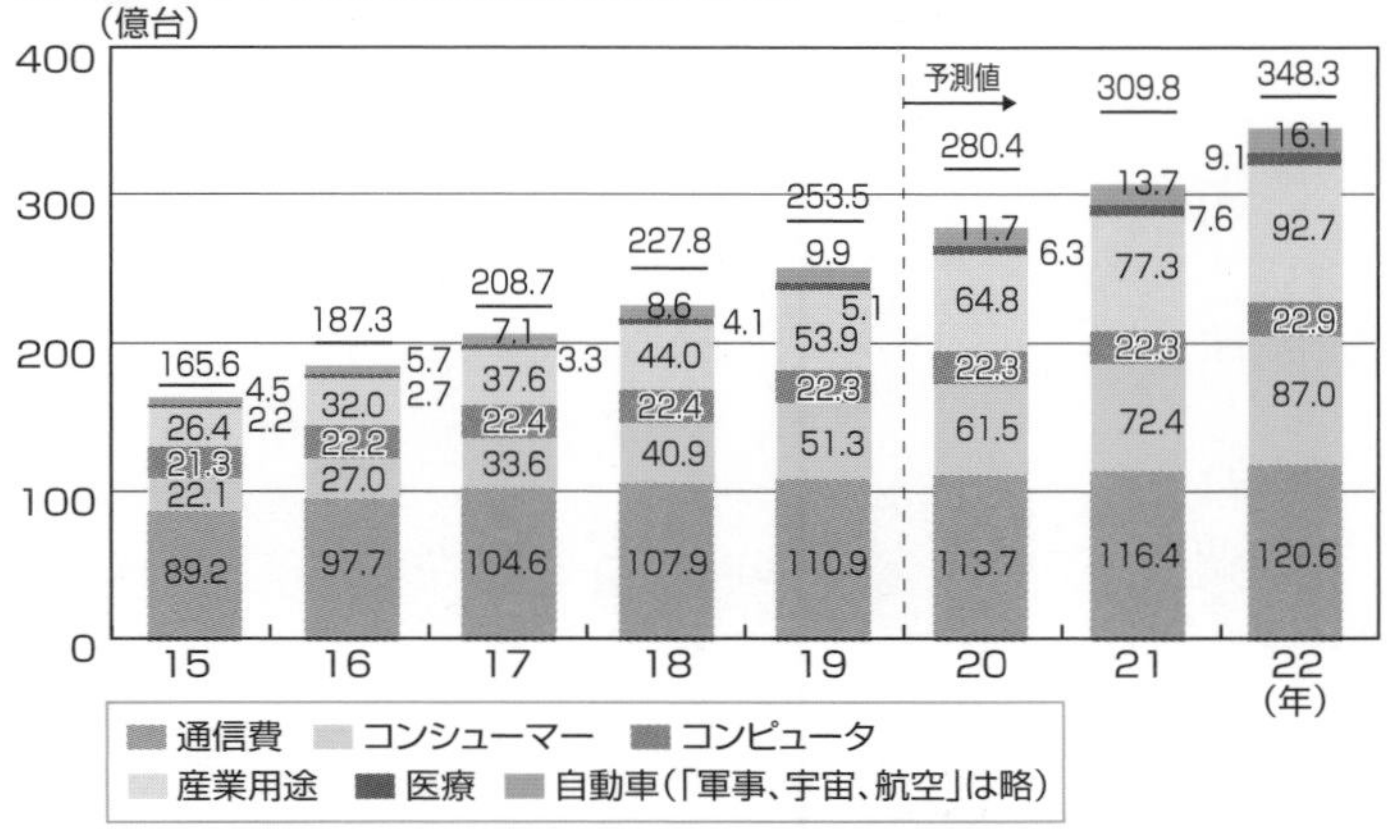

出典：総務省『令和2年版情報通信白書』

15

ＩｏＴ化するテレビ端末

インターネットに接続されたテレビの数が徐々に増えています。そのような中、視聴者の視聴履歴を収集する試みが始まりました。テレビのＩｏＴ化は個々の視聴データがクラウドに蓄積されることを意味します。

視聴データを収集する

ＩｏＴといわれながら、テレビはなかなかインターネットにつながらなかったモノではないでしょうか。野村総合研究所によると、一九年度におけるインターネット接続テレビの保有世帯数は**二二五六万世帯**、そのうち実際にインターネットに接続している世帯は**六一・六％**でした。これが二六年には保有世帯が**三二七九万世帯**、接続率も**八三・七％**にまで上昇すると予想されています（図7・15・1）。

インターネット接続可能テレビの普及と平行して、視聴者の視聴履歴を収集する試みが進められています。「**オプトアウト方式で取得する非特定視聴履歴**」と呼ばれるものがそれです。

従来、視聴履歴の利用は課金などに限られていました。しかし、一七年の個人情報保護法改正により、特定の個人・世帯と紐付かない視聴履歴については利用が解禁されました。また、解禁にあたり一般財団法人放送セキュリティセンターによりガイドライン「オプトアウト方式で取得する非特定視聴履歴の取扱いに関するプラクティス（Ｖｅｒ．１．０）＊」が取りまとめられました。これを受けて民放キー局五社では、二〇年一月一四日～二月四日に、関東地区のインターネット接続テレビを対象に、視聴履歴の収集実験を実施しました。

このようにテレビのＩｏＴ化とは、個々の視聴データがクラウド側に蓄積される可能性があることを意味します。なにか抵抗感を抱く人もいるかもしれませんが、これもテレビのＩｏＴ化の一側面です。

用語解説

＊ **プラクティス（Ver.1.0）**　現在はVer.2.0が発行されている（https://www.sarc.or.jp/NEWS/hogo/20200731.html）。

インターネット接続可能テレビの保有世帯数予測（図 7.15.1）

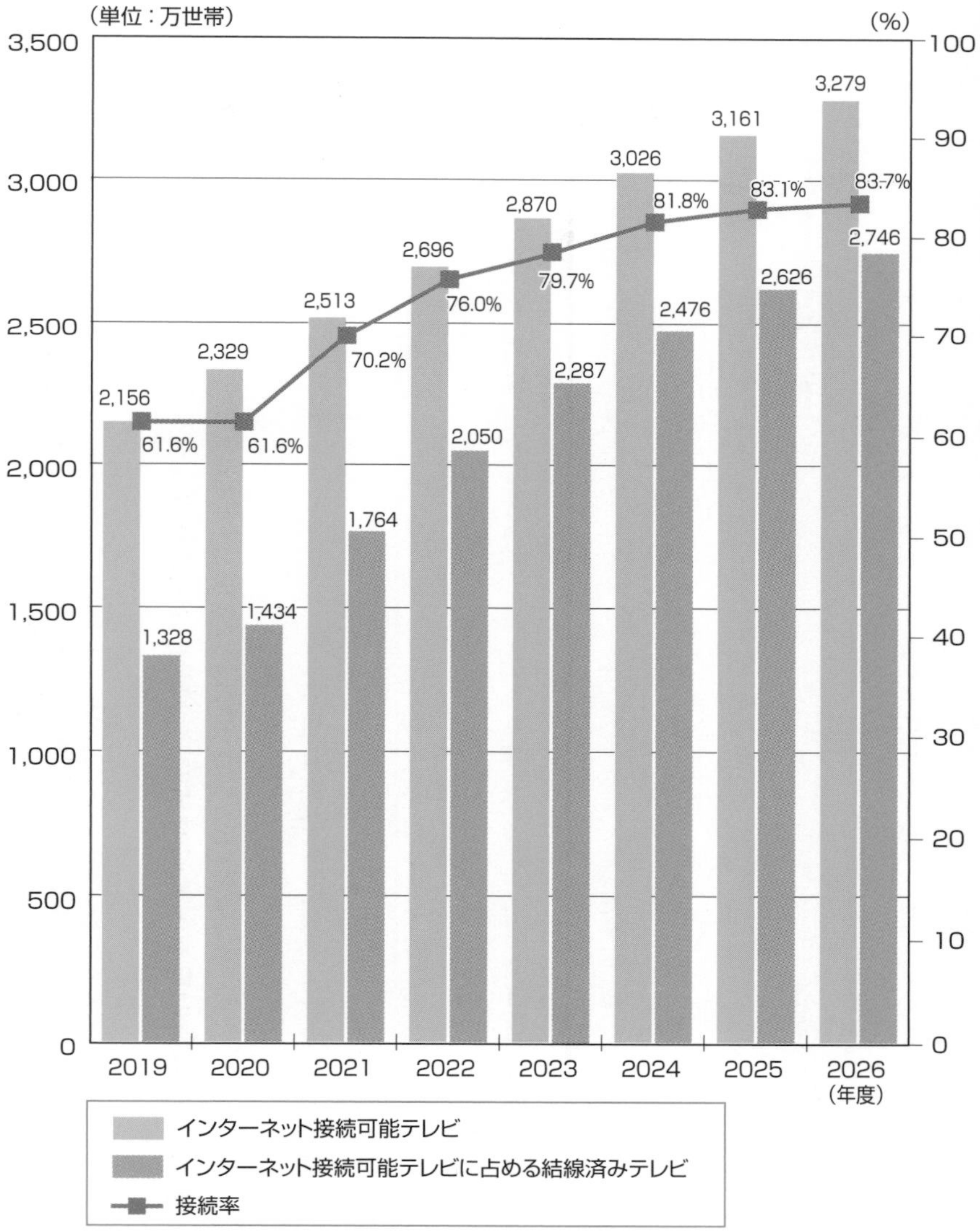

出典：野村総合研究所「IT ナビゲーター 2021 年版」を基に作成

16

IoTに不可欠な技術LPWA

LPWAは「ロー・パワー・ワイド・エリア」の略語で、省電力型広域無線網とも呼びます。低速ながら価格が安く省電力のLPWAは、IoT実現のキー・テクノロジーの一つです。

IoTの重要テクノロジー

IoTを実現しようとした場合、従来ボトルネックとなっていたのが通信ネットワークです。ところが近年、通信速度は低速ながら、価格が安く、省電力で、しかも長距離通信が可能な通信技術が台頭してきました。このような通信技術を総じて**LPWA**と呼びます。

LPWAには多様な種類がありますが、ここでは移動通信向けの**eMTC**と固定通信向けの**NB-IoT**、それに非セルラー系の**LoRaWAN**にふれましょう。

eMTCとNB-IoTはいずれも**LTE**をベースにしたLPWAです。

前者のeMTCは通信速度が三〇〇kbps～1Mbpsで、比較的大容量のデータにも対応しています。ウェアラブル機器などの移動通信向けをターゲットにしています。

また後者のNB-IoTは上り六二kbps、下り二一kbpsの低速通信となっています。移動通信は想定されておらず、スマート・メーターや機械管理などの固定通信を対象にしています。

次にLoRaWANですが、こちらは無線変調方式の一種である**LoRa**＊をベースにした通信規格です。電池の寿命は一〇年程度と長く、通信速度は〇・三kbps～五〇kbps、通信距離は一五km程度です。

一方、すでに見たように5Gが持つ**多数同時接続**もIoTを意識したものでした。高速・低遅延は5G、そうでないものはLPWAというように、両者はニーズに応じ、並行して普及していくのでしょう。

用語解説

＊**LoRa**　Long Rangeの略。

eMTC と NB − IoT の特徴（図 7.16.1）

eMTC	NB-IoT
低～中速の移動に対応 比較的大きいデータに対応 1Mbps程度の通信用途	通信中の移動は想定外 少量のデータ通信に最適化 数10kbps程度の通信用途
▼	▼
ウェアラブル機器 ヘルスケア、見守りなど	スマート・メーター 機器管理、故障検知など

ユースケース	適用例
ガス･水道メータリング	電源確保が難しく電波が届きにくかったメータボックス内に設置
貨物追跡	電源が確保できないコンテナ等の貨物や自転車などに取り付け
ウェアラブル	スマートウォッチ、バイタルセンサーなどのウェアラブル端末で利用
環境･農業系センサー	電源確保が難しく電波が届きにくかった山間地、河川、農地、牧場などに設置
ファシリティ	電波が届きにくかったオフィスビルなどの電源設備室や空調機械室などに設置
スマートホーム	インターネット経由でのドアロック、窓の開閉監視、家電の遠隔操作などを実現
スマートシティ	駐車場管理、街灯の制御、渋滞状況に応じた信号制御、ごみ収集などを実現

出典：新世代モバイル通信システム委員会「新世代モバイル通信システム委員会報告概要（案）」

17

ビッグデータとは何か

IoTの進展により大量のデータが蓄積されるようになりました。これらのビッグデータには、膨大なデータ量のほかにも多様性やリアルタイム性という特徴を持ちます。

暗黙知としてのビッグデータ

インターネットを筆頭にした現在の電気通信ネットワークは、人やモノを結び付け、そこから膨大なデータを吸い上げています。ネットワークが接続する対象が増えれば増えるほど、ネットワークが吸い上げるデータ量も増加します。

こうした想像もつかないほど大量のデータのことを**ビッグデータ**と呼びます。そして、このビッグデータを**AI**で分析して、人間のよりよい生活にフィードバックする研究が急ピッチで進んでいます。またそうした分析者を**データ・サイエンティスト**と呼びます。

もっともビッグデータの特徴は量的面だけではありません。それ以外にもデータの種類が非常に多様だという特徴があります。また時間によって情報の内容が目まぐるしく変化するのもビッグデータの特徴です。したがって、ビッグデータを適切に分析しようと思うとリアルタイムでの対応が極めて重要になります。

ビッグデータの活用はまだ緒についたばかりです。それは可能性を秘めた宝の山です。あるいは経営学者・野中郁次郎*氏の言葉を借りるならば、ビッグデータは**暗黙知***に相当します。この暗黙知を**形式知***に変えることが、ビッグデータ時代のいま実現しなければならないことだといえるでしょう。

暗黙知？　形式知？　いっていることがよくわからない？　なるほど。では最後に、通信業界が直面しているビッグデータ時代が何を意味しているのかを解説して本書の結びとしましょう。

用語解説

* **野中郁次郎**　一橋大学名誉教授。暗黙知や形式知については、竹内弘高氏との共著『知識創造企業』（1996年、東洋経済新報社）で提唱された。
* **暗黙知**　経験や勘による知識。
* **形式知**　文章や数式、図式で表現できる知識。

データ流通量の推移（図 7.17.1）

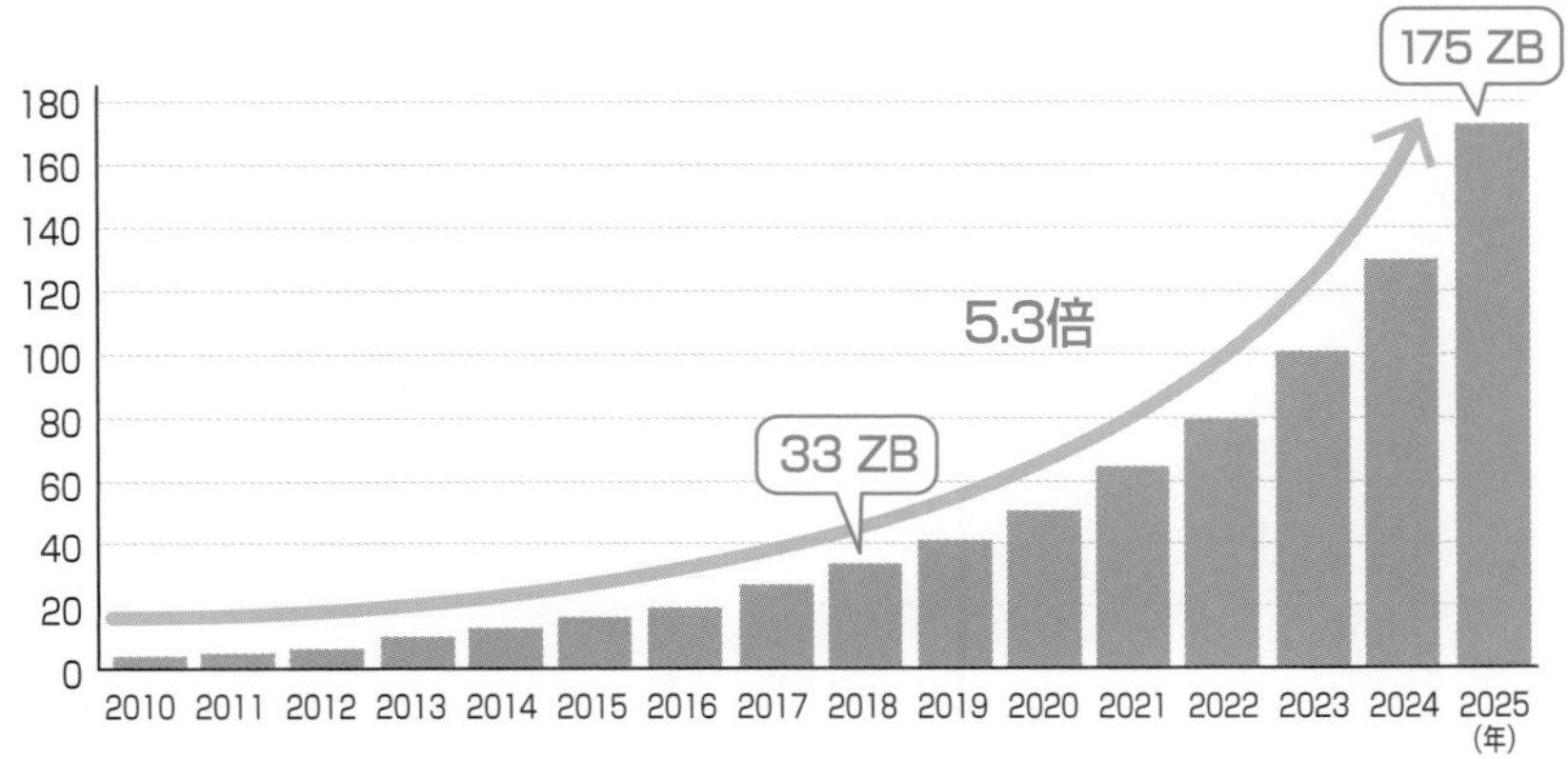

出典：IDC『The Digitization of the World From Edge to Core』を基に作成

ビッグデータ時代の到来（図 7.17.2）

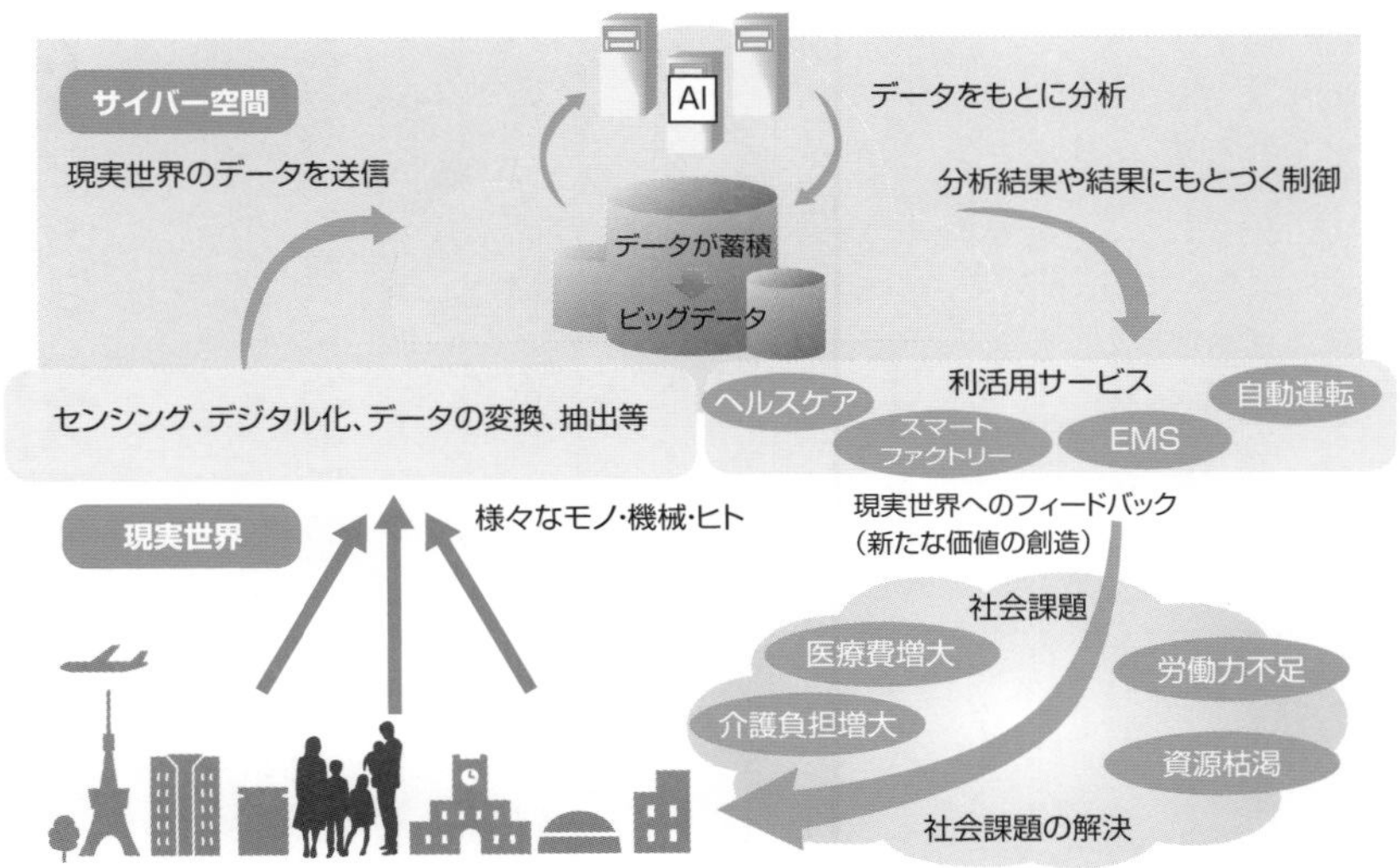

出典：総務省「IoT 時代における ICT 産業の構造分析と ICT による経済成長への多面的貢献の検証に関する調査研究」（平成 28 年）

18 ビッグデータ時代と社会的知識創造

組織が組織的知識創造を実行するには暗黙知を形式知に変えることが不可欠です。同じことは社会についてもいえます。いま我々は社会的暗黙知を社会的形式知に変える時代の真っただ中にいます。

ビッグデータ時代とＡＩ

経営学者野中郁次郎氏は**組織的知識創造**＊の論客です。組織的知識創造では、組織がもつ暗黙知を企業全体の知識や知恵に変えることで、組織のイノベーションに結び付けます。そして、いまこれと同じプロセスが社会で起こっています。

社会のあちこちに分散している未使用の情報は、野中氏の言う**暗黙知**だと考えられます。この暗黙知が**ＩｏＴ**によりインターネットにつながりました。これは個々の暗黙知が**社会的暗黙知**になったことを意味します。我々はこの社会的暗黙知を最近になって**ビッグデータ**と呼ぶようになりました。さらにこの社会的暗黙知を、野中氏のいうところの**形式知**――文章や図表、数式で論理的に説明できる知識に変えなければなりません。

加えて、手にした形式知を相互に組み合わせてより付加価値の高い知識を創造する必要があります。そこから得られた新たな知識を社会にフィードバックして、便利で安全、快適な社会づくりに役立てねばなりません。

以上のプロセスは、まさに野中氏の説く組織的知識創造プロセスの社会版といえます＊。とはいえビッグデータを手作業で分析するのは人間の限界をはるかに越えます。そこで登場するのが**ＡＩ**です。ＡＩを有効に活用すれば、人力よりもはるかに効率的に社会的暗黙知を**社会的形式知**に変えられるはずです。

したがって、これからのビッグデータ時代における**社会的知識創造**はＡＩなくして語れません。ＩｏＴ、ビッグデータの時代はＡＩの時代でもあるわけなのです。

用語解説

＊**組織的知識創造**　これを**ナレッジ・マネジメント**とも呼ぶ。

＊**…社会版といえます**　野中氏はこのプロセスを共同化、表出化、連結化、内面化の四段階で表している。

社会的知識創造の推進（図 7.18.1）

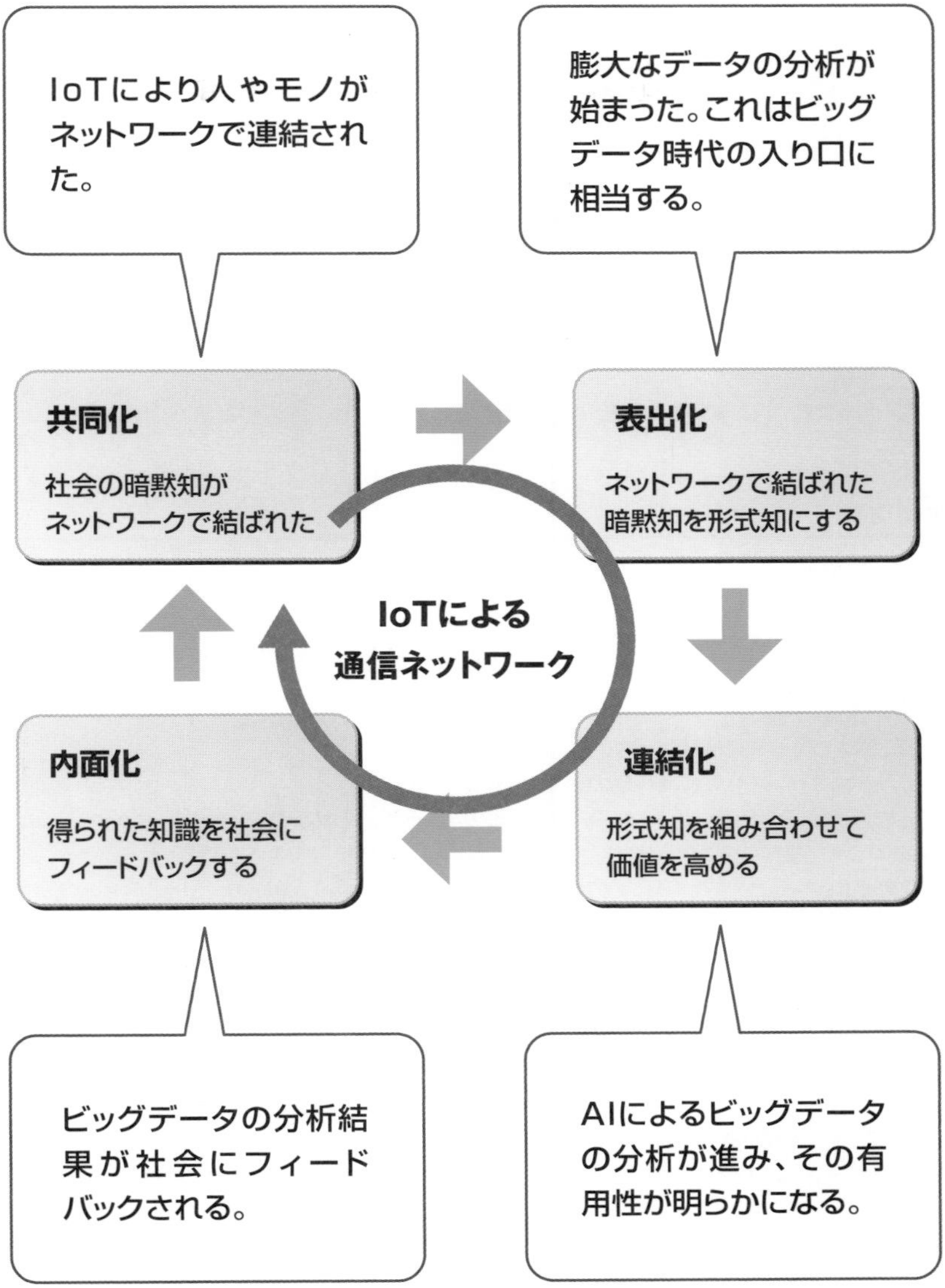
IoTにより人やモノがネットワークで連結された。
膨大なデータの分析が始まった。これはビッグデータ時代の入り口に相当する。
共同化
社会の暗黙知がネットワークで結ばれた
表出化
ネットワークで結ばれた暗黙知を形式知にする
IoTによる通信ネットワーク
内面化
得られた知識を社会にフィードバックする
連結化
形式知を組み合わせて価値を高める
ビッグデータの分析結果が社会にフィードバックされる。
AIによるビッグデータの分析が進み、その有用性が明らかになる。

参考文献

『5G　次世代移動通信規格の可能性』　森川博之　岩波書店（2020年）

『5G　大容量・低遅延・多接続のしくみ』　岡嶋裕史　講談社（2020年）

『ITナビゲーター2021版』（他各年版）　野村総合研究所 ICTメディア・サービス産業コンサルティング部　東洋経済新報社（2020年）

『ITロードマップ2020年版』（他各年版）　野村総合研究所IT基盤技術戦略室　東洋経済新報社（2020年）

『決定版　5G』　片桐広逸　東洋経済新報社（2020年）

『図説　日本のメディア［新版］』　藤竹暁、竹下俊郎編著 NHK出版（2018年）

『知識創造企業』　野中郁次郎、竹内広高、梅本勝博訳　東洋経済新報社（1996年）

『広告ビジネスに関わる人のメディアガイド2020』　博報堂DYメディアパートナーズ編　宣伝会議（2020年）

『令和2年版情報通信白書』（他各年版）　総務省　日経印刷（2020年）

参考資料

IoT時代における新たなICTへの各国ユーザーの意識の分析等に関する調査研究　（総務省）

2019年日本の広告費　（電通）

Beyond 5G推進戦略　（総務省）

IoT時代におけるICT産業の構造分析とICTによる経済成長への多面的貢献の検証に関する調査研究（平成28年）（総務省）

IoT時代に向けた移動通信政策の動向（2016年）（総務省）

The Digitization of the World From Edge to Core　（IDC）

THE INTERNET OF THINGS:MAPPING THE VALUE BEYOND THE HYPE　（McKinsey）

グローバルICT産業の構造変化及び将来展望等に関する調査研究　（三菱総合研究所）

「固定電話」の今後について　（NTT東西）

固定電話のIP網への移行後のサービス及び移行スケジュールについて　（NTT東西）

固定電話網の円滑な移行の在り方　一次答申～移行後のIP網のあるべき姿～〈概要〉（情報通信審議会）

商工業実態基本調査　（経済産業省）

情報信託機能の認定に係る指針ver2.0（情報信託機能の認定スキームの在り方に関する検討会）

情報通信業基本調査　（経済産業省）

新世代モバイル通信システム委員会報告（案）（新世代モバイル通信システム委員会）

第1回働く人の意識調査　（日本生産性本部）

電気通信サービスに係る内外価格差調査ー令和元年度調査結果（概要）ー」（2020年6月）（総務省）

電気通信サービスの契約数及びシェアに関する四半期データの公表（令和2年度第1四半期（6月末）（総務省）

動画配信に関する調査結果2020　（インプレス総合研究所）

モバイルビジネス活性化プラン　（総務省）

令和元年通信利用動向調査の結果　（総務省）

令和2年度「地域課題解決型ローカル5G等の実現に向けた開発実証」（総務省）

我が国の移動通信トラヒックの現状　（総務省）

我が国のインターネットにおけるトラヒックの集計結果　（総務省）

図解入門
How-nual

索 引

INDEX

か行

あ行

さ行

た行

は行

な行

アルファベット

ま行

ら行・わ行

数字

■著者紹介

中野　明（なかの　あきら）

1962年生。プランニング・ファクトリー　サイコ代表。同志社大学理工学部非常勤講師。情報通信・経済経営・歴史民俗の三本柱で執筆する。『最新コンテンツ業界の動向とカラクリがよくわかる本』『最新放送業界の動向とカラクリがよくわかる本』（以上秀和システム）、『IT全史―情報技術の250年』『幻の五大美術館と明治の実業家たち』『戦後　日本の首相』（以上祥伝社）、『裸はいつから恥ずかしくなったか』『世界漫遊家が歩いた明治ニッポン』（以上筑摩書房）、『ナナメ読み日本文化論』『ドラッカー・ポーター・コトラー入門』（以上朝日新聞出版）など著作多数。中国語、韓国語に翻訳された作品は30点を超える。

ウェブサイト　http://www.pcatwork.com/

図解《ずかい》入門《にゅうもん》業界《ぎょうかい》研究《けんきゅう》
最新《さいしん》通信《つうしん》業界《ぎょうかい》の
動向《どうこう》とカラクリがよくわかる本《ほん》［第《だい》5版《はん》］

発行日　2021年　3月25日　　第1版第1刷

著　者　中野《なかの》　明《あきら》

発行者　斉藤　和邦
発行所　株式会社　秀和システム
〒135-0016
東京都江東区東陽2-4-2　新宮ビル2F
Tel 03-6264-3105（販売）Fax 03-6264-3094
印刷所　三松堂印刷株式会社　　Printed in Japan

ISBN978-4-7980-6357-7 C0033